Batteri, dinosauri e canguri

Andrea Maria Francesco Valli

Batteri, dinosauri e canguri

Breve storia della biodiversità

 Springer

Andrea Maria Francesco Valli
Yzeure, France

ISBN 978-3-032-04924-7   ISBN 978-3-032-04925-4 (eBook)
https://doi.org/10.1007/978-3-032-04925-4

This Springer imprint is published by the registered company Springer Nature Switzerland AG
The registered company address is: Gewerbestrasse 11, 6330 Cham, Switzerland

If disposing of this product, please recycle the paper.

*In memoria dei professori Mario AGENO e Claude GUÉRIN.
Il primo m'introdusse alla biofisica, il secondo m'insegnò la paleontologia*

Prefazione

I media pubblicizzano la "VI estinzione delle specie". Ciò significa che ce ne sono state altre cinque prima, come direbbe Monsieur de la Palisse! ... Quali sono queste cinque grandi estinzioni di massa? Quando hanno avuto luogo? Quali furono le loro cause, visto che l'Uomo non esisteva ancora? Quali specie animali e vegetali ne furono coinvolte? Come erano la vita e gli ecosistemi prima? E come ha cominciato tutto questo?

Ecco alcune tra più di cento altre domande trattate con precisione da questo erudito e appassionato di Storia dei viventi che è Andrea Valli.

Per lui, questa Storia della vita non è un lungo fiume tranquillo. Durante i quattro miliardi e mezzo di Storia della Terra, la biodiversità è punteggiata di crisi il cui risultato è stato ogni volta imprevedibile. La più grave ha avuto luogo alla fine del Permiano (–252,6 Ma), la fase terminale dell'Era Primaria, mentre l'ultima ha visto l'estinzione i dinosauri, alla fine dell'Era Secondaria (–65 Ma). D'altra parte, sono queste crisi che scandiscono le ere definite dai paleontologi.

Una lunga Storia
Queste crisi punteggiano una lunga e sorprendente evoluzione delle specie viventi, descritta con cura dall'autore. Dopo una lunga fase biochimica che dura senza dubbio due miliardi di anni (con la precisione di qualche milione di anni), la vita si organizza lentamente, dapprima in strutture a cellule senza nucleo che oggi chiamiamo: "batteri". Si osserva in seguito l'apparizione delle prime cellule a nucleo che, molto gradualmente, si organizzano in esseri pluricellulari.

Circa 540 milioni di anni fa, come un "fuoco d'artificio", una formidabile esplosione della diversità degli esseri viventi fa apparire tutti i grandi gruppi attuali. Sino allora solamente acquatica, la vita invade la terra ferma. L'orologio segna: 200 milioni di anni più tardi. Poi gl'Insetti e i Vertebrati si lanciano alla conquista dei cieli. Infine, per noi, i primi Uomini appaiono anche se molto tardi nella scala cronologica, solamente 3 milioni di anni fa.

Durante tutto questo tempo, il 99% delle specie che sono esistite sulla Terra si è estinto. Ne abbiamo la prova grazie ai loro fossili sepolti negli strati terresti. Ogni volta, queste estinzioni sono state seguite dall'emergenza di nuove forme di vite, sempre più diverse e fiorenti. Questi episodi di estinzione massiva hanno dunque giocato un ruolo determinante per la diversificazione degli esseri viventi, come ci riferisce con grande precisione l'autore.

Tuttavia la Storia della vita proposta da Andrea Valli non è solamente una Storia descrittiva e lineare. Scientifico sino alla punta delle unghie, l'autore non cede alle sirene dei paleontologi mediatizzati che passano il loro tempo a fare del sensazionale dimenticando le basi della loro disciplina. L'autore avanza solo per ipotesi, di cui, ogni volta, soppesa i pro e i contro; ogni nuovo risultato è criticato, argomentato, moltiplicando i dettagli e i limiti di validità.

Infine, con la cura pedagogica che gli viene dal suo secondo mestiere, Andrea Valli illustra in permanenza i suoi propositi, con figure o schemi. Inoltre, ogni capitolo comporta un riassunto, che permette il lettore di non perdersi all'interno dei questo dedalo immenso!

Rivelazioni

Questa Storia del vivente è originale sotto molti aspetti. Questo libro contiene varie rivelazioni, non solo per il grande pubblico, ma anche per i più esperti tra di loro.

Per esempio, apprendiamo che la definizione dell'essere vivente non è poi così evidente. La formulazione abituale che il "vivente" si riconosce dal fatto che "può nutrirsi e riprodursi" è assai incompleta. L'autore ci rinvia a una definizione più compiuta che si deve a uno scienziato italiano, Ageno, poco citato in Francia. E discute tale definizione. Ci si pone allora la questione delle molecole dette "biologiche": viventi o non viventi?

Quando comincia il vivente? In che modo è apparso? Come è avvenuto il passaggio tra queste molecole e i proto-organismi?

Due ipotesi sono allora proposte e discusse, sempre facendo appello a Mario Ageno. Lo scienziato specula che si sarebbero potuti avere "dei precursori attivi per la sintesi delle catene peptidiche (le catene costituite di amminoacidi) e l'instaurazione di un codice che permette di associare un amminoacido a una tripletta di basi nucleotidiche."

Secondo il ricercatore, il passaggio dal non vivente al vivente sarebbe il risultato di una catena di avvenimenti dove ciascuno di essi determina e rende possibile il seguente, a partire di cause iniziali ben precise, stabilite all'inizio. Una volta che le buone condizioni si sono verificate, sulla Terra o altrove, l'origine della Vita diventa un processo quasi automatico. Perché resta in piedi anche l'ipotesi che la vita sulla Terra venga d'altrove. Ma questo non significa semplicemente spostare altrove il problema? Cosa sarebbe successo in quest'altrove? E quale sarebbe stato? Dove trovarne le tracce?

In questa grande storia dell'evoluzione, un'altra affascinante questione è quella dei primi organismi, poco referenziati. Non è facile poter osservare i fossili di questi esseri fragili e microscopici. Bisogna immaginare l'esistenza di un Luca per il "Last Universal Common Ancestor". Questo proto-vivente sarebbe esistito tra i $-3,8$ e i $3,5$ miliardi di anni, prima che dalla sua popolazione si separassero – sembrerebbe – i tre domini dei viventi: i batteri, gli archei[1] e infine gli eucarioti, ai quali apparteniamo.

La storia è "bella". Tuttavia, nulla ci dice come sia avvenuta la speciazione, cioè la separazione di vari rami dal gruppo ancestrale, né a cosa assomigliasse esattamente Luca.

Secondo lo scenario più accreditato dalla comunità scientifica, i batteri sarebbero stati i primi a divergere, mentre un altro ramo avrebbe portato dapprima agli archei e poi agli eucarioti. Il genoma di Luca era costituito da RNA o da DNA? Tutto ciò resta speculativo, perché le tracce raccolte nulla ci svelano a proposito. Tuttavia, come ci dice l'autore, "queste ipotesi hanno il merito di costituire delle basi eccellenti per le ricerche future sull'argomento". Quanto al fantomatico Luca, lui è certamente scomparso, ma certi suoi caratteri sopravvivono sicuramente nel genoma dei suoi lontani discendenti. I ricercatori attuali tentano dunque di ricostruirlo risalendo l'albero del vivente.

L'autore s'interroga ugualmente sui virus. Sono esseri viventi o no? La questione è ancora aperta. Normale! Come sempre in relazione con le questioni legate alla definizione della vita. Invece, sorprendentemente, apprendiamo che il loro intervento nei tre domini dei viventi non deve essere sottovalutato. Il genoma di batteri e archei sarebbe costituito, per il 13% circa, da elementi di origine virale. In altri termini, altrettante sequenze genomiche trasportate e integrate nel DNA grazie all'azione dei virioni. Questa percentuale "salirebbe addirittura al 40% nel caso della nostra specie"! Dobbiamo considerarci come "una specie di OGM che si è formata durante il corso dell'evoluzione"?

A partire dalla fine dell'Archeano, mentre batteri e archei continuano la loro evoluzione più o meno discreta, emergono nuove entità, già citate precedentemente: gli eucarioti, quegli organismi che possiedono un nucleo e degli organuli – reticolo endoplasmatico, apparato di Golgi, vari plastidi, mitocondri, eccetera – delimitati da membrane. Gli eucarioti sarebbero il prodotto dell'associazione di varie cellule procariotiche, tra cui almeno un archeo, che avrebbe fornito il "corpo", cioè la struttura, e alcuni batteri, che oggi sono diventati i mitocondri e i cloroplasti. Non tutti i ricercatori sono convinti da questa teoria simbiotica. Nonostante ciò, gli eucarioti occupano nicchie inutilizzabili per i procarioti, grazie,

---

[1] I batteri e gli archei, una volta, erano riuniti in un sol gruppo. Sono tutti esseri procariotici; la loro cellula, cioè, non ha nucleo.

in particolare, all'aumento delle dimensioni e alla formazione di organi e tessuti dalle funzioni specializzate e differenziate.

L'evoluzione verso gli animali, le piante, i funghi che conosciamo è ormai in marcia ... Niente può fermarla! Eucarioti e procarioti saranno capaci di sopravvivere alle trasformazioni e ai cambiamenti climatici, alle eruzioni vulcaniche, alle cadute intempestive di meteoriti e all'inquinamento che si sono prodotti sulla Terra nel corso del tempo. Il primo fenomeno d'inquinamento globale fu il rigetto d'ossigeno, prodotto dal metabolismo degli organismi fotosintetizzatori degli oceani.

Ma certo! L'ossigeno, all'inizio era uno scarto del metabolismo, di cui si liberavano tali esseri viventi. Questo stesso ossigeno ha cominciato ad accumularsi prima nelle acque e poi nell'atmosfera; e questa, a poco a poco, a cominciato a evolvere sino a raggiungere la sua composizione attuale, raggiunta prima del Paleozoico. Lungi da essere un disastro, nuove forme di vita integreranno questo gas nella produzione della loro energia, facilitando così lo sviluppo della vita sulla Terra!

Un numero incredibile di gruppi appare nel corso di milioni di anni, durante la durata dell'intera Era Primaria. Alcuni sono arrivati sino a noi, altri sono scomparsi duranti i differenti periodi di estinzione. Andrea Valli, ce li fa conoscere gli uni dopo gli atri, sempre con la stessa meticolosità e la stessa metodologia critica.

Naturalmente, non si poteva concludere senza la Storia dei Primati e la Storia dell'Uomo. Non solamente *Homo sapiens*! Per l'autore la storia della nostra linea evolutiva non è una successione lineare di forme che "a partire da un dato antenato, arriva sino a noi tramite varie tappe intermediarie". Per lui è costituita "da una serie di episodi in cui varie specie di ominidi erano contemporanee, alcune dividendosi l'ambiente." ...

L'autore termina il suo pensiero con una riflessione che sottoscriviamo: "non c'è nessuna logica razionale nell'evoluzione degli esseri viventi". Gli esseri più abbondanti negli ecosistemi sono incontestabilmente i rappresentanti dei gruppi più antichi, in particolare i batteri! La successione di essere più complessi non li ha fatti sparire. Proprio per niente: al contrario, hanno continuato a svilupparsi, ad adattarsi, e anche a prosperare insieme con i nuovi arrivati!

"A partire dalle conoscenze che abbiamo", sempre con mille precauzioni, l'autore ci dice che noi "non possiamo prevedere l'evoluzione della biodiversità, soprattutto su lunghi periodi". Aggiungiamo che se la VI estinzione rischia di cancellare molte specie attuali, e noi con loro, facciamo l'ipotesi, alla luce di quanto già successo nel passato, che la Vita ripartirà senz'alcun dubbio producendo nuovi organismi. Auguriamoci che emergano, tra qualche milione di anni, delle specie più pertinenti, più rispettose della Natura. Saranno in grado di trovare tracce della nostra epoca per comprendere ciò che è stupido fare se si vuole vivere durevolmente in armonia con la Natura... E, quindi, evitare gli stessi errori!

André Giordan (1946–2023)[2]

---

[2] Professore all'Università di Ginevra, fondatore del *Laboratoire d'Épistémologie et de Didactique des Sciences* e senior chairman della CBE dell'IUBS (*International Union of Biological Sciences*).

Ringraziamenti

La nascita di questo libro si deve alla collaborazione con il professore André Giordan, della facoltà di *Epistémologie et de Didactique des Sciences* dell'Università di Ginevra, durante il mio lavoro presso il *Conseil départemental de l'Allier* (nella provincia omonima). Sono stato impiegato per questa istituzione tra il 2003 e il 2007, per la realizzazione di un progetto ambizioso: la creazione di un Parco tematico consacrato alla storia della Vita sulla Terra, dalle sue origini sino ai nostri giorni; l'evoluzione della biodiversità terrestre costituiva la parte centrale del programma. Sfortunatamente, il progetto non è stato realizzato, per lo meno, nella sua concezione iniziale. Comunque, tra il 2009 e il 2010, la tematica è ritornata in auge: in questo periodo, fu infatti concepito un progetto molto più modesto e, a causa della mia esperienza in materia, mi fu chiesto non solo di occuparmi della stesura della programmazione scientifica ma anche della realizzazione dell'esposizione temporaria per il 2013. Tuttavia, per colpa di varie ragioni, il progetto scientifico è stato enormemente "sminuito" e io non mi riconosco più nel risultato finale. Dunque, l'idea di realizzare un'opera capace di riproporre i concetti inizialmente previsti per il Parco è tornata d'attualità.

La concretizzazione del progetto letterario si deve innanzitutto ad A. Giordan, che mi ha spronato a mettere per iscritto quanto ideato per il progetto iniziale. Mi ha sempre sostenuto durante la redazione del manoscritto (da lui letto e corretto più volte), avendo fiducia nelle mie capacità d'autore e divulgatore, acconsentendo, infine, di scrivere la prefazione dell'opera. Senza di lui, questo libro non sarebbe mai esistito.

Devo anche ringraziare *Dédale Editions* e, in particolare, François Ové, che, con rigore e professionalità, mi ha seguito nella composizione del manoscritto e ha pubblicato il volume.

Naturalmente, una tale opera, trattando un argomento così vasto, ha necessitato di un aiuto esterno. Infatti, dal momento che, ogni anno, vengono aggiunte importanti masse di dati alla storia del nostro pianeta e, in particolare, alla Vita che si è sviluppata su di esso, ho dovuto raccogliere un ingente materiale bibliografico. A questo proposito, tengo particolarmente a ringraziare tutti coloro che, volontariamente o involontariamente (l'accumulazione dei dati è cominciata molto prima della stesura del testo), mi hanno fornito il materiale necessario alla redazione del manoscritto. André Nel e Jean-Sébastien Steyer, del *Muséum national d'Histoire naturelle* di Parigi, Claude Guérin, Bertrand Lefebvre e Abel Prieur, dell'*Université Claude-Bernard Lyon 1*, Bruno Corbara, dell'*Université Blaise Pascal* di Clermont-Ferrand, Philippe Fernandez, della *Maison méditerranéenne des Sciences de l'Homme* d'Aix-en-Provence, Patrick Forterre, dell'*Institut Pasteur* e dell'*Université Paris Sud*; Pierre Mazeyrat, della *Société Scientifique du Bourbonnais*, Maria Rita Palombo, dell'Università di Roma "La Sapienza", Kenny J. Travouillon, dell'Università del Queensland (*University of Queensland*) in Australia, George O. Poinar Jr., dell'*Oregon State University*, J. William Schopf, dell'*University of California*, Linda A. Amaral-Zettler del *Marine Biological Laboratory*, Massachusetts, Eric Delson, dell'*American Museum of Natural History* e della *City University* di New York fanno parte dei ricercatori che mi hanno aiutato a reperire e a ottenere le pubblicazioni richieste, rispondendo sempre positivamente alle mie domande d'informazione e alle richieste dei loro lavori. Da solo, semplicemente non sarei mai riuscito a procurarmi tutte le informazioni necessarie alla realizzazione dell'opera. Probabilmente, ho dimenticato altri nomi di persone che mi hanno aiutato; mi scuso con loro per non averli citati.

Mio padre, Giulio Valli, mi ha aiutato enormemente permettendomi di reperire molta della bibliografia riportata in questo volume, soprattutto quella pubblicata sulle riviste Nature e Science. Inoltre, mi ha anche inviato dei testi non richiesti che, tuttavia, sono risultati assai pertinenti all'argomento trattato.

Infine, sono riconoscente ai miei amici Marc e Mireille Breton, Françoise Aimard-Charcot, Jacques Aimard, Roland Lafont, e anche a Monique Châtelet, per aver avuto la pazienza di leggere e commentare il mio manoscritto. Il loro giudizio e i loro suggerimenti mi sono stati molto utili. Tra l'altro, se sono riuscito a redigere un testo accessibile a un vasto pubblico, lo si deve proprio alla loro lettura.

L'edizione italiana deve molto al mio caro amico Eugenio Mieli, che ha contribuito a far conoscere il libro alla Springer, a Marina Forlizzi, Barbara Amorese e tutta l'equipe dell'editore.

Sono molto grato a tutte le persone citate. Naturalmente, io sono il solo responsabile degli errori e delle imprecisioni ancora presenti nel volume.

Competing Interests The author has no competing interests to declare that are relevant to the content of this manuscript.

Introduzione

A cosa serve studiare la storia della Vita? Perché interessarsi dello svolgersi di avvenimenti che si sono prodotti molto tempo fa e che presentano problemi d'interpretazione nella maggior parte dei casi? La conoscenza del passato è fondamentale per comprendere il presente e per poter rispondere alle seguenti domande: "Qui siamo?" "Da dove veniamo?". Naturalmente, tutto questo non riguarda soltanto la storia di un paese (per esempio, la Francia) o della nostra specie (la storia dell'uomo), una fra le molte specie esistenti.

Esiste una forte interconnessione tra i viventi e l'insieme dei fenomeni fisici che avvengono sul nostro pianeta. Quindi, per poter decifrare ciò che è avvenuto nel passato sono necessari studi interdisciplinari (riguardanti gli esseri viventi, la geologia, le analisi chimiche). Soltanto in questo modo è possibile ricostruire vari avvenimenti (come l'evoluzione del clima, per esempio) che permettono, a loro volta, di avanzare modelli per poter effettuare previsioni. Tutti questi tipi di analisi si rivelano necessari per valutare la "Biodiversità", che sia quella attuale oppure quella esistente in epoche remote.

Il concetto di biodiversità è di moda oggigiorno. Infatti, molte voci si levano per denunciare i pericoli che la minacciano. Ma il nostro pianeta non è già incorso in situazioni simili? Per poter rispondere a tale domanda, dobbiamo voltarci verso il passato e interrogarci su quello che si è verificato in epoche più o meno lontane.

Ma, cominciamo col domandarci cosa sia la biodiversità? Cosa significa esattamente questa parola? La definizione che segue è stata proposta durante la XVIIIª Assemblea Generale dell'UICN, *"The World Conservation Union"*, che si è svolta nel Costa Rica, durante il 1988. "La diversità biologica, o biodiversità, corrisponde alla varietà e alla variabilità de tutti gli organismi viventi. Essa include la variabilità genetica all'interno di ogni specie e delle sue popolazioni, la variabilità delle specie e delle loro forme de vita, la diversità dei complessi di specie associate e delle interazioni tra di loro, e infine quella dei processi ecologici che influenzano questi complessi o di cui questi ultimi sono gli attori (la diversità ecosistemica)"[1].

Tutto questo significa che, per valutare la biodiversità di una regione geografica data, bisogna considerare tutti gli esseri viventi presenti, perché ognuno è diverso dagli altri (anche se solo leggermente). Infatti, ogni individuo accresce la biodiversità generale grazie al proprio contributo. Praticamente, si tratta di un'entità che è proporzionale alla massa totale degli esseri viventi nella regione considerata.

Questa, tuttavia non è la sola definizione utilizzata. Infatti, la valutazione di tutti gli organismi presenti in una certa comunità o provincia geografica non è sempre un compito facile. Anzi, in certi casi, risulta impossibile (pensiamo, ad esempio, a quegli ambienti di epoche remote che sono letteralmente scomparsi). Un'altra possibilità consiste nel considerare il numero delle specie presenti (si tratta della biodiversità specifica). In questo caso, più specie sono presenti, più la biodiversità è importante. Comunque, la valutazione della biodiversità non si limita semplicemente nella conta degli individui o delle forme specifiche presenti in una certa località; tutto ciò è semplicemente riduttivo! Per apprezzare correttamente la biodiversità, bisogna includere anche tutte le interazioni tra gli esseri viventi, che siano della stessa specie o di specie differenti, più i cambiamenti imposti dalle mutazioni degli ambienti vitali[2]. Sarà questo il filo conduttore che seguirò nella mia narrazione.

In ogni caso, qualunque sia il concetto prescelto, quando si parla di biodiversità si invocano necessariamente gli organismi viventi. Ma siamo sicuri di avere di essi una conoscenza sufficiente? Siamo in grado di definire queste entità? Questo volume vuole "raccontare" la storia dell'evoluzione degli esseri viventi, che corrisponde a quella della biodiversità; le tappe superate, le difficoltà che si sono via via presentate. Si tratta di una maniera per cercare di comprendere come mai siamo arrivati agli ecosistemi attuali e alle loro interazioni. Dal momento che la storia della Vita è un argomento assai vasto e che non tutte le sue tappe sono state ancora completamente elucidate (e anche a causa dei limiti delle mie conoscenze), questo racconto sarà solo parziale. Un'intera vita umana non sarebbe sufficiente per illustrare tutto ciò che è conosciuto in questo dominio. Non solo. Si tratta di un argomento in continua evoluzione: ogni anno, molteplici informazioni arricchiscono il quadro generale, aggiungendosi a esso.

---

[1] Sono grato al professore André Giordan per avermi trasmesso questa definizione. L'ho avuta durante il lavoro comune per il *Conseil départemental de l'Allier*. Qualche anno più tardi, durante una conferenza del professor Bruno Corbara, dell'*Université Blaise-Pascal* di Clermont-Ferrand, tenuta per la manifestazione *Journées Nature d'Avermes*, nell'Allier (Francia), ho scoperto che, in realtà, esistono varie definizioni di biodiversità.
[2] Questo concetto è esposto magistralmente nel libro di Robert Barbault (2006), una lettura molto istruttiva per tutti coloro che desiderano approfondire l'argomento. Un altro testo classico che si occupa di biodiversità è quello di Edward O. Wilson (2009). Infine, per tutti gl'interessati alle interazioni tra organismi differenti consiglio l'eccellente volume del professor Marc-André Selosse (2017).

Naturalmente, le opere consacrate alla storia della Vita, scritte in varie lingue (tra cui l'inglese e il francese), non mancano. Perché allora pubblicarne un'altra? La ragione è la seguente: il mio percorso accademico e le mie esperienze personali mi hanno permesso di avere uno sguardo diverso, in questo campo, rispetto agli altri autori. In più, nel mio libro desidero presentare le ipotesi avanzate dal professore Mario Ageno durante gli anni 1990, che non hanno avuto una diffusione adeguata non solo all'estero (per mancanza di traduzioni) ma nemmeno in Italia. A dispetto di ciò, queste idee meriterebbero una revisione o, per lo meno, di essere conosciute da un pubblico più vasto. Infine, insegnare una materia, o scriverci sopra un libro, è senz'altro il modo più sicuro per verificare il proprio stato di conoscenza sull'argomento ...

Lo scopo che questo libro si propone è quello di suscitare l'interesse dei lettori su tali problematiche e di porre riferimenti o linee guida per coloro che desiderino saperne di più. Spero dunque che il mio volume possa risultare stimolante anche presso un pubblico di non specialisti; persone, comunque, provviste di un minimo di conoscenza scientifica e, perché no, di curiosità sui fatti relativi agli esseri viventi.

Nelle pagine seguenti, cercherò di utilizzare un linguaggio più semplice possibile. Tuttavia, gli argomenti trattati sono complessi per loro natura e, vi avviso sin da ora: se siete interessati, non dovrete rilasciare la vostra attenzione! Per evitare una lettura troppo difficile, gli approfondimenti saranno relegati nelle note a piè di pagina, che potranno essere consultate secondo il ritmo della lettura, o in apposite appendici, alla fine di ogni capitolo. Ho anche indicato delle voci dell'enciclopedia informatica "Wikipedia", in cui si possono approfondire certe informazioni. Si tenga presente, tuttavia, che tali voci sono state da me consultate nel 2025 e che possono essere soggette a cambiamenti.

Infine, ho previsto un riassunto alla fine di ogni capitolo, per poter ricapitolare le parti più importanti del discorso.

Sommario

1

Il passaggio dal non vivente al vivente

Sommario

1.1 La definizione dell'essere vivente

Senza alcun dubbio, ciascuno di noi è capace di riconoscere un essere vivente da un oggetto inanimato. Un leone, una mosca, un fungo e persino un batterio saranno correttamente attribuiti alla prima categoria da chiunque. Invece, oggetti come i sassi, il fuoco, l'acqua sono senz'altro considerati esseri inanimati. Inoltre, sappiamo bene che, se un albero nella sua integrità costituisce un essere vivente, un ramo spezzato non è che un semplice oggetto. Una singola parte di un animale o di un vegetale non può essere considerata alla stessa stregua di "un essere vivente" ma, al massimo, come una sotto-insieme di questo, avendo perso le caratteristiche

che la rendevano vivente una volta separata.[1] Lo stesso discorso è valido quando si considera un animale morto: sappiamo tutti, infatti, che, al momento del decesso, l'organismo perde tutte le qualità che lo caratterizzavano come essere vivente.

Ma quali sono queste capacità? Cosa possiamo rispondere ai nostri alunni, ai nostri figli, ai nostri amici, quando ci chiedono chiarimenti al riguardo? Vediamo come rispondere a queste domande una volta per tutte, senza ambiguità.

Una volta, si sentiva dire che un essere vivente poteva essere riconosciuto dalle sue capacità di nutrirsi e di riprodursi. Ogni organismo, sia esso una pianta, un animale o anche un microorganismo, possiede, infatti, queste capacità. Hanno tutti bisogno di sostentarsi e tutti si riproducono, altrimenti la specie sparirebbe.

Tuttavia, anche il fuoco si "nutre" e sembra essere capace di "riprodursi." Infatti, una fiamma consuma il legno (o un altro tipo di combustibile) per restare accesa: il fuoco è dunque capace di nutrirsi. Se poi noi gli avviciniamo una torcia spenta o anche un semplice pezzo di carta, ecco che il fuoco si propaga, restando acceso sul primo focolaio. Quest'operazione è comparabile alla riproduzione, perché la fiamma d'origine può produrne un'altra. E un'altra ancora. E cosi di seguito …

Tuttavia, io dubito che qualcuno sia pronto ad accettare il fuoco nel novero degli "esseri viventi." Perché dunque? Perché i suoi tipi di nutrizione e di riproduzione sono basicamente differenti, non solo da quelli di piante e animali, ma persino da quelli adottati dai microbi, e che queste particolarità, prese da sole, non sono sufficienti a caratterizzare la Vita. Vediamo cosa manca.

Per farlo, consideriamo l'interpretazione che è stata avanzata da un fisico che si è interessato all'argomento. La definizione che sarà riportata in seguito, si deve a Mario Ageno, che l'ha formulata negli anni 1980–1990.[2] Tale definizione ci permette di caratterizzare tutti gli organismi viventi terrestri, fossili o attuali, e soltanto questi. Cioè, nessun altro oggetto, accetto un vivente, rispetta questa definizione.

Un essere vivente è, in primo luogo, un oggetto con dei limiti fisici ben definiti, quelli del suo corpo, che può essere vasto come il tronco di un albero oppure minuscolo come la cellula di un batterio. Al suo interno, fa entrare gli alimenti di cui si nutre, il gas che respira e il calore per scaldarsi. Al di fuori del corpo, espelle i rifiuti (solidi, liquidi o gassosi) e il calore in eccesso. Se esploriamo l'interno del corpo di un vivente, vediamo che in esso si svolgono tutta una serie di processi chimici, ordinati nello spazio e nel tempo (l'autore parla di "coerenza" di tali processi interni). Tutto ciò implica che se, per esempio, una sostanza nutritiva è assunta, per poterla

---

[1] In realtà, alcuni essere viventi possiedono capacità rigenerative straordinarie: per esempio, grazie all'autotomia (la possibilità di perdere volontariamente una parte del proprio corpo e di rigenerarla in seguito) certi organismi possono "riprodursi." Prendiamo una stella marina che si mutila di un braccio. Non solo la stella può rigenerare la sua appendice, ma il braccio perduto può, a sua volta, produrre l'intero individuo., Questo "metodo riproduttivo" particolare non è limitato agli echinodermi. Per esempio, esiste anche tra i lombrichi. Ci sono dei casi, dunque, in cui anche una semplice parte di un essere vivente conserva le sue capacità particolari è può rigenerare completamente un organismo intero, perfettamente vitale.

[2] La definizione di 'essere vivente' di Mario Ageno è presentata in tre opere fondamentali (Ageno 1986, 1991, 1992a). Il lettore interessato può leggerle con profitto.

decomporre è necessario ricorrere a una o più catene metaboliche, che si svolgono secondo un ordine preciso all'interno dell'organismo. Lo svolgimento casuale dei processi (tra cui quelli della nutrizione e della riproduzione) o l'accumulo eccessivo di intermediari metabolici comprometterebbe la salute dell'organismo, sino a provocarne il decesso: il nostro essere vivente cesserebbe semplicemente di vivere!

Ma come si riesce a garantire il controllo sulle modalità di esecuzione di tutte queste trasformazioni? Perché questi processi si mantengono ordinati invece di sfociare nel caos? Ogni organismo vivente possiede un programma, capace di codificare tutte le componenti del sistema e di regolare le modalità dei processi metabolici all'interno del corpo. Praticamente, decide chi fa cosa, quando e come! Per utilizzare le parole di Ageno, un essere vivente è: "un sistema fisico aperto (capace di scambiare materiali ed energia con l'ambiente), sede di processi chimici coerenti e dotato di un programma." Il "programma" di un organismo vivente è il suo DNA.[3] Tutti gli esseri viventi possiedono questa molecola che, tra l'altro, costituisce il patrimonio genetico di ogni individuo. Non conserva solamente tutti gli elementi per costruire una copia dell'organismo (altra funzione essenziale di questa molecola) ma contiene anche tutte le informazioni per regolare i processi metabolici più quelli che sono legati allo sviluppo del suo proprietario: quando e come produrre una determinata sostanza, quando bloccare la sintesi di una seconda, in funzione dei segnali ricevuti dall'ambiente interno o esterno.

Direttamente o indirettamente, il DNA gioca un ruolo centrale nel controllo dei processi metabolici. Tale funzione non deve essere dimenticata, né sminuita rispetto al compito di conservazione dell'informazione genetica. Senza l'ordine dovuto al DNA, un organismo vivente cesserebbe in breve di essere tale!

Il patrimonio genetico, il "programma" dell'essere vivente è ereditario, con modalità differenti rispetto ai diversi tipi di organismi: si eredita integralmente per quegli esseri che si riproducono per divisione cellulare, si acquisisce solamente la metà (in media) dei componenti parentali per quegli organismi che adottano la sessualità.[4]

---

[3]   Questo non vuol dire che il DNA di un organismo debba essere ridotto a un semplice "manuale d'istruzioni", alla stregua di un banale algoritmo. Il DNA possiede delle proprietà straordinarie capaci di conferirgli una plasticità quasi senza eguali, all'interno di una cellula. Tuttavia, non si può negare che tra le sue proprietà più importanti c'è anche quello di funzionare come programma. In effetti, il DNA regola la "vita" delle cellule: stabilisce, aiutato anche da stimoli esterni, le sostanze che devono essere prodotte e quando iniziare il processo. Forse, una definizione più pittoresca (ma anche più coerente con la realtà) sarebbe quella di assimilare il DNA a un direttore d'orchestra, che conosce le partizioni e che dirige l'insieme degli strumenti che compongono quella macchina straordinaria che è l'essere vivente.

[4]   Tuttavia, anche per gli organismi a riproduzione sessuale non mancano le eccezioni. Le troviamo, per esempio, nel caso degli organismi apodiploidi (formiche, api, vespe e altri insetti). Prendiamo l'esempio delle formiche e delle api. Quest'insetti sono caratterizzati dall'avere individui femminili con il patrimonio genetico costituito da una metà di provenienza materna e l'altra di provenienza paterna (esattamente come tutti gli altri esseri viventi diploidi, cioè quelli che possiedono due copie del loro genoma). Invece, gl'individui maschili possiedono solo la copia materna. Per generare dei maschi, api e formiche non hanno bisogno di accoppiarsi. Invece, esse devono essere fecondate per produrre degli individui femminili. É dunque chiaro che, per le formiche e per le api, la regola generale deve essere modificata per poter essere applicata con successo (Wilson 1979). Ritornerò sulla sessualità e sulla divisione cellulare nel capitolo 3.

Nondimeno, errori possono avvenire durante la trasmissione da una generazione all'altra; sono le mutazioni. D'altra parte, la mescolanza genetica dovute alla sessualità produce combinazioni di geni sempre differenti da individuo a individuo. Ogni essere vivente possiede un programma che gli è unico[5] (questo è vero per tutti gli organismi a riproduzione sessuale; per quelli che si moltiplicano per divisione cellulare è soltanto possibile). Certi individui, in particolari condizioni, potranno funzionare un po' meglio di altri. Saranno dunque avvantaggiati e potranno riprodursi più facilmente lasciando più discendenti rispetto ai loro competitori. Questa è la base dell'evoluzione biologica.[6]

Ma ritorniamo alla nostra definizione. TUTTI gli organismi viventi, dalle piante ai batteri, ai pinguini, passando per i dinosauri e per gl'insetti, soddisfano i requisiti indicati. Invece, chi non li rispetta, può essere facilmente riconosciuto come non vivente.

Per esempio, il fuoco non a un corpo con limiti precisi. In più, non possiede nessun programma interno che ne regola le funzioni. Lo stesso vale per un ruscello: se, de una parte, il suo corso si mantiene all'interno di argini definiti e il movimento dell'acque è coerente (ordinato secondo la pendenza del suolo in funzione anche degli accidenti del terreno), dall'altra, non è sede di processi chimici (non sono questi che definiscono il fiume). Infine, manca sempre il programma! Un computer, invece, il programma lo possiede, perché può essere equipaggiato con ogni tipo di software. Ma al suo interno avvengono processi elettrici e meccanici, non chimici. Quindi, neanche il computer può essere considerato un organismo vivente. Per potersi fregiare di tale titolo, tutti i criteri devono essere riuniti, e non solo una parte. Altrimenti, ritorniamo al caso del fuoco, che, a suo modo, è capace di "nutrirsi" e di "riprodursi", ma che non è un vivente.

Per terminare questa sezione dedicata alle caratteristiche degli esseri viventi, voglio segnalare che questa è UNA definizione, non LA definizione. In effetti, è

---

[5] Consideriamo una popolazione d'organismi a riproduzione sessuale il cui genoma (il programma) sia composto da 5 000 geni (numero sicuramente non eccessivo, visto che l'uomo ne possiede all'incirca 30 000) e stabiliamo che ogni gene possa avere due alleli (un allele è una variazione particolare del gene in questione). Le combinazioni possibili per i genomi risultanti sono 2^{5000} (questo valore tiene conto solamente delle possibili combinazioni genetiche, senza considerare le mutazioni casuali che possono far aumentare ancora il numero). Se esprimiamo tale valore con le potenze di 10, otteniamo $\sim 10^{1500}$. Si tratta di un numero astronomico: milioni di volte più grande di tutti i nucleoni dell'Universo (i nucleoni sono gli elementi che costituiscono i nuclei atomici, protoni e neutroni). Il numero massimo di atomi che si possono formare allo stesso tempo nel nostro Universo è per forza inferiore a quello dei nucleoni. Si può dunque escludere che, all'interno della stessa popolazione, esistano due organismi con lo stesso patrimonio genetico (un'eccezione è comunque costituita dei gemelli omozigoti). Non solo, ma è anche impensabile che una combinazione particolare si sia presentata più di una volta nel corso della storia di una specie.

[6] In quest'opera, non mi propongo di trattare la teoria dell'evoluzione biologica tramite la selezione naturale, sviluppata da Charles Darwin, né d'illustrare i suoi sviluppi recenti. Tutto ciò va al di là degli obiettivi di questo libro. Tuttavia, chi fosse interessato a studiare l'argomento o semplicemente ad approfondirlo può consultare con profitto, non soltanto l'opera di Darwin (2009) ma anche il volume pubblicato sotto la direzione di Guillaume Lecointre (2009). Per quei lettori che hanno facilità con l'inglese consiglio anche il libro di Jablonka e Lamb (2006).

possibile formularne anche altre.[7] Il vantaggio della definizione di Ageno è che permette di riconoscere facilmente tutti gli organismi conosciuti, estinti o viventi, e di escludere gli oggetti inanimati o considerati come tali.

L'unità di base del vivente è la cellula, provvista di un apparato biologico. Tutto ciò che non è cellulare (è cioè, che non formato da cellule) non fa parte dei viventi. I "virus",[8] per esempio, non sono dei veri organismi viventi. Cosa gli manca per esserlo? Sono costituiti da materiale genetico rinchiuso da una capsula proteica (il capside), ma sono del tutto sprovvisti delle apparecchiature cellulari per effettuare le trasformazioni chimiche necessarie a eseguire il loro ciclo d'esistenza. Un "virus" deve infettare una cellula e utilizzare il macchinario chimico di quest'ultima per moltiplicare la sua molecola di DNA (o di RNA, nel caso dei "virus" che, come quello dell'AIDS, conservano la loro informazione genetica in una molecola di RNA) e i componenti del capside. Fatto questo, la cellula ospite è distrutta e una moltitudine di nuovi "virus" emerge per infettare nuovi bersagli.[9]

1.2 Il passaggio dal non vivente al vivente: le molecole biologiche

Grazie alle ricerche specifiche effettuate da Louis Pasteur (e de altri ricercatori, dopo di lui), sappiamo oggi che ogni essere vivente deriva da un altro essere vivente. La sola maniera per ottenere un organismo, che sia animale o vegetale (oppure un microorganismo unicellulare) è di produrlo da una coppia di genitori, tramite riproduzione sessuale (o tramite divisione binaria nel caso dei batteri, degli archei o dei protozoari). La generazione spontanea, la produzione di esseri viventi a partire dalla semplice materia inanimata, fa ormai parte dei miti e delle credenze che si sono rivelate erronee, al seguito del progresso scientifico.

Ma allora, la Vita, da dove viene? É sempre stata presenta sul nostro pianeta o nella galassia? In realtà, bisogna considerare le cose diversamente. Riprendiamo la constatazione espressa all'inizio del paragrafo, e cioè che ogni organismo deriva da un altro essere vivente. Evidentemente, sono le attuali condizioni che regnano sul nostro pianeta a impedire il passaggio dal non vivente al vivente. Se queste venissero modificate, dovremmo essere capaci d'invertire la tendenza e rendere possibile ciò che non lo è.

---

[7] Altre formulazioni della Vita sono presentate in un articolo di Patrick Forterre (2010). Tuttavia, la maggior parte di esse considera come vivente un'entità provvista di un apparato cellulare funzionale. Il ché risulta praticamente equivalente alla definizione di Ageno.

[8] In questo capitolo, il termine "virus", come definito classicamente, sarà indicato tra virgolette. Tuttavia, la definizione di queste entità si è evoluta ed è stata da poco proposta un'interpretazione diversa. I virus, secondo la nuova definizione, risulterebbero degli esseri viventi a tutti gli effetti. Ne riparlerò nel § 2.4.

[9] Ritornerò sui "virus" nel § 2.4 per darvi la nuova interpretazione riguardo queste entità. Per il momento, vi basti sapere che la definizione d'essere vivente che è stata data, li esclude dal novero la loro concezione classica. Ciò può sembrare arbitrario, ma ha il merito di essere chiaro e di fare scelte non ambigue.

Tuttavia, tale processo è lungo e complicato, e molte sono le tappe necessarie perché lo si possa completare. Ma, come tutti i fenomeni, deve essere sottomesso alle leggi della casualità che governano il mondo fisico, di cui la biologia non è che una manifestazione.[10] Il problema deve dunque essere riformulato in maniera diversa: è possibile concepire condizioni tali da permettere, un passo dopo l'altro, il passaggio da una situazione caratterizzata dall'assenza di esseri viventi a quella in cui gli organismi sono in grado di emergere spontaneamente, senza bisogno di organismi preesistenti? Immaginiamo che ciò sia possibile. Ma allora queste condizioni si sono realmente verificate durante l'evoluzione del mondo fisico, sul nostro pianeta, o in un'altra parte dell'Universo? La risposta a questa domanda è ovviamente positiva, visto che siamo qui; noi e tutti gli altri esseri viventi.

Tali questioni possono essere riformulate nella maniera seguente: quando e dove, le condizioni che hanno permesso il passaggio dal non vivente al vivente si sono prodotte? Esaminiamo le cose con ordine. Abbiamo definito gli esseri viventi come dei sistemi chimici. Essi sono composti da unità chimiche, i "mattoni" degli organismi, che sono le molecole biologiche. Quest'ultime sono state chiamate così perché sono il prodotto di un'attività biologica: soltanto gli organismi sarebbero in grado di sintetizzarle. Ne fanno parte le proteine, gli acidi nucleici, i lipidi (o acidi grassi) e gli zuccheri. Tutte queste molecole sono costituite, per il 96% (Ageno 1991), da quattro elementi soltanto: l'idrogeno (H), il carbonio (C), l'ossigeno (O) e l'azoto (N). Questi elementi fanno parte di quelli più abbonanti nell'intero Universo! Per costruire tutte le nostre molecole, a questi quattro elementi, bisogna aggiungere il fosforo (P) e lo zolfo (S) che, pur essendo molto meno frequenti degli altri (contano soltanto per il 0,9% e il 0,3%, rispettivamente), sono indispensabili alla Vita. Altri elementi importanti, se non "indispensabile", sono il sodio (Na), il potassio (K), il magnesio (Mg), il calcio (Ca), il ferro (Fe) e altri ancora. La maggior parte interviene nella formazione di enzimi specifici o sotto forma d'ioni che giocano un ruolo essenziale nell'organizzazione del vivente. Inoltre, ogni elemento può avere un'importanza particolare per un gruppo specifico d'organismi viventi.

Tra le molecole citate in alto, limitiamoci per ora alle proteine e agli acidi nucleici. Sono tutte delle macromolecole, la cui massa supera di centinai o di migliaia di volte quella dell'atomo d'idrogeno, l'elemento più leggero dell'Universo.[11]

---

[10] Per apprezzare i legami tra la biologia e le altre discipline scientifiche (e, in particolare, la fisica), il lettore curioso può leggere Ageno (1992b). Nell'opera citata, il fisico presenta una brillante dimostrazione dell'"indipendenza" della biologia dalle scienze fisiche.

[11] L'atomo di idrogeno è costituito generalmente d'un elettrone (particella a carica negativa) e di un protone (particella a carica positiva). La massa dell'elettrone essendo trascurabile rispetto a quella del protone, è il peso di quest'ultimo che determina quello dell'idrogeno. Tuttavia, alcuni atomi d'idrogeno possono avere uno o più neutroni (particelle elettricamente neutre). Il peso di un neutrone equivale a quello di un protone. Quindi, per poter stimare il peso dei vari atomi o delle varie molecole, basta contare il numero di protoni e neutroni che li compongono. Questo ci dirà di quante volte la loro massa supera quella dell'atomo d'idrogeno standard (un elettrone più un protone) che è considerato come l'unità (= 1).

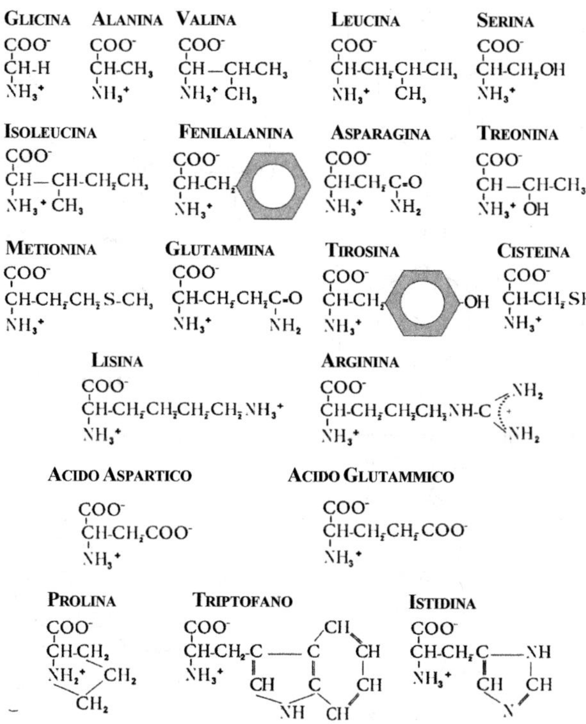

Fig. 1.1 I 20 amminoacidi utilizzati da tutti gli organismi viventi. Al centro di ogni molecola si trova un atomo di carbonio legato a uno d'idrogeno (indicati CH). Il gruppo –COOH è presentato deprotonato (–COOH⁻) e il gruppo –NH₂ protonato (–NH₃⁺)

Le proteine sono delle catene costituite da monomeri, cioè delle unità che si aggiungono l'una dopo l'altra, come le perle di una collana. Ne risulta un prodotto completo e funzionale. I monomeri che costituiscono le proteine sono gli amminoacidi, molecole al cui centro si trova un atomo di carbonio. I suoi quattro legami si formano con un atomo d'idrogeno (H), un gruppo carbossilico (–COOH), un gruppo amminico (–NH$_2$) e un radicale (R). Quest'ultimo può variare ed è proprio la sua composizione che caratterizza ogni diverso amminoacido (Fig. 1.1). Gli amminoacidi utilizzati dagli organismi viventi sono 20 in tutto. Grazie a questo numero, in apparenza limitato, gli esseri viventi sono in grado di costruire un numero astronomico di proteine differenti: tutte quelle conosciute, più un gran numero di proteine sconosciute. Poiché gli amminoacidi sono 20 e ogni proteina comprende, in media, 300 monomeri, possiamo ottenere $20^{300} \approx 10^{390}$ possibilità differenti. Naturalmente, solo una piccola parte viene realmente realizzata e solo un sotto-insieme di questa è funzionale.

Gli acidi nucleici, invece, sono costituiti da quattro elementi differenti solamente: le basi adenina, guanina, citosina e timina, illustrate nella Fig. 1.2. Queste basi sono legate a uno zucchero con 5 atomi di carbonio, il ribosio per l'RNA e

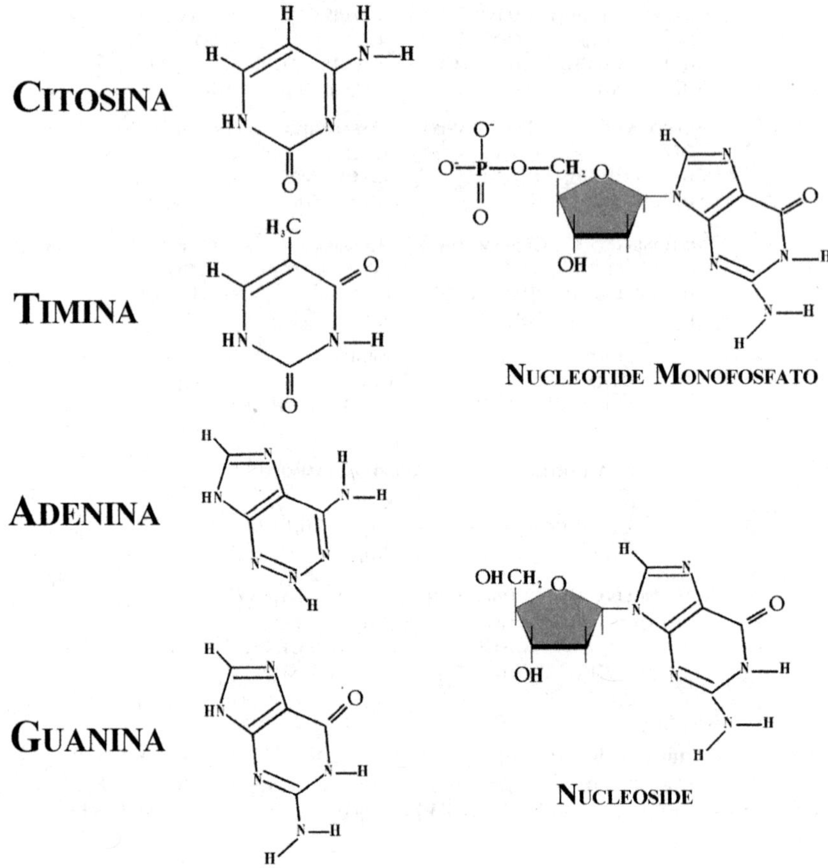

Fig. 1.2   Le quattro basi del DNA sono presentate sul lato sinistro. In basso a destra, un nucleoside di DNA (la base, in questo caso la guanina, più lo zucchero desossiriboso). In alto a destra, lo stesso nucleoside più un gruppo fosfato (= nucleotide monofosfato). Figura ridisegnata a partire d'Hebsgaard et al. (2005)

il deossiribosio per il DNA. É proprio la presenza di uno zucchero particolare, il deossiribosio, che permette al DNA di acquisire la sua forma particolare in doppia elica, performance di cui l'RNA è incapace.

Per finire, gli scheletri di DNA e RNA comprendono anche un gruppo fosfato (è qui che si apprezza l'importanza di questo elemento per il mondo vivente!) che permette alle unità differenti di legarsi tra di loro (sono i nucleosidi, base più zucchero, le unità fondamentali legate grazie al gruppo fosfato). In realtà, DNA e RNA presentano anche un'altra differenza: la timina sulla prima molecola, l'uracile sulla seconda. Ma, in questo caso, si tratta veramente di un dettaglio.

Quello che è importante, per il funzionamento de queste due molecole è che le basi sono complementari; l'adenina si associa con la timina/uracile mentre la

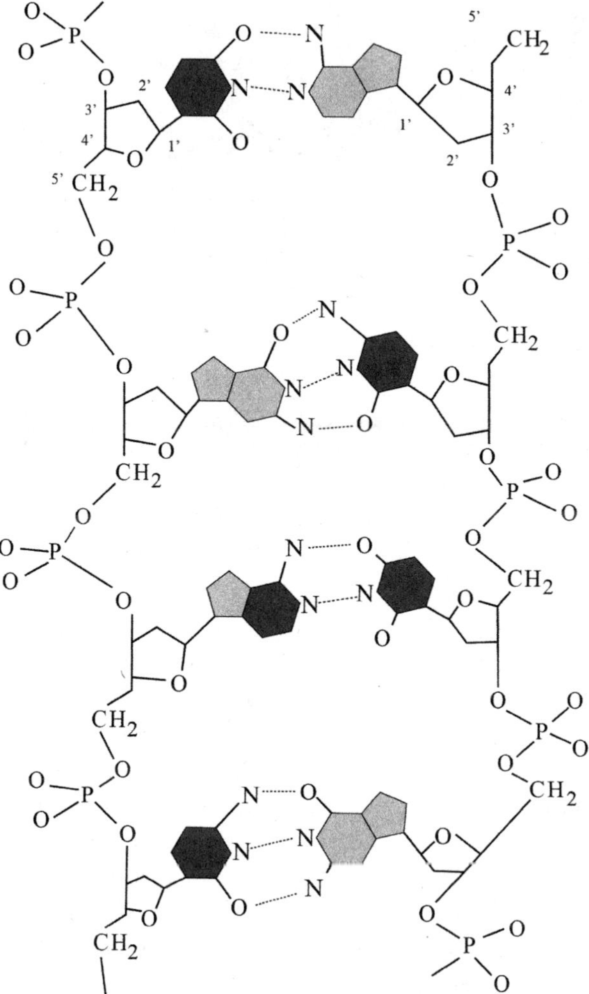

Fig. 1.3 Doppio filamento di DNA. Nel filamento di sinistra è possibile riconoscere, dall'alto in basso, la sequenza seguente: timina-guanina-adenina-citosina. Nel filamento di destra la sequenza complementare: adenina-citosina-timina-guanina. Figura ridisegnata a partire da Geis (1983)

guanina con la citosina. Ciò significa che un filamento di DNA, la cui sequenza è composta dalle basi 'timina-guanina-adenina-citosina', potrà associarsi a un altro filamento la cui sequenza 'adenina-citosina-timina-guanina' (Fig. 1.3). Si ottiene così una molecola a doppio filamento che può ripiegarsi su sé stessa, in forma di doppia elica (Fig. 1.4). Anche in questo caso, solamente quattro basi differenti possono produrre tutta la variazione genetica conosciuta nel mondo intero.

In una proteina, possiamo riconoscere il sito attivo, che è la regione dove si esercita l'attività enzimatica della molecola (un enzima è un catalizzatore biolo-

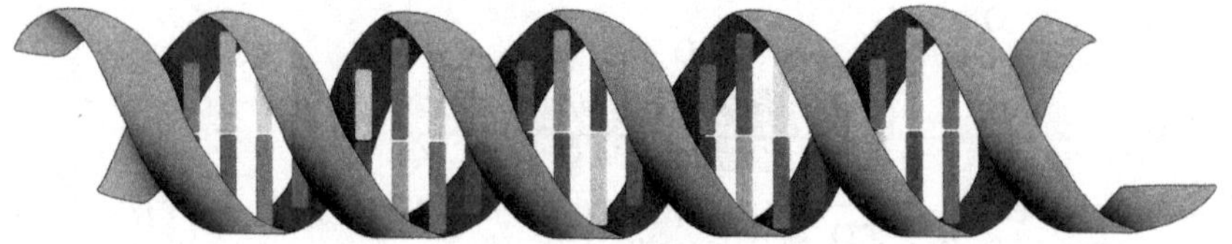

Fig. 1.4 L'elica a doppio filamento di DNA. Lo scheletro, in grigio, è formato dalle molecole di zucchero più il gruppo fosfato. I "gradini" verticali rappresentano le quattro basi del DNA, come quelle nella Fig. 1.2. Figura ridisegnata a partire d'Hebsgaard et al. (2005)

gico, cioè, un agente qui facilita e accelera una reazione chimica spontanea) e la parte restante, il corpo della molecola, che protegge e ingloba il centro enzimatico. In breve, questa struttura particolare permette alla proteina di effettuare al meglio la sua attività: essere efficace e, al tempo stesso, assai specifica, cioè funzionare solamente con un numero limitato di altre molecole (al limite una sola). La forma tridimensionale di una proteina dipende dall'ambiente in cui si è formata e dalle modalità di fabbricazione. Tutto questo riveste la sua importanza per il funzionamento corretto della molecola.

Invece, la molecola di DNA, in soluzione acquosa, possiede una struttura relativamente stabile, a forma di doppia elica, indipendentemente dalla sequenza delle basi che la formano. Attraverso il codice genetico (una combinazione di tre nucleotidi corrisponde a un amminoacido), questa molecola è capace d'immagazzinare tutta l'informazione per la produzione delle proteine e regola anche il processo di sintesi.

É proprio tramite l'interazione proteine/amminoacidi che la Vita si realizza in accordo alla definizione data nel paragrafo precedente: se le proteine esercitano le funzioni chimiche all'interno dell'organismo, a sua volta, il DNA esercita il controllo sulla coerenza e funziona come "software" cellulare.

Dopo questa breve incursione nella realtà delle molecole biologiche, consideriamo la domanda seguente: è possibile produrre queste molecole in maniera artificiale, non biologica? A partire dal 1828, la risposta è sì! Cosa si è verificato a quest'epoca? Il chimico tedesco Friedrich Wöhler è riuscito a sintetizzare l'urea in laboratorio. E questo è stato solo il primo passo: oggigiorno un numero sempre più grande di molecole biologiche sono prodotte in laboratorio grazie a processi che, ormai, sono diventati di routine.

Un'altra tappa importante fu compiuta da Stanley Miller, che, durante gli anni 1952–53, preparò un miscuglio gassoso composto da vapore acqueo (H_2O), anidride carbonica (CO_2), metano (CH_4) e ammoniaca (NH_3), supposto rappresentare l'atmosfera primitiva, quella che circondava il nostro pianeta durante le prime fasi del raffreddamento della crosta terrestre. Tale miscuglio fu sottoposto a scariche elettriche in un appropriato apparato sperimentale (Miller 1953). Il risultato fu un liquido nel quale erano presenti diverse molecole organiche. In seguito, l'esperienza è stata ripetute più volte, modificando i parametri dell'apparato sperimentale (soprattutto la composizione del miscuglio gassoso di partenza) ed è stato provato che in un'atmosfera priva di ossigeno libero (dunque, senza il gas O_2), fornendo opportunamente dell'energia, è possibile ottenere la sintesi di molecole biologiche (Ageno 1991, paragrafo 2.6; Fry 2000, capitolo 7). Naturalmente, la qualità e la quantità di queste molecole dipendono dal miscuglio di partenza; i migliori risultati si ottengono con un'atmosfera riduttrice, in cui gli elementi principali sono legati all'idrogeno.

In ogni caso, ricerche successive hanno mostrato che, almeno a partire da un certo momento (il quale, però, coincide con l'epoca che c'interessa cronologicamente), la Terra doveva possedere un'atmosfera differente da quella concepita da Stanley Miller. L'atmosfera primitiva comprendeva soprattutto CO_2, H_2O et N_2 (azoto gassoso). In queste condizioni, le esperienze di sintesi artificiale, tipo quella di Miller, producono un liquido assai povero di componenti biologici.

Comunque, sappiamo anche che, sempre alla stessa epoca (stiamo parlando del lasso di tempo che ha seguito la solidificazione della crosta terrestre e del suo raffreddamento, compreso tra 4,2 e 4 miliardi di anni), gli oceani erano in formazione e, a causa del vulcanismo sottomarino, si erano formate diverse sorgenti idrotermali. In tali condizioni, i gas considerati da Miller erano presenti e grazie all'energie prodotta dai vulcani, la sintesi abiologica di semplici molecole biologiche poteva prodursi, per lo meno a prossimità delle sorgenti idrotermali.

Inoltre, esisteva anche un'altra fonte di molecole biologiche in grado di alimentare lo stock terrestre: la sintesi nello spazio. È ormai assodato che la sintesi di amminoacidi, idrocarburi e di altre molecole d'importanza biologica può essere realizzata nello spazio. Lo sappiamo perché alcuni amminoacidi di origine non terrestre (che non sono sintetizzati da nessun organismo terrestre) sono stati trovati all'interno di corpi celesti caduti sul nostro pianeta. Siccome non sono stati prodotti sulla Terra, la loro fabbricazione deve aver avuto luogo altrove. Sappiamo anche, grazie alle ricerche astrofisiche, che, nello spazio, esistono immense nubi composte da precursori delle varie molecole biologiche (Fry 2000; Maynard Smith and Szathmáry 2001; Maurel 2003; Gribaldo et al. 2007). L'energia essendo fornita dai raggi cosmici o da altre fonti, la sintesi di molecole biologiche risulta perfettamente plausibile. Non solo; se questo fenomeno è stato senza dubbio importante all'alba del nostro pianeta, bisogna sottolineare che continua ad avvenire. Anche in questo momento, mentre state leggendo queste righe!

I prodotti della sintesi extraterrestre possono essere stati condotti sino a noi attraverso i meteoriti e i frammenti delle comete. Sembra, infatti, che la Terra abbia subito un bombardamento intenso di oggetti caduti dallo spazio, sino, all'incirca, a 4–3,8 miliardi di anni. Quantità ingenti di acqua (addirittura, un volume corrispondente a quello attualmente presente sul nostro pianeta sarebbe stato prodotto trasportato sino a noi dalle comete; Fry 2000, capitolo 7) e di molecole biologiche sono potute arrivare sino a noi durante questo periodo.

Quindi, all'incirca verso i 4 miliardi di anni fa, i mari e gli oceani terrestri contenevano già una ricca porzione di molecole biologiche, tra catene lipidiche, amminoacidi, basi, zuccheri e/o i loro precursori. Si tratta del famoso "brodo primitivo" dei testi che trattano l'origine della Vita.

Ormai, è assodato, a livello scientifico, che a une certa epoca, la Terra possedeva una quantità imponente di molecole biologiche, più o meno complesse, sintetizzate tutte in maniera perfettamente abiologica. I primi passi del processo che ha portato alla formazione della Vita su un pianeta sterile, sono dunque potuti avvenire con successo. Ma il più difficile deve ancora venire!

1.3   Dalle molecole biologiche all'essere vivente: un vicolo cieco?

Abbiamo visto che la sintesi in laboratorio delle molecole biologiche è possibile, una volta realizzate un certo numero di condizioni appropriate, tra cui l'apporto di elementi chimici e di energia appropriata. Comunque, NESSUNA ESPERIENZA di laboratorio ha mai permesso l'evoluzione spontanea a partire dai costituenti del brodo primitivo in un proto-organismo.

Si sente spesso dire che dopo un tempo sufficientemente lungo, persino degli avvenimenti a probabilità infima possano realizzarsi. Il risultato tanto atteso non si sarebbe dunque realizzato per mancanza di tempo: le esperienze non sono durate abbastanza. Tuttavia l'idea che un proto-organismo funzionale possa formarsi attraverso collisioni casuali in un liquido contenente la totalità dei precursori manca di spirito critico! Mal si adatta alla concezione scientifica moderna di relazione entro causa e effetto. Non solo; la sconfitta ha rianimato i partigiani della creazione divina e del carattere soprannaturale attribuito ai fenomeni viventi.

Comunque, i "partigiani" dell'ipotesi scientifica del passaggio dal non vivente al vivente non si sono mai persi d'animo: hanno cercato di sviluppare varie congetture, più o meno coerenti, a partire dai dati scientifici a loro disponibili.[12]

Sono stati soprattutto sviluppati due modelli. Il primo sottolinea la formazione di un ambiente chimico particolare, dotato di molecole (o altri elementi, anche puramente minerali) capaci di funzionare come catalizzatori per facilitare lo svolgimento di reazione chimiche appropriate. Il secondo mette l'accento sul sistema di conservazione dell'informazione biologica e della sua replicazione (dunque, favorisce la formazione degli acidi nucleici e l'evoluzione di molecole capaci di autoreplicarsi).

---

[12] Numerose opere sono state scritte per raccontare, spiegare e presentare le differenti teorie proposte riguardo il passaggio dal non vivente al vivente (per esempio, Maynard Smith and Szathmáry 2001; Maurel 2003; Gribaldo et al. 2007; Opera collettiva 2008, 2013a, 2013b; Lane 2015). Un volume che ritengo essenziale, perché sintetizza tutte le teorie dell'epoca, è quello d'Iris Fry (2000). Si tratta, senza dubbio, di una lettura interessante per avere un quadro storico più completo di quello riportato in queste pagine.

Secondo i partigiani della prima ipotesi (detta "metabolica"), è necessario che si metta in funzione un sistema chimico adeguato capace, alla lunga, di produrre un organismo vivente.

All'opposto, per i partigiani della seconda ipotesi, è il fenomeno di replicazione che rappresenta la base della Vita. Per loro, bisogna cercare una tappa intermediaria tra il mondo vivente e quello non vivente. Alcuni ricercatori pensano che si possa trovare nei "virus", i quali possiedono l'informazione genetica ma mancano del tutto del macchinario chimico per poterla mettere in esecuzione. In ogni caso, i "virus" possono esistere solamente in un ambiente già popolato di creature viventi funzionali, perché, altrimenti, non troverebbero nessuna cellula da infettare e non potrebbero assicurarsi la produzione di altre copie virali.

Alla luce delle conoscenze attuali, quale sarebbe la via più corretta da percorrere per poter formulare una teoria soddisfacente? Le cose non sono affatto semplici. Le proteine (gli enzimi biologici) sono componenti chimici che agiscono sotto il controllo del "programma", costituito dal DNA, per dar luogo a processi coerenti. Il tutto avviene all'interno di limiti ben definiti (nel caso di una cellula, questi sono fissati dalla membrana cellulare, formata da molecole lipidiche) che isolano e proteggono il contenuto dall'ambiente esterno, senza impedire, in ogni caso, gli scambi di materiali e energia. Il sistema funziona quando è completo, ma se manca una componente, non è più possibile concepire la sua capacità a comportarsi correttamente. Per esempio, l'informazione per effettuare la sintesi proteica si trova su molecole fatte di acidi nucleici che, per essere rese funzionali, hanno bisogno di enzimi, cioè di proteine appropriate. Quest'ultime intervengono a ogni passo metabolico, il quale, a sua volta, è regolato dal programma.

Eccoci incappati in un problema circolare, come quello dell'uovo e della gallina! Nonostante queste difficoltà tutto sembrò rientrare nell'ordine quando, nel 1989, due scienziati, Thomas Cech e Sidney Altman, ricevettero il premio Nobel per aver scoperto i "ribo-enzimi."

Ma cos'è un ribo-enzima? Da dove viene questo nome che ci ricorda concetti già sviluppati? Il termine deriva dalla fusione di "RNA" e "enzima", perché questa molecola non è altro che un filamento di RNA capace di attività enzimatica (Fry 2000). La molecola scoperta dai due scienziati è in grado di catalizzare la scissione e la ricombinazione di due segmenti di RNA.

In seguito, si sono susseguite altre scoperte di questo tipo ed esse hanno confermato che l'RNA, o almeno qualche sequenza particolare di questa molecola, è in grado di esercitare alcune attività catalitiche. Uno degli esempi più stupefacenti è dato dall'RNA ribosomiale (rRNA). I ribosomi sono gli apparecchi dove si fabbricano le proteine: è là che gli amminoacidi sono aggiunti, uno dopo l'altro, per formare catene più o mene lunghe. I ribosomi sono costituiti da due sotto-unità, una più grande e una più piccola, entrambi comprendono dell'RNA (si tratta dell'rRNA di cui sopra) e alcune sequenze proteiche (catene relativamente corte composte di amminoacidi).

Oggi sappiamo il responsabile dell'attività catalitica per la formazione del legame peptidico tra gli amminoacidi è proprio l'RNA della sotto-unità più grande e non la componente proteica, come si sarebbe potuto immaginare (Forterre 2007).[13]

Ecco dunque che il problema della tappa intermediaria sembra essere stato risolto, grazie alla scoperta di una molecola dotata sia delle proprietà delle proteine che di quella degli acidi nucleici; l'RNA, per essere precisi!

Col passare del tempo un'idea s'impose, quella di un "Mondo a RNA", che avrebbe preceduto la realtà biologica attuale. In questa situazione, l'RNA poteva giocare un doppio il ruolo, quello di conservatore dell'informazione biologica e del programma (funzione che, attualmente, è svolta dal DNA) e quello di catalizzatore naturale (oggi come oggi, sono le proteine che svolgono maggioritariamente tale compito). L'evoluzione che ha seguito questa realtà è riuscita a far emergere, a poco a poco, gli altri due protagonisti, il DNA e le catene proteiche, in quanto più efficaci a rispondere alle problematiche biologiche. l'RNA, dunque, sarebbe stato ridotto a compiti differenti (Fry 2000). É indubitabile, infatti, che il DNA, grazie alla sua particolare configurazione a doppia elica è grado di conservare molto meglio l'informazione biologica e, allo stesso tempo, può permettere più facilmente la trascrizione dell'RNA e la duplicazione della molecola. D'altra parte, le proteine possiedono una plasticità maggiore per svolgere il ruolo di enzimi naturali. La loro capacità di ripiegarsi e di proteggere il sito attivo le rende estremamente specifiche, quindi più efficaci e versatili rispetto alle esigenze particolari di ogni singola reazione chimica.

Tuttavia, senza voler togliere nulla all'importanza dell'RNA nel mondo della vita (sono appunto i tRNA, filamenti particolari di questa molecola ciascuno legato a un diverso amminoacido – a un particolare tRNA corrisponde un solo amminoacido – che, opportunamente selezionati, permettono la fabbricazione delle proteine; inoltre basta ricordare i ribosomi, di cui abbiamo appena parlato e l'importanza dell'rRNA per la produzione delle proteine), i nostri problemi non vengono affatto risolti con l'introduzione dei ribo-enzimi. Innanzitutto, come avrebbe potuto l'RNA, incapace com'è di formare eliche stabili, conservare efficacemente l'informazione genetica? Non solo, se questo "Mondo a RNA" è realmente esistito, perché non ne troviamo più traccia nella realtà biologica attuale?[14]

Inoltre, anche se avessimo risolto il problema circolare (viene prima il programma o il sistema chimico per esprimerlo?), questa soluzione resta troppo sofisticata: nessun brodo primitivo evolve spontaneamente verso un "Mondo a RNA"! Come sarebbe dunque possibile di arrivarci? Non siamo ancora riusciti a uscire dal nostro vicolo cieco.

---

[13] P. 109 e testo inquadrato a p. 151 dell'opera citata.

[14] In realtà, il fenomeno conosciuto col nome d'interferenza dell'RNA (RNA interference) potrebbe essere un pallido ricordo di quello che resta del "Mondo a RNA", anche se è ancora troppo presto per dirlo. Si tratta, infatti, di un fenomeno complesso. Gl'interessati possono informarsi leggendo l'opera di Jablonka e Lamb (2006, capitolo 4, più le pagine 332 e 333).

Nelle discussioni precedenti, ho passato sotto silenzio un dettaglio importante, che riguarda le reazioni chimiche. Ho sostenuto che la Vita dipende dall'interazione tra una serie di molecole biologiche che formano il "programma", il software che regola il funzionamento del vivente, e quelle che facilitano e accelerano le reazioni chimiche (tra cui quelle legate al metabolismo e alla produzione delle stesse molecole di cui sopra). Questa affermazione, anche se corretta è incompleta: manca qualcosa. Ma cosa esattamente?

Ritorniamo alla nostra vecchia definizione intuitiva dell'essere vivente; questi deve "riprodursi" e "mangiare." Quest'ultima capacità, senza alcun dubbio, è indispensabile all'essere vivente non solo per fornirgli materiale per crescere e riprodursi, ma soprattutto per procurargli l'energia necessaria per effettuare le sue funzioni biologiche. Infatti, le reazioni chimiche, si dividono in due categorie: quelle che si producono spontaneamente (chiamate anche "reazioni esoergoniche") e quelle che, invece, necessitano di energia per avere luogo (le "reazioni endoergoniche"). I catalizzatori (gli enzimi) permettono di facilitare le reazioni del primo tipo ma, pur restando necessari, non sono sufficienti perché si svolgano reazioni endoergoniche. Queste ultime hanno bisogno che sia loro fornita un'energie appropriata. Naturalmente, la maggior parte delle trasformazioni metaboliche è endoergonica e necessita, quindi, di un'opportuna fonte di energia. Tutti gli organismi attuali, unicellulari o multicellulari, possiedono delle "batterie" biologiche interne[15] capaci di fornire l'energia necessaria per alimentare le loro reazioni. La produzione di tali batterie è assicurata dall'alimentazione, che permette di ricaricarle nuovamente.[16] Tutto ciò è sempre avvenuto con gli esseri viventi, tali come li conosciamo e li abbiamo definiti. Ma prima cosa succedeva?

Abbiamo già potuto apprezzare l'importanza dell'apporto energetico nella prima tappa del passaggio dal non vivente al vivente, quella della produzione delle molecole biologiche. Che abbia luogo sulla Terra o nello spazio (o che si considerino tutti e due i fenomeni) è sempre necessaria una fonte appropriata di energia. Quest'ultima è sempre stata presa in conto nella formulazione delle teorie e nella concezione dei dispositivi sperimentali.

---

[15] La molecola biologica per eccellenza capace di fornire energia alle reazioni endoergoniche è l'ATP o adenosina-5'-trifosfato (nome che spesso viene abbrivato in Adenosina Trifosfato). Grazie alla perdita, per idrolisi, di uno o più gruppi fosfato, questa molecola realizza una reazione esoergonica più o meno energetica. L'ATP è anche uno dei precursori dell'RNA; si tratta della molecola che possiede l'energia per legare il nucleoside adenina al resto della catena (gli altri precursori sono i 5-trifosfati dell'uracile/timina, [quest'ultimo per il DNA], della guanina e della citosina: anche loro possono servire come "batterie" per immagazzinare l'energia biologica). La chiave della riserva energetica è legata ai gruppi fosfato. Ricordo, infine, la molecola chiamata nicotinammide adenina dinucleotide fosfato, abbreviato in NADP, un'altra molecola capace di fornire energia alle reazioni endoergoniche. La sua forma ridotta, carica di energia, è indicata NADPH o NADPH2 o anche NADPH+H$^+$.

[16] La degradazione (ossidazione) di una molecola di glucosio produce l'equivalente di una trentina di molecole d'ATP (sotto forma di ATP e di NADPH). Varie molecole di ATP e di NADPH possono essere prodotte durante la fase luminosa della fotosintesi clorofilliana. Ricordo tuttavia, che l'alimentazione non serve soltanto per rifornire l'organismo di energia. È anche necessaria per permettere all'organismo di approvvigionarsi di elementi chimici appropriati (azoto, carbonio, amminoacidi particolari, ecc.).

Ma quale tipo di energia avrebbe permesso agli elementi del brodo primitivo per percorrere le tappe successive? La maggior parte degli scienziati che si sono occupati del problema dell'origine della Vita (per lo meno dei sui primi passi), ha sempre pensato che la fonte energetica risiedesse nei componenti stessi del brodo. Infatti, un tale miscuglio di molecole biologiche possiede i precursori dei principali costitutivi biologici e, in più, le molecole di cui gli organismi hanno bisogno per la loro alimentazione; gli zuccheri, per esempio. Tuttavia, questa fonte energetica si è costituita in condizioni particolari le quali, verosimilmente, hanno preceduto le tappe che c'interessano. In seguito, la produzione si è arrestata o, per lo meno, fortemente ridotta, perché le fonti energetiche che l'alimentavano avrebbero potuto avere un effetto nefasto sulle tappe seguenti di cui ci stiamo occupando. Immaginate le conseguenze di una pioggia di meteoriti che cadono proprio là dove stanno producendosi i processi chimici necessari alla sintesi di elementi biologici sempre più complicati. Oppure, immaginate l'effetto del calore di una sorgente idrotermale che, se da un lato favorisce la produzione di semplici composti biologici, dall'altro scoraggia i processi di sintesi più complessi.

I processi di cui ci stiamo occupiamo, sono quindi supposti aver avuto luogo quando si sono attenuati quei fenomeni che hanno prodotto il brodo primitivo nell'oceano.[17]

Tale brodo, una volta formatasi, non era dunque rinnovabile (o lo era solo in piccola misura). Il consumo della riserva avrebbe segnato la fine dei processi conducenti alla formazione della Vita. D'altra parte, per poter utilizzare correttamente le molecole del brodo come alimenti, il sistema avrebbe dovuto essere provvisto di enzimi appropriati, per elaborare le pietanze. Anche in questo caso, niente ci fa pensare che tali enzimi abbiano potuto apparire spontaneamente. La fonte energetica per permettere l'evoluzione degli organismi à partire dal brodo primitivo non può trovarsi all'interno di quest'ultima, se non in condizioni estremamente particolari.

Siamo forse finiti in un altro vicolo cieco?

1.4   La proposta di Mario Ageno

I ricercatori che si sono occupati del passaggio dal non vivente al vivente erano ben consci dei problemi sollevati e, naturalmente, hanno proposto varie soluzioni. Queste sono contenute nella vasta letteratura sull'argomento, scientifica o di divulgazione.[18] Tuttavia, in questa sede, desidero parlare dell'ipotesi proposta

---

[17] Un'altra maniera di vedere le cose è quella di separare geograficamente la produzione delle molecole biologiche e le tappe seguenti. Tuttavia, tutto ciò non cambia nulla al discorso che segue.

[18] Si veda la nota 12 di questo capitolo. In ogni caso, uno dei libri più completi sull'argomento è, a mio avviso, quello d'Iris Fry (2000). Tuttavia, anche se notevole, l'autore, non conoscendo l'italiano, non ha avuto modo di apprendere la proposta descritta in questo paragrafo. Si veda anche Mieli et al. (2025).

da Mario Ageno, la stessa persona di cui abbiamo già visto, nel § 1.1, la definizione di essere vivente. Desidero presentare le idee del ricercatore italiano perché, nonostante siano state pubblicate in Italia durante gli anni '90, non sono mai riuscite a superare i limiti di una cerchia assai ristretta di persone.

Malgrado sia passato un certo tempo da quando è stata avanzata e nonostante le scoperte che si sono succedute in questi anni, la proposta di Mario Ageno, secondo me, possiede ancora una spinta costruttiva ed è in grado di portare elementi utili a tutti coloro che ricercano una soluzione scientifica al problema dell'emergenza della Vita.

Non mi occuperò di problematiche particolari riguardanti, per esempio, l'asimmetria della biosfera o la disponibilità di elementi chimici particolari. Questi argomenti, sebbene interessanti, sono un po' troppo specialistici per un'opera generale di divulgazione che si limita a trattare soltanto le grandi linee della favolosa storia dei viventi. In ogni caso, Ageno se ne occupa nel suo libro. Vi rinvio alla sua lettura (e alla consultazione della sua ricca bibliografia) per ogni informazione (Ageno 1991).

Passiamo adesso agli aspetti più interessanti della sua proposta. Nella sua parte iniziale, questa non si differenzia troppo delle ipotesi classiche già discusse. Prevede la formazione del brodo primitivo all'interno della quale si ritrovano molecole particolari e precursori biologici, esattamente come nella maggior parte delle teorie sviluppate precedentemente.

Mario Ageno situa l'evoluzione del brodo in un ambiente particolare; una laguna, un habitat riparato, anche se in comunicazione col mare aperto, sotto uno strato di acqua relativamente spesso, vari metri, in modo che la radiazione proveniente dallo spazio (in particolare i raggi ultravioletti) non fosse in grado di distruggere le molecole biologiche formatesi. Ricordiamo che, a quel tempo, l'atmosfera moderna capace di schermarci dalle radiazioni troppo energetiche, assorbendole, non esisteva ancora. Tuttavia, la profondità non doveva essere eccessiva: in particolare, non doveva impedire alla radiazione solare visibile di raggiungere il fondo, dove erano presenti gli elementi chimici del brodo. Una laguna avrebbe consentito alle varie sostanze di trasformarsi senza essere perturbate da fenomeni esterni.

Ho parlato della luce. Vedremo in seguito l'importanza che riveste nell'ipotesi del ricercatore italiano. Per il momento, limitiamoci a seguire i fatti come si collegano l'un l'altro. In questo habitat particolare, nelle condizioni proposte, lo strato d'idrocarburi facente parte del brodo primitivo era solito disaggregarsi in sacche (o sferule) lipidiche. Cosa rappresentano queste nuove entità?

Pensate a una macchia di olio sull'acqua. Questa sostanza non si mescola con quest'ultima. I movimenti del liquido possono disgregare la macchia d'olio, ma le sue molecole non si disperderanno; formeranno invece delle piccole sfere, nell'acqua, simili alle bolle di sapone. É in questo modo che si formano le suddette sacche lipidiche.

Bisogna sapere, infatti, che molte molecole lipidiche (che sono costituite da acidi grassi) posseggono un'estremità che non ama affatto l'acqua (per questo è detta "idrofoba") e un'altra che, al contrario, tollera il contatto con tale liquido (questa seconda estremità è chiamata "idrofila"). Se la concentrazione non è eccessiva, le molecole sono solubili in acqua. Ma, se questa aumenta troppo e supera un certo valore critico, le molecole lipidiche formano uno strato a doppio spessore sul liquido. Le estremità idrofobiche avranno la tendenza a disporsi l'una di fronte all'altra, mentre le estremità idrofile si dispongono tutte a contatto con l'acqua (Fig. 1.5). Ecco spiegata la formazione di una macchia d'olio in un liquido acquoso.

Gli idrocarburi lipidici facevano parte integrante del brodo primitivo. La loro concentrazione permetteva la formazione di vaste macchie nel liquido, che potevano venire disgregate dei movimenti delle correnti per produrre delle sacche lipidiche (Fig. 1.5). Queste ultime potevano raggiungere l'ambiente protetto delle lagune. Prima di continuare, però, soffermiamoci un attimo sulle proprietà particolari di queste sferule, perché si tratta di un punto cruciale per comprendere il seguito.

Le sacche lipidiche hanno delle proprietà ben precise; sono in grado d'isolare il compartimento interno dall'ambiente esterno. Infatti, soltanto delle sostanze liposolubili (che possono sciogliersi negli acidi grassi) sono in grado di penetrare all'interno delle sacche. È il caso, per esempio, della CO_2. Invece, tutte le sostanze polari (l'acqua, gli ioni e la maggior parte delle molecole del brodo primitivo) ne sono incapaci. Quindi, gli elementi che vengono a trovarsi all'interno, al mo-

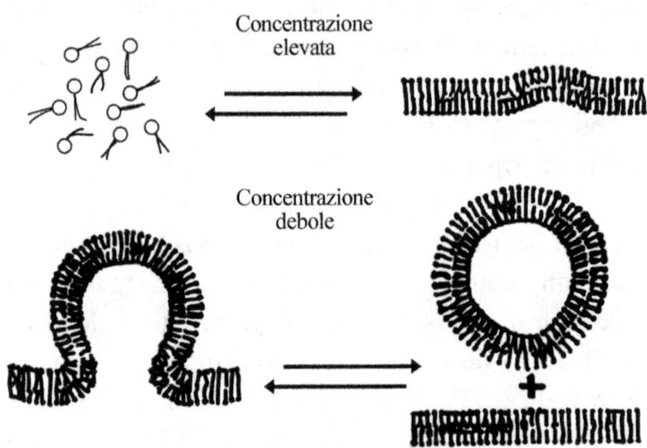

Formazione di una sacca lipidica a doppio spessore

Fig. 1.5 Se la concentrazione critica non è raggiunta, i lipidi sono solubili in acqua (in alto a sinistra). Ma quando la contrazione critica viene superata, si forma un doppio strato lipidico, con la estremità idrofile (che tollerano l'acqua) dei lipidi rivolte verso l'esteriore (si tratta delle teste arrotondate delle molecole) mentre la parte idrofoba (che non la tollera) è contenuta all'interno (le code allungate delle molecole). Nella parte inferiore della figura, viene mostrata la formazione di una sacca lipidica, a causa dei movimenti del liquido. Figura ridisegnata a partire d'Ageno (1991)

mento di formazione della sacca, sono destinati a restarci, senza poter uscire. All'opposto, tutte quelle molecole non liposolubili, che restano nell'ambiente esterno, non sono in grado di penetrare all'interno delle sacche; il contenuto interno e esterno di queste ultime non si può mescolare.

Ma le proprietà delle sferule lipidiche non si limitano a questo. A causa dei movimenti del liquido, due o più sacche possono urtarsi e fondere l'una con l'altra, formando una sferula più grande (questo fenomeno è chiamato "pinocitosi"). I contenuti delle due sacche si ritrovano intatti all'interno della nuova struttura, più grande, perché, al momento della pinocitosi non si ha alcuna mescolanza tra l'ambiente esterno e quello interno: chi è dentro resta dentro e chi è fuori resta fuori, senza mischiarsi.

È anche possibile che una sacca di una certa taglia si scinda in due più piccole. Il suo contenuto, in questo caso, sarà suddiviso tra le due sferule ottenute, ancora una volta senza mescolarsi con l'ambiente esterno. Ciò significa, che durante la pinocitosi nessun nuovo materiale entra nelle sacche, né può fuoriuscire. Quindi, grazie al movimento di onde e correnti, le sacche lipidiche, con il loro prezioso contenuto, insieme ai componenti del brodo primitivo, che sono rimasti all'esterno, vengono spinti nella laguna, a qualche metro sotto la superficie non lontano dal fondo.

Fino a qui, niente di nuovo, A parte il dettaglio della laguna, altri autori, soprattutto i partigiani dell'ipotesi metabolica, avevano già espresso le stesse ipotesi, con la formazione di sacche lipidiche aventi le stesse proprietà. Infatti, arguivano, che fosse proprio a partire da una di queste sacche che avrebbe potuto evolversi un proto-organismo, in seguito alla formazione casuale di un apparato chimico complesso al suo interno. Ma è proprio questo tipo di processo che non si è riusciti a ricreare con esperienza di laboratorio.

È a questo punto che la proposizione di Ageno comincia a differenziarsi dalle ipotesi classiche. Vediamo in che modo.

Per prima cosa, è sbagliato considerare l'evoluzione del contenuto interno di una sola sacca lipidica. A causa delle proprietà che abbiamo discusso prima, il nostro sistema può essere suddiviso in due ambienti diversi: il primo è quello esterno alle sferule, il secondo è quello che comprende l'interno di TUTTE le sacche della laguna. Infatti, visto che il materiale interno non può mai mescolarsi con l'esterno (e viceversa) a causa delle proprietà della pinocitosi, ciò che avviene è che le molecole contenute in una sacca, la sferula "A", possono entrare in contatto, prima o poi, con quelle all'interno di un'altra sacca, la sferula "B." Questo vuol dire che una reazione particolare può avere inizio in una sacca particolare (diciamo nella "C") e continuare altrove, nella sacca "D", quando la sferula "C" si fonde con l'altra, dove sono presenti le sostanze per continuare il processo chimico. Il tutto, in un habitat che resta sempre separato dall'ambiente esterno della laguna. In questo modo, il sistema può continuare a evolvere più facilmente.

Il fatto di considerare l'insieme della cavità interne di tutte le sacche della laguna come unico ambiente, contrapposto a quello esterno, ci evita di dover considerare il destino di una sacca che, da sola, non evolverà praticamente mai, in maniera spontanea, verso una configurazione coerente propria di un proto-organismo. Invece, si consideriamo l'insieme di TUTTI gli ambienti interni delle sacche, la probabilità che possa stabilirsi una serie di reazioni chimiche coerenti tra di loro diventa nettamente più importante.[19] Ricordiamoci che nel nostro sistema, una sacca può fondersi per pinocitosi con un'altra e mettere in comune il suo contenuto con questa. Le molecole presenti in una sacca particolare sono, dunque, suscettibili, prima o poi, di essere messe in contatto con quelle all'interno di una qualunque delle altre sferule della laguna.

Tutto questo è interessante, ma non basta. Non ci permette di uscire dal vicolo cieco in cui ci siamo cacciati considerando il problema dell'approvvigionamento energetico, affrontato nel paragrafo precedente. Abbiamo visto che le molecole del brodo primitivo non potevano costituire una buona fonte energetica per il nostro sistema, perché si sarebbero esaurite senza rinnovarsi. Non solo, il metabolismo di tali sostanze avrebbe avuto bisogno di catalizzatori appropriati. E questo è ancora più valido se dobbiamo limitarci a quel materiale contenuto all'interno delle sacche, perché quello rimasto fuori non è più disponibile. Ma allora, siamo sempre allo stesso punto! Cosa può consigliarci Mario Ageno a questo proposito?

Prima di continuare, devo aprire un paragrafo a proposito delle strategie alimentari degli organismi viventi, attuali o fossili, perché ciò è essenziale per comprendere il seguito. Queste possono essere divise in due grandi categorie, a seconda che gli organismi debbano assumere la loro alimentazione dall'ambiente nel quale vivono oppure siano in grado di fabbricarseli, partendo da precursori appropriati. Per esempio, un animale qualunque (una mucca, un leone, un insetto) si alimenta assorbendo del cibo (di qualunque natura esso sia, vegetale, animale o altro) dal suo ambiente naturale. Un carnivoro caccia gli erbivori, mentre questi ultimi si nutrono di vegetali. Un microorganismo (un'ameba o un batterio) si comporta nello stesso modo: deve assumere le sostanze nutritive che trova nel suo ambiente di vita, oppure fagocitare (praticamente "inghiottire") altri organismi più piccoli. Tutti questi esseri, detti "eterotrofi", si nutrono di alimenti reperibili nel loro habitat naturale.

All'opposto, una pianta è capace si sintetizzare i suoi alimenti a partire da semplici precursori (acqua e CO_2) più una fonte energetica opportuna. Nel caso delle piante e di certi batteri particolari, i cianobatteri, questa fonte energetica è la luce.

Attenzione, le piante non si nutrono semplicemente di acqua, di CO_2 e di luce. Sebbene il processo di questi elementi permetta anche di ricaricare, in parte, le batterie chimiche dell'organismo (quelle che sono poi utilizzate in tutte le rea-

---

[19] L'insieme dei processi non deve più avvenire all'interno di una sacca isolata. Basta iniziarlo in una sferula particolare; il resto avverrà quando il contenuto della prima sacca sarà posto a contatto (tramite pinocitosi) con quello di un'altra in cui siano presenti gli elementi per continuare il processo (Ageno 1991, paragrafo 7.1).

zioni biologiche endoergoniche),[20] il prodotto finale di tutte le reazioni di fotosintesi è il glucosio. Una volta prodotta, questa molecola viene utilizzata, tramite le stesse reazioni metaboliche condivise degli eterotrofi, per finalità identiche a quelle degli altri organismi. Le piante, dunque, sono perfettamente capaci di fabbricarsi gli alimenti che, in seguito, digeriranno come gli animali e i microorganismi. In più, tale processo permette loro di produrre dell'energia supplementare.

Gli esseri viventi che operano come le piante sono detti "autotrofi." In particolare, piante e cianobatteri, che sono capaci di utilizzare la luce per la sintesi dei loro alimenti sono organismi fotoautotrofici (photos = luce). Ma esistono anche altri microorganismi (in particolare quelli che vivono nelle attuali sorgenti idrotermali) che sono capaci di utilizzare particolari reazioni chimiche per fabbricarsi il loro glucosio. Questi esseri sono chiamati chemioautotofi.

Consideriamo adesso le fonti energetiche disponibili all'epoca per vedere quale fosse la più opportuna ai fini del passaggio dal non vivente al vivente. Ora, la sola fonte onnipresente e inesauribile all'epoca era il Sole, che anche oggi, è responsabile della Vita sulla Terra. Il giorno in cui questa stella si spegnerà, tutta la vita vegetale che conosciamo scomparirà, spingendo all'estinzione tutti gli animali che se ne nutrono e tutti gli esseri che dipendono dalle piante. I soli organismi che saranno in grado di sopravvivere alla catastrofe sono quelli che prosperano utilizzando fonti energetiche indipendenti da quella solare. Questi fonti sono alimentate da processi propri degli strati interni del nostro pianeta, che producono, tra l'altro, le sorgenti idrotermali sottomarine (non dimentichiamoci di quest'ambiente particolare, perché dovremo riparlarne in seguito!).

Per Ageno, era proprio la luce del Sole il motore cha ha alimentato i processi a partire dai quali la Vita è riuscita a emergere (vi avevo detto di non dimenticarvi della luce, all'inizio del paragrafo). Vediamo adesso, rapidamente, come ciò sia stato possibile.

Per poter utilizzare l'energia del Sole, piante e cianobatteri possiedono dispositivi particolari capaci di catturare l'energia luminosa. Questa, poi, è convertita in parte in energia chimica, immagazzinata in molecole particolari,[21] oppure utilizzata in vie metaboliche particolari per trasformare la CO_2 in glucosio. Le piante e i cianobatteri sono in grado di effettuare la fotosintesi.

Nelle pagine seguenti, ci limiteremo al processo di conversione dell'energie luminosa in energia biologica. La produzione del glucosio trascende le finalità del mio libro e non riguarda la proposta del fisico italiano sul passaggio dal vivente al vivente.

---

[20] Si veda la nota 15 di questo capitolo.

[21] Queste molecole intervengono in tutte le reazioni biologiche endoergoniche. Sono già state evocate nella nota 15 di questo paragrafo. La più importante di queste molecole è, senza dubbio, l'ATP, in grado di fornire energia tramite la perdita di uno o più gruppi fosfato. Riguardo la produzione del glucosio, questa avviene durante quella fase della fotosintesi che non dipende della luce (e che dunque può svolgersi anche in assenza di essa), grazie proprio all'energie generata nella fase precedente, detta "fase luminosa." E sarà proprio della fase luminosa (e soltanto di questa) che c'interesseremo In seguito.

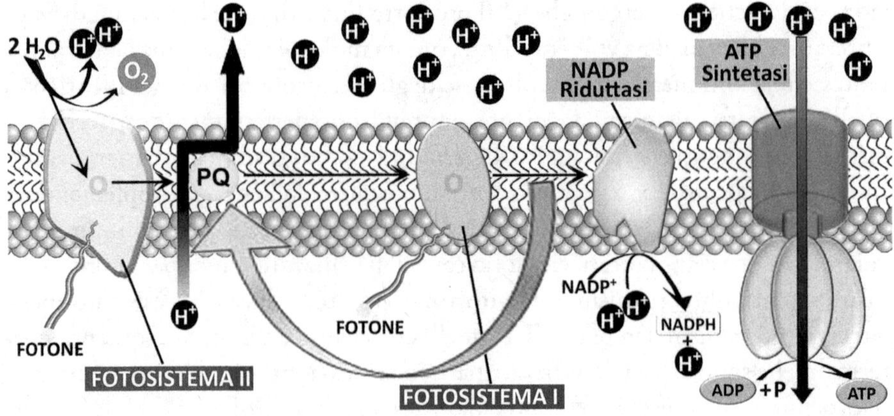

Fig. 1.6 Schema dell'apparato fotosintetico delle piante verdi (vi appaiono soltanto le strutture riportate nel testo). I componenti sono alloggiati all'interno di una membrana lipidica a doppio strato, la membrana tilacoidale. I due centri capaci di assorbire la luce sono indicati come "Fotosistema I e II", il plastochinone come "PQ", il percorso degli ioni H⁺, che attraversano la membrana, è visualizzato dalla grande freccia nera, sulla sinistra. La maggior parte delle molecole che costituiscono la catena di trasporto non figura nello schema. La decomposizione dell'acqua in ioni H⁺ e ossigeno (O_2) è mostrata in alto a sinistra. La formazione dell'ATP, la principale molecola biologica in grado di immagazzinare l'energia, a partire dell'ADP e da gruppi fosfato, si scorge in basso a destra, sotto la struttura dell'ATP sintetasi. La grande freccia curva grigio chiaro visualizza il cammino della fosforilazione ciclica, descritto nel testo. Figura ridisegnata a partire da Purves et al. (2003)

La parte del dispositivo fotosintetico di questi organismi che c'interessa è sofisticata e anche molto particolare. È localizzata all'interno dello spessore di una membrana lipidica, dello stesso tipo di quelle, a doppio spessore, delle sferule che abbiamo presentato nelle pagine precedenti. La particolarità del sistema delle piante verdi è quelle di comprendere due centri differenti in grado di catturare la luce. Questi due centri funzionano all'unisono e vengono chiamati "Fotosistema I e II" (Fig. 1.6).

Ogni fotosistema contiene una molecola speciale: la clorofilla *a*. Se questa riceve un fotone (une particelle che costituisce la luce) appropriato,[22] si eccita e perde uno dei componenti strutturali della sua molecola, un elettrone, che è ceduto a un'altra molecola.[23]

---

[22] Ogni fotone possiede una quantità di energia luminosa che dipende dalla sua lunghezza d'onda. La clorofilla è sensibile solamente a certe lunghezze d'onda, che corrispondono alla luce blu e rossa, con variazioni che dipendono dal tipo di clorofilla particolare considerata.

[23] Naturalmente, l'elettrone perso deve essere riacquistato di nuovo, altrimenti la clorofilla resterebbe disequilibrata. Nelle piante verdi, l'elettrone è ceduto dalla tirosina Z (tyr Z), il cui compito è, giustamente, quello di fornire gli elettroni persi alla clorofilla. Per tornare stabile a sua volta, la tirosina deve captare un altro elettrone e lo prende dall'acqua (H_2O). Il processo che consente tale azione (il passaggio di elettroni alla tirosina) libera l'ossigeno gassoso (O_2). Ed è proprio questo che spiega perché la fotosintesi delle piante verdi (e anche quella dei cianobatteri) è capace di produrre questo elemento.

Per comprendere come funziona il meccanismo della struttura fotosintetica sensibile alla luce, esaminiamo cosa succede, cominciando dal fotosistema II (il quale è stato così chiamato semplicemente perché è stato scoperto dopo l'altro, battezzato fotosistema I).

Un fotone appropriato eccita la clorofilla *a* del sistema II, che perde un elettrone. Per ritrovare la sua stabilità, questa molecola deve ritrovare l'elettrone (o gli elettroni) perduto(i). Li ottiene grazie alla decomposizione dell'acqua (Fig. 1.6, in alto) che, a sua volta, produce ioni H^+, ossigeno gassoso,[24] più gli elettroni che serviranno per ripristinare l'equilibrio della clorofilla.

Ma cosa succede agli elettroni che lasciano la clorofilla? Sono ceduti a un altro elemento che, a sua volta, se ne sbarazza rapidamente verso un'altra molecola. In questo modo, l'elettrone si sposta da una molecola all'altra, lungo una catena caratteristica di ogni tipo di fotosintesi. Ed è proprio grazie a questo trasporto che si produce parte dell'energia biologica delle piante. Uno schema semplificato è mostrato nella Fig. 1.6. Quello che è importante è capire il meccanismo globale: a causa della luce, un elettrone è strappato alla clorofilla e si sposta lungo un "cammino" particolare, da una molecola all'altra. L'energia luminosa dei fotoni è dunque trasformata in questo processo e può ricaricare le batterie biologiche.

Lungo la catena di trasporto degli elettroni, delle piante verdi e dei cianobatteri, l'elettrone perduto dal fotosistema II passa per una molecola particolare, il plastochinone (PQ). Quest'ultimo è in grado di "nuotare", letteralmente, nello spessore della membrana e può raggiungere le due frontiere. Ma la proprietà principale del plastochinone è un'altra: quando riceve gli elettroni, deve acquisire anche un numero uguale di ioni H^+. Questi sono presi nell'ambiente acquoso al di là della membrana (Fig. 1.6, in basso). In seguito, quando il PQ cede gli elettroni alla molecola seguente, si libera anche degli ioni H^+. Ma questa volta (ed è proprio qui che risiede l'essenziale), gli elettroni vengono rilasciati nel lato opposto rispetto a quello in cui sono stati presi (Fig. 1.6, in alto)! Riassumendo, una delle due regioni separate dalla membrana lipidica della fotosintesi (quella delle piante verdi, chiamata membrana tilacoidale, si trova all'interno di organuli[25] particolari, i cloroplasti), grazie al sistema appena descritto, s'impoverisce in ioni H^+, mentre l'altra se ne arricchisce. Gli ioni, da soli, non possono attraversare la membrana: per farlo hanno bisogno del PQ (si veda la sezione "I chinoni e la loro proprietà", nell'appendice del capitolo).

Prima di continuare a riflettere sull'importanza di questo fatto, seguiamo il percorso dei nostri elettroni sino alla fine della catena fotosintetica. Quando lasciano

---

[24] É proprio questa la reazione che produce l'ossigeno liberato dalle piante verdi (e dai cianobatteri). Lo si deve al meccanismo particolare di fotosintesi con due fotosistemi, con l'acqua che fornisce gli elettroni. Per maggiori dettagli, leggere anche la nota precedente.

[25] Un organulo è une struttura specializzata che si trova all'interno di una cellula. É delimitato da una membrana a doppia parete lipidica, come quelle di cui abbiamo parlato nel corso di questo capitolo. Mitocondri e cloroplasti sono degli organuli tipici delle cellule eucariotiche.

il PQ, gli elettroni continuano il loro cammino sino ad arrivare al fotosistema I che, come il precedente, ha perso uno o più elettroni a causa di altrettanti fotoni. Grazie alla sequenza appena descritta, il fotosistema I ritrova l'equilibrio, dopo aver perduto gli elettroni a causa della luce. Ma dove vanno gli elettroni che ha perduto? Continuando un cammino simile al precedente, da una molecola all'altra, arrivano al complesso dell'"NADP riduttasi", che è capace di produrre l'NADPH. Quest'ultimo è un'altra molecola capace d'immagazzinare l'energia biologica.[26]

Ma non siamo ancora arrivati alla fine delle sorprese ..., se osservate attentamente la Fig. 1.6, vi accorgerete che una certa quantità d'ioni H^+ si è accumulata da un lato della membrana (in alto, nella figura). Quest'accumulo si deve all'azione del PQ (in parte, lo si deve anche al fatto che l'acqua si decompone, producendo ioni H^+, per fornire gli elettroni al fortosistema II). Quest'eccesso di elettroni è utilizzato per fare funzionare l'ATP sintetasi, un complesso che attraversa lo spessore della membrana. Permettendo agli ioni di attraversarla, in maniera da ripristinare l'equilibrio ionico ai due lati della membrana, agisce producendo una molecola particolare, l'ATP, che costituisce la principale delle batterie energetiche della cellula (Fig. 1.7, in alto).

E questo non è tutto. Nel cammino che parte dal fotosistema I, esiste una variante del percorso normale che consiste a far percorrere varie volte la stessa strada all'elettrone, si tratta della "fosforilazione ciclica" (visualizzata nella Fig. 1.6, dalla grande freccia curva grigia). Praticamente, gli elettroni sono rinviati al PQ che, in seguito, li rimette sul cammino verso il sistema I. L'elettrone lascia questo cammino e ci ritorna passando per il PQ.[27] Il vantaggio di questa variante è dato dal fatto che contribuisce all'arricchimento di ioni H^+ la regione che permetterà il funzionamento dell'ATP sintetasi. Quest'ultima, può dunque produrre ancor più molecole di ATP fermo restando invariato il numero di fotoni ricevuti dall'apparato fotosintetico.

Tutto questa apparecchiatura può sembrare complicata e sproporzionata, ma i due centri, i fotosistemi I e II, sono entrambi necessari perché non funzionano con fotoni che hanno la stessa energia: quelli che eccitano la clorofilla *a* del sistema I non sono efficaci per la clorofilla dell'altro.

Immaginiamo adesso di semplificare il nostro sistema e di ridurlo a:

1. Il dispositivo della fosforilazione ciclica (supponiamo di semplificarlo ulteriormente, riducendolo a qualche elemento, tra cui il PQ o una molecola equivalente, perché esistono sostanze più semplici che conservano le stesse proprietà).
2. La clorofilla (o un altro pigmento appropriato, cioè, un'altra molecola capace di eccitarsi con la luce).

---

[26] Si veda la nota 15 di questo capitolo.

[27] In tutti gli apparati fotosintetici attuali il dispositivo di forsforilazione ciclica sembra essere sempre presente (Ageno 1991, p. 275). Questo porta a credere che tale dispositivo costituisca il nucleo centrale da cui si è sviluppato, in seguito, il meccanismo definitivo. Tale constatazione non solo ci aiuta a comprendere come questo tipo di apparto possa essersi affermato, ma ci conforta anche sulla validità dell'ipotesi emessa.

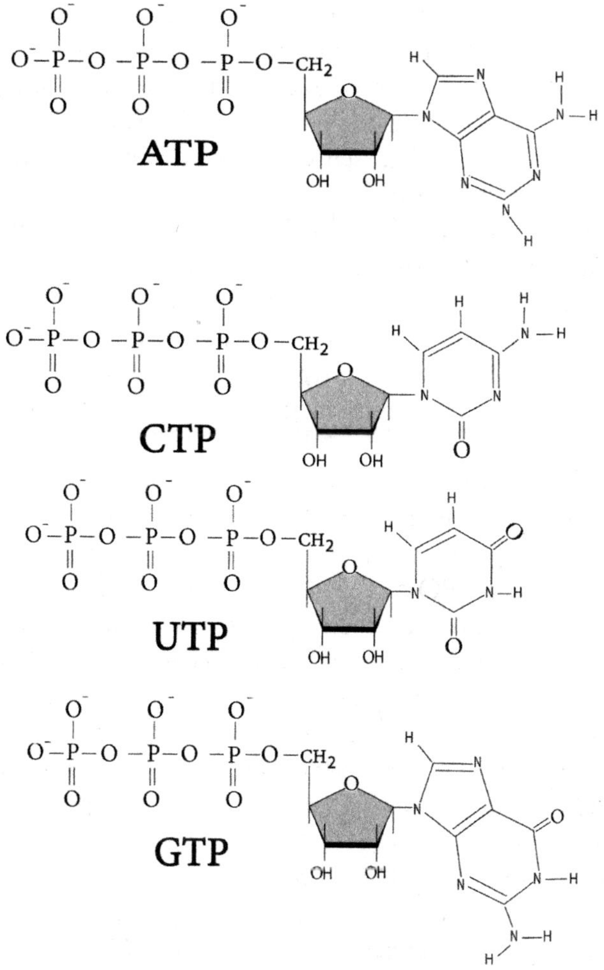

ATP

CTP

UTP

GTP

Fig. 1.7 L'adenosina trifosfato (ATP), in alto nella figura. Questa molecola, il principale fornitore di energia biologica nella cellula, altri non è che uno dei quattro precursori dell'RNA. Gli altri tre sono la cisteina (CTP), l'uracile (UTP) e la guanina trifosfati (GTP; per ottenerli, basta sostituire l'adenina con un'altra base). Queste molecole, esattamente come l'adenina trifosfato, possono essere utilizzate come batterie biologiche. Se si vogliono ottenere i precursori del DNA, è sufficiente partire da queste quattro molecole e sostituire il radicale –OH, che si trova legato al carbonio 2' (in basso a destra dell'anello dello zucchero) con un –H e, naturalmente, cambiare la base uracile con la timina. Figura ridisegnata a partire d'Hebsgaard et al. (2005)

Il sistema minimo che c'interessa è quello capace, grazie ai fotoni, di trasferire gli ioni H^+ dall'altro lato della membrana.

Ritorniamo adesso alle nostre sacche lipidiche di partenza e supponiamo che le molecole di cui abbiamo parlato prima (pigmento, PQ o sostanza equivalente, ecc.) abbiano potuto essere imprigionate nello spessore della membrana, cosa statisticamente plausibile nelle condizioni e al tempo considerati. La luce eccita il pigmento, questo perde alcuni elettroni che arrivano alla molecola con le proprietà del PQ. Quest'ultima, ricevendo gli elettroni (diciamo due), dovrà acquisire altrettanti ioni H^+ (quindi, due ioni) nell'ambiente acquatico ESTERNO. Quando la molecola ritorna al suo stato normale, rilascerà ioni e elettroni. Questa volta però, gli ioni H^+ saranno ceduti all'ambiente INTERNO della sacca. Dopo un certo tempo, dunque, l'ambiente interno si sarà arricchito di ioni H^+: sarà diventato acido rispetto all'esterno.

É vero che l'acidità all'interno della sacca dipende anche dalle collisioni che questa effettua con le altre sferule e dalle divisioni che ne conseguono. Alcune possono abbassare la concentrazione degli ioni H^+ nella sacca contenente il dispositivo, perché questi possono venire segregati in altre sferule. Inoltre, può ricevere sostanze suscettibili di attenuare l'acidità.

Tuttavia, nelle sacche sufficientemente acide (specialmente in quella – quelle – contenente il dispositivo semplificato della fosforilazione ciclica) si possono formare alcuni mono- o polifosfati (molecole che contengono un solo o più gruppo fosfati, il gruppo chimico $PO_3{}^{2-}$, che negli ambienti acidi può sussistere allo stato reattivo). Tali molecole fosfatate, una volta ritornate in ambienti meno acidi, possono funzionare come batterie biologiche e cedere la loro energia dei legami fosforici per la sintesi di nuove sostanze. Sono i gruppi fosfato, in effetti, che sono responsabili dell'immagazzinamento dell'energia chimica utilizzata dagli esseri viventi. Quest'ultima, a sua volta, può essere utilizzata per reazioni endoergoniche. L'ATP è la principale delle molecole con queste proprietà. Può fornire energie perdendo uno o più gruppi fosfato. Può perderne sino a tre.

Immaginiamo adesso che dei nucleotidi e dei nucleosidi facciano parte del nostro sistema.[28] A partire da questi, in presenza di gruppi fosfato protonati, possono prodursi i precursori attivi (i nucleotidi trifosfati; Fig. 1.7) che, a loro volta, permettono la formazione di filamenti di DNA o di RNA. Questi stessi precursori coincidono con le più importanti molecole per l'immagazzinamento dell'energia biologica (e tutto questo, molto probabilmente, non è affatto casuale!).

In presenza del materiale idoneo e con le forme di energia appropriata (gli elementi del brodo primitivo contenuti nelle sacche lipidiche e le batterie costituite dalle molecole provviste di gruppi fosfato) la produzione di un filamento di acido nucleico diventa dunque realizzabile, senza ricorrere ad alcun essere vivente (Ageno 1991, capitolo 7).

La proposizione avanzata da Mario Ageno permetterebbe dunque, partendo dallo scenario del brodo primitivo, di ottenere due risultati importanti: 1) la produzione di molecole energetiche indispensabili per garantire la reazione dei processi chimici; 2) la formazione abiologica di filamenti d'acidi nucleici.

---

[28] Sulla possibilità di sintetizzare dei nucleotidi d'ARN si vedano Powner et al. (2009) e Ritson and Sutherland (2012).

Ma, lo scenario descritto è plausibile? É possibile che il meccanismo che trasferisce gli elettroni nello spessore della membrana delle sacche, arricchendone di ioni H^+ l'ambiente interno, si sia realmente formato? La presenza de molecole provviste di doppi legami tra due atomi di carbonio nel brodo non comporta nessuna difficoltà. L'equivalente del PQ può dunque essersi trovato al momento giusto nel posto giusto (essere dunque intrappolato nella membrana a doppia parete lipidica).

E per quel che riguarda il pigmento fotoricettore? Le esperienze "alla Miller" hanno mostrato che la sintesi dei precursori della clorofilla era perfettamente possibile. D'altra parte, questa molecola sarebbe molto anziana: alcuni organismi fotosintetizzatori, capaci di utilizzare l'acqua come donatori di elettroni (organismi che, dunque, dovevano possedere per forza la clorofilla) sarebbero stati ritrovati in rocce di circa 3,5 miliardi di anni Warrawoona Group (Schopf and Parcker 1987), in Australia. Questo implica che tale molecola, o un precursore appropriato, era certamente presente. Riguardo gli amminoacidi e le basi del DNA e dell'RNA, alcuni di loro e/o i loro precursori facevano parte dell'insieme di sostanze biologiche presenti nel brodo.

Da ciò si desume che l'ipotesi di Ageno, almeno sul piano prettamente teorico, risulta perfettamente valida. Non solo, ma ci permette di considerare come possibile la produzione di polinucleotidi, filamenti di DNA, d'RNA o persino di un miscuglio tra i due tipi di molecole, tutti ottenuti in un ambiente perfettamente sprovvisto di esseri viventi. Questo ci permetterebbe di raggiungere le soglie del "Mondo a RNA", tanto caro a molti ricercatori moderni.

Naturalmente, l'idea di Ageno non si ferma a questo stadio. Non credendo troppo all'ipotesi del mondo a RNA, il ricercatore italiano ha supposto una separazione precoce, sin dalla loro prima apparizione, tra DNA e RNA. In effetti, secondo Ageno, il primo è l'unico che può garantire la formazione di una molecola assai stabile per funzionare simultaneamente come sede del patrimonio genetico e come programma.

Il suo scenario contempla persino la formazione di catene polipeptidiche, ottenute da molecole ibride, comprendenti un amminoacido e una sequenza d'RNA, i futuri tRNA, che sono i precursori a partire dai quali le proteine possono essere sintetizzate. Dal momento che, grazie al processo descritto, avrebbero potuto esistere delle catene di nucleotidi, è possibile che, in queste condizioni, i proto-tRNA abbiano potuto interagire con filamenti di tali molecole (specialmente di RNA, prodotti utilizzando il DNA come modello) mettendosi nella giusta posizione per permettere a due amminoacidi di legarsi correttamente.[29] Successivamente, tramite lo stesso meccanismo, un terzo amminoacido avrebbe potuto essere aggiunto alla catena, poi un quarto, e via di seguito, sino a ottenere una sequenza oligopeptidica (comprendente pochi amminoacidi). Sarebbe stato il

---

[29] Per poter approfondire questi processi e anche di tutte le fasi dell'ipotesi proposta d'Ageno, vi rimando al suo libro (Ageno 1991, capitolo 7). Per un'evoluzione della sua teoria, si veda Mieli et al. (2025).

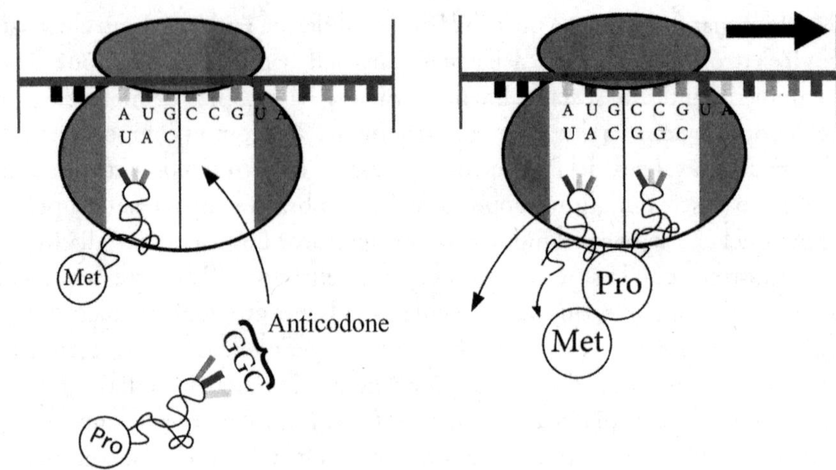

Fig. 1.8 Formazione d'una sequenza peptidica a partire della sequenza dei codoni dell'RNA messaggero (mRNA) sul ribosoma (in grigio). A sinistra, un tRNA con l'amminoacido metionina (= Met) si è associato al codone corrispondente. Un secondo tRNA sta arrivando. Il suo anticodone (la sequenza complementare al codone; nel nostro caso è "G-G-C", cioè guanina-guanina-citosina) corrisponde all'amminoacido prolina (= Pro). A destra, le secondo tRNA si è associato all'mRNA e i due amminoacidi hanno potuto legarsi l'uno all'altro. Il primo tRNA si può allontanare dal ribosoma mentre quest'ultimo è pronto a spostarsi lungo l'mRNA (verso la destra, nel senso della freccia). In questo modo, il secondo tRNA, con i due amminoacidi legati insieme si trova nella posizione del primo e, alla sua destra, ci sarà lo spazio per accogliere un terzo tRNA. In questo modo il ciclo si ripete. Figura ridisegnata a partire da Purves et al. (2003)

primo esempio di una sequenza di amminoacidi formatasi sotto il controllo di una molecola costituita da nucleotidi (Fig. 1.8).

La corrispondenza unica tra une molecola particolare d'RNA con un solo amminoacido avrebbe permesso la nascita del codice genetico. Come avrebbe potuto realizzarsi? Partendo da tentativi ed errori, sulla base di prodotti ottenuti dal semplice meccanismo casuale. In effetti, la sintesi regolata di sequenze oligopeptidiche avrebbe permesso la produzione di enzimi assai semplici. Questi, avrebbero potuto favorire particolari reazioni chimiche invece di altre. In questo modo avrebbe potuto prodursi una prima "evoluzione", in grado di agire sui prodotti e le molecole di partenza. La selezione avrebbe favorito la sintesi di sequenze peptidiche che facilitavano la produzione di quelle molecole di DNA che servivano da modello per la fabbricazione delle sequenze di cui sopra ed ecco, dunque, che il nostro sistema chimico comincia a essere regolata da un abbozzo di programma! La consacrazione di un codice genetico (legame tra un tRNA e un amminoacido particolare) completa il nostro scenario.

Non appena tutti questi processi avvengono all'interno della stessa sacca (ormai diventata capace di funzionare senza bisogno d'interagire con le altre) possiamo cominciare a parlare di un proto-organismo. Vi ricordo come ho già spiegato nel § 1.2, che è l'interazione proteine/amminoacidi che permette alla Vita di realizzarsi secondo la definizione data.

1.5   Da dove viene la Vita?

L'ipotesi di Mario Ageno ha visto la luce nel 1991, al seguito della pubblicazione del suo libro. La sua proposizione presenta suggestioni che, sebbene seducenti, devono essere ancora provate sperimentalmente. Tuttavia, sono molto promettenti e possono gettare una luce nuova su varie tappe del passaggio dal non vivente al vivente. Potranno persino permetterci di porre le basi di una teoria completa sull'argomento. Bisogna lasciare del tempo a ricerche future che saranno in grado di decretare la validità delle suggestioni o di correggerle.

Col passare del tempo, sebbene le idee di Ageno non abbiano mai oltrepassato le frontiere nazionali, (anche a causa di problemi linguistici), c'è stato qualche cambiamento nel mondo della ricerca sull'origine della Vita. Indipendentemente dalla formulazione del fisico italiano, vari ricercatori sono giunti alla conclusione che i primi esseri viventi abbiano potuto essere degli autotrofi, anche se i meccanismi ipotizzati non avevano nulla a che fare con la fosforilazione ciclica.

Ho già evocato (§ 1.2) le sorgenti idrotermali come una delle fonti di produzione delle molecole biologiche. Riprendiamo adesso l'argomento. Gli ecosistemi che prospero in questi ambienti sono completamenti indipendenti dall'energie del Sole (ricordo, comunque, che la durata di vita di una sorgente isolata è effimera rispetto a quella di una stella!). Il calore e i processi idrotermali sono in grado di alimentare, da soli, una catena alimentare complessa che comprende dei semplici microbi sino a vermi di taglia colossale, crostacei e pesci.[30] Alcuni scienziati hanno emesso l'ipotesi che questi luoghi, riparati da ogni possibile attacco cosmico, abbiano potuto ospitare la culla delle prime forme di Vita sul nostro pianeta. In effetti, è stato detto che le prime molecole avrebbe potuto formarsi nella parete alveolare, rivestita di solfuro di ferro, dei camini idrotermali. Queste, in seguito, si sarebbero aggregate dando luogo a composti sempre più complessi, sino a formare delle macromolecole: per esempio proteine o filamenti di acido nucleico (come l'RNA).

E il motore per compiere tutti questi processi? Il calore emanato dagli strati inferiori della Terra, capace di risalire verso la superficie. L'evoluzione avrebbe

---

[30] Il lettore interessato alle faune delle sorgenti idrotermali profonde può consultare il libro Desbruyères et al. (2006). Quest'opera, tuttavia, riguarda soltanto gli animali che vivono e/o che frequentano questi ambienti: i microorganismi non sono trattati.

progredito sino alla formazione di un sistema cellulare avvolto in una membrana lipidica. Dunque, sino all'emergenza di un vero e proprio organismo vivente.[31] Tracce di microorganismi suscettibili di aver vissuto basandosi su vie metaboliche tipo di quelle che nei microbi che prosperano nelle sorgenti idrotermali sottomarine sarebbero state effettivamente trovate in sedimenti cosi vecchi come le prime tracce di Vita.[32] Secondo David Wacey e i suoi collaboratori, in Australia, questi organismi sarebbero addirittura più antichi delle stromatoliti rinvenute nello stesso sito, ma in strati differenti (Wacey et al. 2011).

E dunque possibile che i primi organismi siano stati chemioautotrofi, essendosi sviluppati nei pressi di camini idrotermali? Si tratta di un'ipotesi perfettamente plausibile, ma bisognerebbe immaginare meccanismi opportuni per permetterci di validare tutte le tappe concepite, perché il discorso appena fatto sulla fosforilazione ciclica non sembra adattarsi anche a questo caso.[33] Può essere utilizzato in caso di fotosintesi (di tutti i tipi di fotosintesi, non soltanto da quella effettuata da piante verdi e cianobatteri), ma è difficilmente trasponibile in caso di chemiosintesi. D'altra parte, tracce fossili, anche molto antiche, di organismi fotosintetizzatori in grado di appoggiare la validità dell'ipotesi di Ageno, sono state realmente trovate e, a mio avviso, il suo resta lo scenario migliore per spiegare l'emergenza degli esseri viventi.[34]

Ma è forse possibile che la Vita sia apparsa più sulla Terra, in condizioni differenti? Riprenderemo l'argomento nel prossimo capitolo, dopo aver parlato dei più antichi organismi viventi conosciuti.

Ma prima di concludere il capitolo dedicato al passaggio dal non vivente al vivente, devo ancora discutere di un'ultima ipotesi, che viene talvolta sollevata quando si parla degl'inizi della Vita sulla Terra: la possibilità che sia venuta da un altro pianeta, tramite un asteroide o una cometa.

Ho già ricordato (§ 1.3) che nessuno, nel passato, è mai riuscito a spiegare, in maniera convincente, come la Vita si sia formata sul nostro pianeta. Tale insuccesso ha spinto alcuni scienziati a pensare che l'approccio non fosse quello corretto: piuttosto che riuscire a elucidare la formazione della Vita sula Terra, era più semplice di spostare il problema altrove e credere a un'apparizione su un altro pianeta. Non dimentichiamo che, in fin dei conti, le molecole biologiche si possono formare nello spazio, prima di raggiungere un pianeta. Perché dunque i primi esseri viventi non avrebbe potuto prendere lo stesso cammino?

---

[31] Si vedano l'articolo di Paetsch and Wehrmann, in Opera collettiva (2013a) e quello di Sojo et al. (2016).

[32] A questo proposito, si leggano gli articoli di Rasmussen e di Shen (Rasmussen 2000; Shen et al. 2001). Quest'ultimo parla di tracce vecchie di più di 3 miliardi di anni, in Australia, che testimoniano l'esistenza di microorganismi capaci di ridurre i solfati sin da quest'epoca.

[33] Per altre critiche all'ipotesi delle Vita apparsa nelle sorgenti idrotermali si veda Forterre (2007), capitolo 4 e annesso 2. Desidero, comunque, citare anche due eccellenti libri di Nick Lane (2010 e 2015) che difendono quest'ipotesi, adducendo elementi che potranno rivelarsi decisivi in ricerche future.

[34] A proposito di tali tracce si vedano, per esempio, Taylor et al. (2009, capitolo 2), Tice and Lowe (2004). Secondo alcuni ricercatori, le tracce di attività fotosintetica potrebbero essere ancora più antiche di quanto detto nell'ultimo articolo citato qui sopra (Rosing and Frei 2004).

Eliminata la possibilità che la Vita si sia potuta formare nel vuoto cosmico, resta l'ipotesi che si sia generata su un altro pianeta. Da li avrebbe potuto trasferirsi sulla Terra. Ma da dove esattamente?

Il pianeta che ha riscontrato il successo maggiore da questo punto di vista è stato Marte. Ancora oggi, molti progetti spaziali cercano di scoprire se questo pianeta non nasconda una qualche forma di vita (o se questa non sia stata presente nel passato). La vicinanza con la Terra fa di Marte ne fa un ottimo candidato per l'origine degli esseri viventi e per la dispersione verso il nostro pianeta. E non dimentichiamoci il fascino che Marte ha sempre esercitato su noi terrestri, per esempio nella fantascienza: il termine "marziano" ormai riservato a qualunque essere alieno, all'origine è stato creato in onore dei presunti abitanti di Marte.

Ma l'ipotesi di un'origine marziana della Vita è realmente credibile? Finora, tutti i test per provare la Vita su Marte, hanno dato un risultato negativo. Tuttavia, questo non impedisce d'ipotizzare che, nel passato, in un'epoca più o mena prossima a quella in cui la Vita ha fatto la sua apparizione sulla Terra, Marte non sia stato realmente abitato da organismi viventi. Le argomentazioni più interessanti si trovano nel libro d'Alexandre Meinesz (2008), professore di biologia all'Università di Nice-Sophia Antiopolis.

L'autore è un partigiano della tesi secondo la quale la Vita è apparsa sul "pianeta rosso" e sia arrivata sul nostro viaggiando su un meteorite, un frammento del suolo marziano staccatosi dal pianeta e scagliato nello spazio a causa dell'impatto con un corpo celeste. Dallo spazio, il frammento sarebbe arrivato sulla Terra e avrebbe permesso l'inseminazione delle prime forme di Vita sul nostro pianeta. Quanto è realista questo scenario?

Effettivamente, conosciamo vari meteoriti di origine marziana. La composizione chimica permette d'identificare la loro provenienza e anche l'età di formazione. Tra tutte queste, un merita una menzione particolare: il meteorite ALH84001, che si sarebbe formata, all'incirca, 4,5 miliardi di anni fa (cosa che la rende una delle più antiche rocce di origine planetaria conosciute, Terra o altro pianeta). Gli specialisti pensano che questa roccia sia stata strappata dal suo luogo di origine 16 milioni di anni fa (Ma). Dopo aver vagato a lungo nello spazio, si è abbattuta sulla Terra, all'incirca 13 000 anni fa (Fry 2000, capitolo 14).

Non appena definiti origine e età, si passati a esaminarne il contenuto. Alcune tracce, all'interno del meteorite, fanno pensare a "stigmate" di organismi viventi. Di cosa si tratta? Sono venuti alla luce alcuni corpuscoli, microscopici e allungati. A parte la forma, quello che ha intrigato i ricercatori che si sono occupati del meteorite è stata la presenza di globuli carbonatici. Questi, infatti, contengono dei piccoli cristalli magnetizzati: dei veri e propri magneti in miniatura.

Corpuscoli di questo tipo, sono ben conosciuti negli esseri viventi, il loro compito è quello di aiutare l'orientamento degli organismi. Al loro interno, che si tratti di semplici batteri o di organismi più complessi, questi minuscoli magneti sono disposti in fila indiana e ogni elemento è separato dal precedente e dal seguente tramite una membrana assai fine.[35]

Questa scoperta, nelle viscere del meteorite ALH84001 (il fatto di trovarle ben annidate all'interno della roccia ha permesso di escludere una contaminazione terrestre!) ha posto il problema di una possibile origine biologica extraterrestre per spiegare tali strutture. Alcuni scienziati si sono subito espressi in favore dell'antica forma di vita marziana. Tanto più che un altro meteorite, chiamato Nakhla, ha cominciato a intrigare i ricercatori, sempre a proposito della possibilità di antiche forme di Vita sul pianeta rosso.

Attualmente, tutte queste tracce, che farebbero pensare ad antiche forme di vita su Marte, restano ipotetiche, sebbene non sia semplice considerarle come banali artefatti dovuti alla mineralizzazione. Il problema, dunque, è ancora aperto.

Comunque, anche se si arrivasse a dimostrare l'origine biologica di tali reperti, resta sempre da spiegare come abbiano fatto a raggiungere il nostro pianeta essendo ancora viventi.

Intendiamoci, nello spazio sono stati ritrovati spore e microbi terrestri; persino su Marte! Sono stati trasportati a partire dal nostro pianeta, a causa di sterilizzazioni insufficienti degli apparecchi che abbiamo inviato nello spazio per studiare gli altri corpi celesti (Opera collettiva 2006a). Allo stato attuale delle nostre conoscenze, nessuno di questi organismi è in grado di riprodursi. Questo non toglie che abbiamo già cominciato a inquinare il cosmo con i nostri microbi terrestri!

Ma ritorniamo al nostro problema. Per poter migrare su un altro pianeta, differente da quello di origine, un essere vivente deve essere capace di sopportare un viaggio nello spazio che può rivelarsi molto lungo. Il meteorite ALH84001 è stato nello spazio per quasi 16 milioni di anni (Ma); un exploit di cui nessun astronauta è capace!

Tuttavia, non dobbiamo sottovalutare le capacità degli esseri viventi; persino di quelle dei semplici microorganismi. Un microbo o una spora può trovare protezione anche dentro un banale sassolino. Al suo interno, sarà sufficientemente protetto da tutti i pericoli che può presentare un viaggio nel vuoto spaziale. E se il microbo (o la spora) in questione è capace di sopportare, in stato "quiescente", un viaggio abbastanza lungo, potrebbe anche riuscire a colonizzare un altro pianeta.

Quando tempo un microbo o una spora può passare in stato quiescente? Sebbene la letteratura scientifica riporti casi di diversi milioni di anni, lo scetticismo, a questo proposito, è ancora forte. Sono stati pubblicati risultati riguardanti lo sviluppo di culture batteriche ottenute da ceppi prelevati nell'ambra vecchia di decine di milioni di anni (o in sedimenti ancora più vecchi). Tuttavia, questo non è bastato

---

[35] Per tutti i dettagli della scoperta e delle analisi, si vedano Meinesz (2008) e Fry (2000, capitolo 14).

a convincere la maggior parte della comunità scientifica che imputa tali risultati a contaminazione con germi moderni. Cioè, i ricercatori che sostengono di aver fatto moltiplicare con successo microorganismi antichi, non avrebbero fatto altro che moltiplicare microorganismi moderni che inquinavano il campione.[36] Manca, attualmente, una procedura capace di garantire l'anzianità dei microorganismi o del materiale genetico sotto studio. A questo proposito, Martin Hebsgaard e i suoi collaboratori (Hebsgaard et al. 2005) hanno avanzato qualche criterio da rispettare prima di annunciare ai quattro venti una scoperta eccezionale su quest'argomento. Il più importante, naturalmente, è quello di assicurarsi di aver decontaminato a priori il campione da tutti i possibili fattori inquinanti moderni. Altri due criteri meritano di essere sottolineati: la riproduzione dei risultati in laboratori differenti e test di confronto tra il DNA fossile e quello di campioni recenti. Più il DNA è antico, più alto dovrebbe essere elevato il numero di differenze tra il campione fossile e quelli di controllo. Il primo di questi due mi sembra essenziale, perché la scienza si basa, giustamente, sulla capacità di riprodurre i risultati ottenuti.

L'ultimo criterio, quello che decreta che il DNA fossile (il genoma dei microbi anziani) debba essere sufficientemente diverso da quello dei campioni moderni ha suscitato qualche critica (Vreeland and Rosenzweig 2002). Non è questo il luogo migliore per approfondire l'argomento. Tuttavia, tengo a precisare che, a mio umile avviso, nessuno è ancora mia riuscito a dimostrare la veridicità di tale assunto, anche se, a prima vista, può sembrare logico.

Ritorniamo adesso al nostro argomento principale, quello che la Vita terrestre sia in realtà originaria di un altro pianeta. Oggigiorno, nessuna prova certa (accettata come tale da una parte consistente della comunità scientifica) è mai riuscita a provare tale assunto, in maniera inconfutabile. Nonostante varie ipotesi siano state avanzate, sono necessari ancora molti riscontri.

D'altra parte, ricercare l'origine della Vita altrove, perché incapaci di spiegare la transizione dal non vivente al vivente sulla Terra, è solo uno trucco. Tutto ciò mette in evidenza la nostra incapacità ad affrontare e risolvere il problema. Secondo me, nasconde il problema principale, semplicemente ambientando la problematica altrove.

Infatti, resta valida la questione principale, stabilita all'inizio del § 1.2: è possibile concepire condizioni che permettano, un a tappa dopo l'altra, di passare da una situazione di assenza di Vita a une in cui gli esseri viventi possano emergere spontaneamente a partire da un mondo sterile? A mio avviso, l'ipotesi formulata da Mario Ageno è quella che possiede le basi migliori per sperare di formulare une teoria completa e corretta sull'argomento, senza bisogno di scomodare soluzioni extraterrestri. Questo naturalmente non vuol dire che la Vita non possa essere apparsa anche altrove.

---

[36] Tra i partigiani dell'antichità di tali organismi, si vedano Cano and Borucki (1995), Vreeland et al. (2000), Powers et al. (2001). Per articoli più critici, si leggano Graur and Pupko (2001), Hazen and Roedder (2001), Maughan et al. (2002).

La proposizione del fisico italiano deriva da una concezione prettamente scientifica: il passaggio dal non vivente al vivente non è il prodotto di tappe che si sono svolte più o meno casualmente. Al contrario, costituisce l'insieme di una serie di processi, ciascuno dei quali rappresenta il frutto di cause precise che hanno determinato il risultato. Ogni passaggio sottintende e determina il seguente.

Questo significa che, una volta che si trovano riunite tutte le buone condizioni, la Vita, cosi come l'abbiamo definita nel corso del capitolo, emerge spontaneamente. E questo dappertutto, nell'Universo.

Tutto ciò resta nell'ambito della ricerca scientifica. A questo stadio, è importante mostrare che una spiegazione scientifica di questo processo non solo è auspicabile ma anche perfettamente possibile. E non si tratta che dell'inizio ... La fantastica storia della biodiversità non fa che cominciare!

1.6   Riassunto del primo capitolo

Quando si parla di esseri viventi si deve cominciare col definire gli oggetti in questione. Come definire un organismo vivente? Il fisico italiano Mario Ageno, durante gli anni '90, ha risposto a questa domanda definendo l'essere vivente come un sistema fisico aperto (capace di scambiare materiali e energia con l'ambiente esterno), sede di processi chimici coerenti (ordinati nello spazio e nel tempo) e dotato di un "programma" che ne regola il funzionamento (cioè che stabilisce qui fa cosa e quando). Il più semplice organismo vivente che rispetta questa definizione è una cellula, essendo l'unità la più semplice dotata delle informazioni e di tutti i meccanismi (opportunamente alimentati) per eseguire tutti i processi metabolici necessari alla Vita.

Ageno è andato più lontano e ha cercato di porre le basi per l'embrione di una teoria capace di spiegare il passaggio dal non vivente al vivente. Oggigiorno, ogni essere vivente deriva da un altro essere vivente, ma sotto opportune condizioni, quelle che, verosimilmente, si erano stabilite durante una certa epoca della storia del nostro pianeta, la Vita ha potuto emergere a partire da un mondo sterile. Dopo la solidificazione della massa terrestre e la fine del bombardamento meteoritico, all'incirca verso i 3,8 miliardi di anni, il nostro pianeta possedeva già vaste distese ricoperte di acqua. L'atmosfera dell'epoca differiva dalla nostra, essendo composta, per lo più, da vapore acqueo, diossido di carbonio (CO_2) e azoto gassoso (N_2). L'ossigeno gassoso (O_2), invece, era assente.

Durante questo periodo, le acque terrestri hanno cominciato a riempirsi del cosiddetto "brodo primordiale", un miscuglio di molecole biologiche (nucleotidi, amminoacidi, molecole lipidiche, glucidi e/o i loro precursori) tutti sintetizzati in maniera abiologica, cioè, in assenza di esseri viventi. Le molecole del brodo hanno potuto formarsi vicino alle sorgenti idrotermali e nello spazio. La loro presenza nell'ambiente acquatico del tempo è ormai un fatto comunemente accettato dalla comunità scientifica.

È proprio a partire da questo brodo particolare, in un habitat protetto (per esempio, un ambiente lagunare), vicino al fondo, ma a una profondità ancora raggiungibile dalla la luce solare, che Mario Ageno situa le tappe seguenti del processo. Le molecole lipidiche, presenti nel brodo, avrebbero formato delle sacche particolari capaci di fondersi tra loro ma anche di scindersi senza tuttavia mescolare il loro contenuto, le molecole "imprigionate" al loro interno, con quello dell'ambiente esterno. Il doppio strato lipidico era infatti impermeabile alla maggioranza dei componenti del brodo primordiale. È all'interino del sistema composto da TUTTE le sacche della laguna che si sono pian piano realizzati i processi metabolici caratterizzanti i viventi.

La chiave del processo risiede in una sequenza semplificata del meccanismo di fotosintesi; gli elementi che costituiscono la fosforilazione ciclica. Un tale meccanismo avrebbe permesso, grazie all'energia luminosa captata da un pigmento intrappolato nella doppia parete lipidica, di arricchire l'ambiente interno delle sacche di ioni H^+, provenienti dall'esterno. L'arricchimento sarebbe stato reso possibile da una molecola particolare capace di "nuotare" all'interno del doppio strato delle sacche. L'ambiente interno, più acido, avrebbe permesso non solo la formazione di molecole fosfatate (dotate di gruppi fosfato in grado di cedere la loro energie chimica per realizzare reazioni chimiche esoergoniche) ma anche quella dei precursori attivi degli acidi nucleici (le molecole del DNA e dell'RNA) e, quindi, la fabbricazione di filamenti di questi ultimi.

Con la produzione di molecole di acidi nucleici, Ageno specula sulla formazione di precursori attivi per la sintesi di catene peptidiche (le macromolecole costituite di amminoacidi) e l'istaurazione di un codice in grado di associare un amminoacido a una tripletta di basi nucleotidiche. Questa tappa avrebbe costituito la realizzazione del processo conducente agli esseri viventi.

Secondo la concezione del fisico italiano, il passaggio dal non vivente al vivente è costituito da un insieme di tappe di cui, dall'inizio, ciascuna determina e rende possibile la seguente, a partire da cause primarie ben definite. Se le condizioni sono riunte corrette, l'emergenza della Vita diventa un processo automatico o quasi.

1.7   Appendice: per qualche informazione in più ...

1.7.1   I 20 amminoacidi fondamentali

Ognuno di questi amminoacidi è codificato da una tripletta di nucleotidi del DNA. In ogni caso, dopo la realizzazione della sequenza proteica, i 20 amminoacidi fondamentali possono subire varie trasformazioni: atomi di altri elementi possono essere aggiunti, alcuni legami possono essere modificati, ecc. Certi organismi particolari hanno addirittura introdotto due amminoacidi "fondamentali" supplementari, trasformando la codifica di triplette di basi usate precedentemente per altre informazioni. Questi amminoacidi sono la selenocisteina, che comprende un atomo di selenio (Se) e il cui processo d'incorporazione delle proteine è, altrimenti, assai complesso, e la pirrolisina. Quest'ultimo amminoacido, si trova soltanto negli archei (o archeobatteri) metanogeni (gli archei saranno presentati nel § 2.2).

1.7.2 I chinoni e le loro proprietà

Il plastochinone è un membro del gruppo dei chinoni. Le loro proprietà derivano dalla loro struttura con legami doppi alternati (Fig. 1.9).

A sinistra è rappresentata la disposizione della molecola prima dell'acquisizione dei due elettroni (e^-) e dei due ioni H^+; a destra, invece, è rappresentata la molecola dopo l'acquisizione di elettroni e ioni; R1, R2, R3 e R4 rappresentano quattro differenti gruppi chimici qualunque. Questa proprietà dei chinoni è comune a tutte quelle molecole che possiedono un doppio legame tra due atomi di carbonio. Qui sotto (Fig. 1.10), è rappresentata una molecola molto semplice (molto più semplice di altri composti ottenuti a partire dalle esperienze abiologiche alla Miller) che possiede ancora questa proprietà.

Sulla sinistra, la disposizione molecolare prima dell'acquisizione dei due elettroni (e^-) e dei due ioni H^+; a destra, quella dopo l'acquisizione di elettroni e ioni.

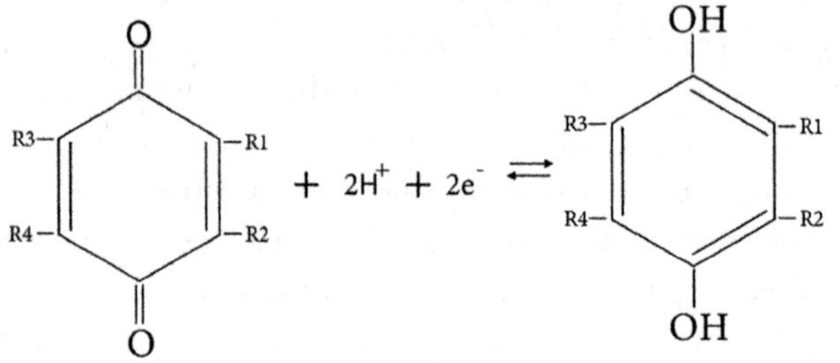

Fig. 1.9 Molecola di plastochinone, a sinistra prima dell'acquisizione degli elettroni, a destra dopo l'acquisizione. Figura riadattata da Ageno (1991, p. 303)

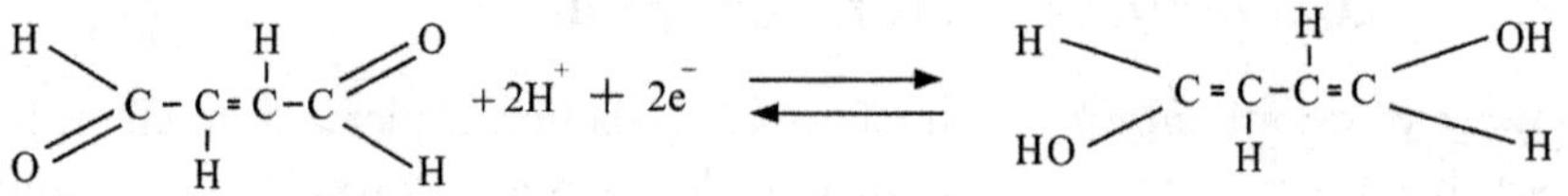

Fig. 1.10 Esempio di una molecola semplice ma dotata di doppi legami che consentono le proprietà del plastochinone. Figura riadattata da Ageno (1991, p. 277)

2

I primi esseri viventi

2.1　Le più antiche tracce degli organismi viventi terrestri

Nel capitolo precedente abbiamo visto come la Vita può aver fatto la sua comparsa sul nostro pianeta. Ho cercato di esporre, nella maniera più succinta possibile, lo svolgersi dei fatti principali, seguendo la proposta fatta da Mario Ageno. A mio avviso, si tratta dell'insieme d'idee più corretto e completo per poter costruire un abbozzo di teoria sull'argomento.

Dopo aver esaminato le condizioni che hanno consentito alla Vita di svilupparsi da un ambiente perfettamente sterile e aver riassunto le tappe principali del processo, siamo pronti a affrontare un'alta serie di questioni. Quando ha fatto la sua apparizione la Vita sulla Terra? A cosa assomigliavano i primi esseri viventi?

Per poter rispondere, bisogna, per prima cosa saperne identificare le tracce fossili dei primi esseri viventi, per quanto minuscole e difficili da riconoscere possano essere. Siccome i primi organismi erano verosimilmente degli esseri unicellulari, il problema si riduce alla capacità di saper individuare le tracce delle prime cellule nei sedimenti di età estremamente antica.

© The Author(s), under exclusive license to Springer Nature Switzerland AG 2025

A.M.F. Valli, *Batteri, dinosauri e canguri*, https://doi.org/10.1007/978-3-032-04925-4_2

Diversi criteri sono stati avanzati a questo scopo. Essi sono di due nature differenti: chimiche e morfologiche.

I criteri chimici sono considerati tra i più solidi, ma spesso non risultano decisivi. Si tratta, per esempio, di saper riconoscere, all'interno di sedimenti molto antichi, che possono anche essere alterati in maniera drastica, le impronte dei processi chimici risultanti dalla degradazione di molecole organiche (quindi prodotte da organismi viventi). Malvin Calvin (1969) e i suoi collaboratori sono stati in grado di mostrare, grazie a tracce derivate da sostanze chimiche sintetizzate da esseri viventi, la presenza di fossili in strati vecchi di 3,3 miliardi da anni (= Ga), nello Swaziland (Africa). Forte di questi risultati, l'equipe ha iniziato a stendere il suo campo d'investigazione ad altre rocce, sempre alla ricerca di tracce fossili.

Se durante gli anni 1960–70, il risultato rappresentò un reale successo, in seguito devenne chiaro che le tracce chimiche d'idrocarburi, come quelle riscontrate da Calvin, avevano potuto anche essere realizzate tramite sintesi abiologiche.[1] Tali scoperte gettarono un'ombra d'incertezza sui brillanti risultati conseguiti precedenti.

La presenza di cherogene[2] è stata avanzata molte volte come prova sicura dell'origine biologica del carbonio trovato nei sedimenti. Ma non è sempre facile assicurarsi che l'origine di questo composto sia biologica piuttosto che non abiologica o anche mista.

Un'altra prova di origine chimica è data dall'abbondanza relativa degli isotopi stabile del carbonio. Cosa sono questi isotopi? Tutti appartengono alla specie atomica del carbonio (vuol dire che reagiscono come fa il carbonio nei riguardi degli altri elementi) ma differiscono tra loro per un particolare, la loro massa.

Tutti gli atomi di un composto dato, che si tratti d'idrogeno, ossigeno o altro ancora, hanno un numero fisso particelle subatomiche, gli elettroni e i protoni. L'idrogeno possiede un solo elettrone (una particella di carica negativa) e un solo protone (particella carica positivamente). L'ossigeno, invece, possiede otto elettroni e otto protoni; dunque, 16 cariche in tutto, di cui otto negative e otto positive.

È proprio il numero delle cariche positive e negative che determina l'identità di un atomo e le sue proprietà. Naturalmente, siccome l'atomo è neutro, la quantità di cariche dei due tipi si bilancia. Questo significa che ogni atomo possiede lo stesso numero di elettroni e di protoni. Le due particelle, comunque, non differiscono soltanto nella carica, ma anche nella massa. In effetti, il peso dell'elettrone è del tutto trascurabile rispetto a quello del protone.[3]

---

[1]   Per ulteriori informazioni sulle metodologie chimiche e morfologiche in grado d'identificare le tracce dei microorganismi del passato, il lettore interessato può consultare il libro di Mario Ageno (1991, p. 106–110).
[2]   Il cherogene è un composto intermediario della trasformazione della materia organica in combustibile fossile.
[3]   Si veda anche la nota 11 del capitolo 1.

Tuttavia, elettroni e protoni non sono le sole particelle subatomiche che costituiscono gli atomi. Ci sono anche i neutroni che sono elettricamente neutri: non sono né negativi né positivi. La loro massa, invece, è praticamente uguale a quella del protone.

Se escludiamo l'atomo d'idrogeno, tutti gli altri possiedono almeno due o più neutroni. La presenza di queste particelle supplementari non cambia le proprietà dell'elemento, ma ne aumenta la massa.

Inoltre, il numero di neutroni all'interno della stessa specie atomica, può variare da un singolo atomo all'altro. Se consideriamo due o più atomi dello stesso elemento, questi avranno, naturalmente, lo stesso numero di elettroni e di protoni (altrimenti apparterrebbero a specie atomiche differenti), ma possono differire per il loro numero di neutroni. Per esempio, se la maggior parte degli atomi di carboni ha soltanto sei neutroni (li chiamiamo ^{12}C, dove 12 significa "sei protoni e sei neutroni") alcuni ne possiedono sette (costoro, saranno chiamati ^{13}C, perché, in questo caso, abbinano sei protoni a sette neutroni; $6 + 7 = 13$). ^{12}C e ^{13}C sono due isotopi stabili dell'elemento carbonio.[4]

Qual è la differenza tra ^{12}C e ^{13}C? Si tratta pur sempre di atomi appartenenti alla stessa specie chimica (si tratta sempre del carbonio!), ma ^{13}C è un po' più pesante dell'altro, perché possiede un neutrone supplementare. Ciò vuol dire che quando i due partecipano alle stesse reazioni chimiche, non si comportano esattamente nella stessa maniera; uno sarà un po' più rapido a reagire con gli altri elementi, l'altro sarà un po' più lento, a causa della differenza di massa.

Tutto questo ha una conseguenza importante. Infatti, se noi sappiamo che, prima della reazione, il rapporto dei due atomi, ^{12}C e ^{13}C, possiede un valore preciso ($^{12}C/^{13}C = X1$), quando questa è avvenuta, il loro rapporto sarà diverso ($X2$). Il nuovo valore è caratteristico della reazione effettuata.

Il rapporto $^{12}C/^{13}C$ è stato studiato in dettaglio per molti tipi di reazioni chimiche e, adesso, siamo in grado di riconoscere, con una certa precisione, gl'intervalli dei valori caratteristici dei processi biologici. Il rapporto isotopico è quindi diventato una specie di "marchio" per distinguere questo tipo di trasformazioni.

Da questo discorso deriva il fatto che il rapporto $^{12}C/^{13}C$ può essere efficacemente utilizzato per riconoscere i campioni di carbonio di origine biologica da quelli che non lo sono: basta misurare le quantità di ^{12}C e ^{13}C nelle tracce di carbonio ritrovato nei sedimenti in esame, farne il rapporto e confrontarlo con l'intervallo dei valori proprio ai processi di origine organica.

Tuttavia, queste misure di abbondanza hanno anche i loro limiti, perché nonostante quanto detto, esistono anche dei valori ambigui e non è sempre possibile escludere che certi rapporti, in condizioni particolari, non possano aver avuto

---

[4] Un altro isotopo del carbonio è divenuto molto celebre, grazie all'uso che se ne fa per datare i campioni preistorici: si tratta del ^{14}C. Ma attenzione, questo non è un isotopo stabile; è radioattivo. Infatti, si disintegra con il tempo e cambia la sua natura. Non è quindi adatto per le finalità che c'interessano.

un'origine diversa da quella classicamente imputatagli. Sembrerebbe infatti, che i fluidi idrotermali possano produrre, tramite processi abiologici, componenti carbonati con rapporti $^{12}C/^{13}C$ simili a quelli dei depositi di origine biologica.

Le prove morfologiche sonno di tutt'altro tipo; in questo caso, si tratta di studiare le forme particolari delle impronte dei fossili trovate nei sedimenti e di confrontarle con quelle di organismi di origine comprovata. Nel passato non erano considerate molto affidabili, infatti, i microorganismi recenti possiedono una morfologia esterna molto semplice, in grado di confondersi con le tracce di origine naturale.

Nondimeno, con l'affinarsi delle tecniche sono diventate sempre più attendibili in questi ultimi tempi. Per esempio, nel 1977, une equipe di ricercatori (Muir et al. 1977) è riuscita a effettuare delle analisi molto accurate su impronte più o meno sferiche, rinvenute in strati africani datati all'incirca a 3,35 Ga. La selezione delle tracce da analizzare fu fatta sulla base di criteri rigorosi, riguardanti caratteristiche morfologiche e fisiche ben precise, la loro contemporaneità nei sedimenti studiati, escludendo tutte le strutture scoperte nelle zone problematiche (con fratture o ricristallizzazioni), in maniera da eliminare tutti i casi ambigui.

Selezionate le tracce con gli opportuni requisiti, è stato realizzato un confronto serrato con un campione di microfossili più recenti ma d'indubbia autenticità. Infine, un buon accordo, su basi statistiche, tra i due campioni ha permesso di confermare l'origine biologica dei fossili più antichi.

Nonostante il successo di questo risultato, bisogna riconoscere che, sfortunatamente, non è sempre possibile ottenere un campione facilmente utilizzabile e sprovvisto di casi non ambigui. Quanto più antichi sono gli strati in cui sono rinvenute le tracce fossili, tanto più grande è la difficoltà. Le analisi morfologiche, dunque, non possono essere sempre effettuate con successo.

In ogni caso, esiste anche un altro criterio morfologico che i ricercatori possono utilizzare per riconoscere, con una relativa sicurezza, le forme di Vita originaria: si tratta delle stromatoliti, perché la loro struttura morfologia è perfettamente caratteristica.

Detto questo, cosa sono le stromatoliti? Questo nome non indica propriamente un essere vivente o una sua parte; piuttosto è applicato per denominare una struttura sedimentaria carbonatica, cioè, un deposito di sedimenti carbonati con forma e struttura particolari. La caratteristica che c'interessa di più è che questa formazione si deve alla presenza di fattori biologici.

In sezione, tale struttura è facilmente riconoscibile, perché presenta un'alternanza di strati molto sottili (laminazioni) e ondulati (Fig. 2.1). Prendete una torta millefoglie e tagliatene una fetta. La sezione di una stromatolite assomiglia al pezzo ottenuto. Soltanto, gli strati non saranno diritti ma ondulati.

Fig. 2.1 Sezione di una struttura stromatolitica. La laminazione degli strati è caratteristica di questo tipo di fossili

Nonostante le stromatoliti non siano paragonabili a ossa o conchiglie, sono fossili genuini, perché costituiscono una testimonianza della presenza di esseri viventi (nel caso delle stromatoliti, si tratta di intere comunità di organismi differenti, con una specie dominante e altre meno abbondanti) che hanno permesso l'edificazione della struttura.

Gli organismi fotosintetizzatori (= capaci di effettuare la fotosintesi), che si tratti di cianobatteri[5] o di alghe verdi, formano il grosso della massa biologica, ma sono anche accompagnati da altre creature, di dimensioni differenti: dai microorganismi microscopici agli animali veri e propri, che posso raggiungere (in certi casi) la taglia di un piccolo crostaceo (qualche frazione di millimetro). Questi ultimi, approfittano dell'attività dei fotosintetizzatori e del riparo offerto dagli strati di sedimento deposto, man mano che l'edificio s'innalza.

Vediamo adesso come si costruisce un edificio stromatolitico. Gli organismi fotosintetizzatori si stabiliscono sul fondo di uno specchio d'acqua (dolce o salata), su supporti duri e rigidi, non troppo in profondità, perché hanno bisogno della luce. Laggiù, formano un tappeto biologico che incrosta il substrato e ne modella la superficie: è in questo modo che si formano le ondulazioni che si notano in sezione.

Che il tappeto secreto sia collante e intrappoli i sedimenti che si depositano o che siano le secrezioni di certi microorganismi che favoriscono la precipitazione di calcite (o che i due fenomeni agiscano contemporaneamente), a un certo punto,

---

[5] I cianobatteri sono dei batteri particolari, capaci di fotosintesi comparabile a quella effettuata dalle piante verdi, con produzione d'ossigeno.

uno strato di detriti ricoprirà la comunità. Gli organismi fotosintetizzatori, che necessitano la luce, si stabiliscono, allora, sopra i sedimenti, per poter continuare a svolgere le loro attività. Il ciclo si ripete, una volta di più, finché i fotosintetizzatori non sono ricoperti da un altro strato di sedimenti. La stratificazione prosegue sino a rendere conto di ciò che si può osservare sezione: una serie di strati giustapposti.

Dopo un certo tempo, che dipende da vari fattori (la velocità di sedimentazione, quella di subsidenza,[6] o le variazioni dello strato di acqua), ecco che sarà eretto un edificio più o meno importante, più o meno strutturato.[7]

Nonostante la morfologia esterna sia influenzata da vari fattori, la costruzione stromatolitica mostrerà sempre, in sezione, un'alternanza caratteristica e perfettamente riconoscibile di strati laminati e ondulati.

Questo tipo di struttura è molto anziano, infatti, figura tra i fossili più antichi conosciuti, ma si trovano stromatoliti durante tutte le epoche geologiche, dalle più antiche sino ai nostri giorni.[8] Sono assai frequenti tra 2,5 e 0,5 Ga, con un picco d'abbondanza verso 1,2 Ga. In seguito, le stromatoliti cominciano un lento declino (nonostante due altri picchi di abbondanza, durante il Paleozoico, il primo dopo 500 Ma, il secondo verso 350 Ma)[9] fino a raggiungere i valori di abbondanza attuali (Taylor et al. 2009, p. 67, Fig. 2.35).

L'identificazione di tali strutture, soprattutto di quelle edificatesi in un ambiente poco profondo e lontano da sorgenti idrotermali o da sedimenti terrigeni abbondanti, sembra essere uno dei migliori criteri per riconoscere una qualche forma di Vita caratteristica dei più antichi periodi geologici. Naturalmente, le evidenze saranno ancor più convincenti se altri criteri (per esempio, di origine chimica) verranno ad aggiungersi al contesto.

Ecco dunque gli strumenti di cui dispongono i paleontologi per identificare i fossili all'interno delle più antiche rocce sedimentarie. Armati di tali strumenti, un numero sempre crescente di ricercatori ha intrapreso a svolgere indagini nelle più antiche formazioni sedimentarie per scovare tracce di Vita.

Ho già citato quel frammento di roccia che risale a molto tempo fa (§ 1.5); si tratta del meteorite ALH84001, caduto in Antartico e proveniente da Marte. Si tratta, tuttavia, di una roccia extraterrestre! Ho già discusso di tutti i problemi legati alla natura del suo contenuto. Limitiamoci, in questa sede, alle rocce che si sono formate sul nostro pianeta.

---

[6] La subsidenza denota un abbassamento lento del terreno che può provocare un deposito progressivo dei sedimenti.

[7] La letteratura scientifica dedicata agli stromatoliti è relativamente abbondante. Ecco alcuni articoli selezionati, che possono essere letti con profitto, in inglese (Hoffman 1967; Freytet and Verrecchia 1998; Freytet 2000; Awramik 2006) e in francese (Bertrand-Sarfati et al. 1966; Wattinne et al. 2003).

[8] Tra le stromatoliti attuali, le più conosciute, in ambiente marino, sono quelle della Shark Bay, in Australia. In ambiente lacustre, invece, vanno citate quelle di Cuatro Ciénégas, in Messico.

[9] Vi ricordo che "Ma" significa "milioni di anni", mentre "Ga" indica "miliardi di anni".

Tra le rocce sedimentarie terrestri più antiche, ci sono quelle scoperte in Groenlandia, sull'isola d'Akilia, a sud della città di Nuuk, e quelle della formazione d'Isua, nella parte occidentale del paese. Ad Akilia, gli strati sono più antichi di 3,850 Ga. L'Isua Belt ha un'età compresa tra 3,7 et 3,8 Ga.

In Afrique si trova la serie geologica d'Onverwacht, che occupa la regione tra il Sudafrica e lo Swaziland. L'età delle sue rocce è compresa tra 3,96 et 2,5 Ga. Gli strati più anziani rivaleggiano, per età, con le rocce groenlandesi. Sempre in Africa, troviamo il Barberton Greenston Belt, nei monti intorno alla città omonima, che risalgono a 3,5–3,2 Ga all'incirca.

Anche in Australia si trovano rocce sedimentarie molto antiche. Sono un po' più giovani di quelle groenlandesi, ma godono sempre di una età veneranda, se confrontate con quelle della maggior parte delle formazioni della nostra crosta terreste. Nella parte nord-occidentale del paese si trova il "Pilbara Supergroup" che comprende diverse sotto-unità cha vanno da più di 3,52 a circa 3,0 Ga. Tra queste, ricordiamo anche il Warrawoona Group (tra 3,52 e 3,43 Ga) e quello che lo segue immediatamente, in termini di età, il Kelly Group (3,43–3,31 Ga).

Tutte queste località hanno fatto l'oggetto di analisi intense e i loro sedimenti continuano a essere studiati per scoprire tracce di Vita (o per contestare i risultati messi in evidenza precedentemente!). Attualmente, dopo una lunga serie di discussioni, la comunità scientifica è d'accordo per riconoscere come fossili genuini[10] le tracce riscontrate nei sedimenti australiani e africani vecchi di 3,5 Ga (o, eventualmente, più giovani).

Invece, le opinioni sono ancora divergenti riguardo gli strati più anziani, risalenti a 3,8 Ga. Alcuni ricercatori considerano che le tracce fossili ritrovate in queste rocce siano autentiche, mentre altri credono che i processi di metamorfismo intensivo e quelli tettonici, a cui sono state sottoposte tutte queste rocce, hanno definitivamente cancellato le vestigia di esseri viventi (se mai ce ne sono stati). Gli indici scoperti non sarebbero altro che artefatti dovuti a cause abiologiche.[11]

Nonostante tutto, ci sono ancora pubblicazioni che mettono in risalto l'esistenza di tracce biologiche a partire dai 3,8 miliardi d'anni (Rosing and Frei 2004).[12] Soltanto il tempo (e nuove ricerche) potranno dirci se questo è vero o no.

---

[10] Un po' di bibliografia, presentata in ordine cronologico, secondo la data di pubblicazione: Schopf and Parcker (1987), Rasmussen (2000), Shen et al. (2001), Brasler et al. (2002), Tice and Lowe (2004), Allwood et al. (2006), Allwood et al. (2007), Wacey et al. (2011).

[11] Tra coloro che considerano autentici i fossili trovati nelle rocce di 3,8 Ga di età, si vedano Mojzsis et al. (1997) e Holland (1997). Per gli scettici, Fedo and Whitehouse (2002), Van Zuilen et al. (2002). Il lettore interessato potrà anche consultare con profitto il capitolo 13 del libro d'Iris Fry (2000) e il volume d'Andrew H. Knoll (2004). Recentemente, l'articolo Nutman et al. (2016) riporta evidenze di autentiche stromatoliti nella Formazione Iusa, in Groenlandia, vecchie di 3,7 Ga e Dodd et al. (2017) sostiene di aver riconosciuto fossili ancora più antichi nella Formazione Nuvvuagittuq (Québec, Canada): il dibattito, dunque, è rilanciato!

[12] Opera già citata nella nota 34 del capitolo 1. Si veda anche la nota precedente.

2.2   I tre domini dei viventi e la biodiversità durante l'Archeano

Abbiamo appena evocato i più antichi resti organici conosciuti del nostro pianeta. Quelli che sono accettati dalla maggioranza della comunità scientifica hanno all'incirca 3,5 Ga. Che tipo di fossili sono stati trovati in sedimenti cosi anziani?

Nelle rocce australiane (Warrawoona Group), i ricercatori sono stati in grado di trovare delle strutture stromatolitiche, edificate in ambienti acquatici poco profondi, e tracce di microorganismi isolati o raggruppati in poche unità oppure disposti in filamenti. Tracce simili sono state anche rinvenute nei sedimenti africani (Barberton Greenston Belt).

Gli organismi più caratteristici sono stati riportati, a causa delle loro caratteristiche anatomiche, ai cianobatteri. Questi batteri sono capaci di fotosintesi sia in presenza di ossigeno che in sua assenza. Sono anche implicati nella costruzione degli attuali edifici stromatolitici. Le testimonianze fossile raccolte, ci permettono dunque di affermare che questi esseri (o organismi assai prossimi) facevano già parte della fauna microbica dell'epoca.

Ma cos'è esattamente un cianobatterio? Si tratta di un organismo unicellulare, sprovvisto di nucleo (dunque un vero batterio), ma capace delle stesse prestazioni delle piante verdi. Questi microbi, infatti, sono in grado di effettuare una fotosintesi comparabile a quella delle piante e emettere ossigeno nell'ambiente, come prodotto metabolico del processo.[13]

Le tracce fossile e le evidenze chimiche ci indicano che anche altri organismi erano presenti alla stessa epoca. Alcuni scienziati hanno trovato dei microbi fossili che possiedono un metabolismo basato sulla riduzione dei solfati. Vari indizi fanno pensare all'esistenza di fonti idrotermali molto antiche. Oggigiorno, la grande maggioranza parte degli organismi dotati di tale metabolismo fa parte di un gruppo particolare, che un tempo era considerato una semplice gruppo dell'insieme più vasto dei batteri, ma che adesso è visto come un vero e proprio super-regno (o dominio); quello degli archei.[14]

---

[13] Bisogna specificare che non tutti i processi di fotosintesi permettono di produrre l'ossigeno. Questo gas viene generato solo quando è l'acqua che rifornisce gli elettroni perduti dalla clorofilla dell'apparecchio fotosintetico. Questo è il caso delle piante verdi e di qualche microorganismo, tra cui i cianobatteri (si tratta del processo che abbiamo già esaminato, sebbene in maniera succinta, nel § 1.4). Quando si tratta di un'altra sostanza a fornire gli elettroni, non si ottiene più ossigeno, ma un altro "scarto" che dipende dalla natura del donatore di elettroni. Par esempio, i membri della classe Halobacteria sono dei microbi che amano gli ambienti a concentrazione salina molto elevata. Questi organismi sono in grado di effettuare la fotosintesi, ma non liberano nessuna molecola di ossigeno. In realtà, questi microorganismi non sono dei veri batteri, ma degli archei. Per meglio conoscere questo tipo di organismi, continuate a leggere il testo.

[14] Il riconoscimento di questo gruppo e della sua importanza si deve al professore Carl R. Woese (Woese and Fox 1977; Woese et al. 1990). Per tutti coloro che vogliono saperne di più su questi microorganismi, consiglio la lettura di un libro molto gradevole, in francese, scritto da Patrick Forterre (2007). Tra le più antiche tracce fossili di questo gruppo non si devono dimenticare le inclusioni di metano, considerato di origine biologica, vecchie di circa 3,5 miliardi di anni (Ueno et al. 2006).

Cosa sono questi nuovi organismi? Cosa li differenzia dai batteri ordinari? Gli archei (chiamati anche archeobatteri) sono organismi unicellulari con la stessa organizzazione procariotica dei batteri. La loro cellula è sprovvista di nucleo: il loro DNA ha forma di anello e si trova direttamente nel citoplasma (l'ambiente interno della cellula). Nonostante tutto questo, alcune caratteristiche chimico-anatomiche li allontanano filogeneticamente[15] tanto dai batteri che dagli organismi eucariotici. Questi ultimi sono tutti quegli esseri la cui cellula possiede un nucleo a doppia membrana.[16] Il gruppo degli eucarioti comprende vari organismi unicellulari, come le amebe e i parameci, più tutti i multicellulari; animali, funghi e piante.

Se all'epoca della scoperta, il gruppo degli archei comprendeva solo un pugno di specie differenti; oggi sappiamo che è molto più diversificato. La maggior parte di loro predilige ambienti particolari che, ai nostri occhi, corrispondono a veri e propri "inferni". Per esempio, certi archei, chiamati "ipertermofili", prosperano a temperature vivine a quelle d'ebollizione dell'acqua (da cui il nome); nei camini delle sorgenti idrotermali profonde o in altre sorgenti molto calde, negli stagni vulcanici e a centinaia di metri al di sotto il livello del suolo, dove pressione e temperatura sono molto più elevati che in superficie.

Altri invece affezionano gli ambienti molto salati. Non ci si sorprenda, dunque, di trovarli nel Mar Morto dove la concentrazione salina è elevata. Per finire, gli archei contano tra le loro file il più piccolo organismo conosciuto, *Nanoarchaeum equitans*, che vive in una sorgente calda sottomarina, presso la costa islandese, in totale assenza di ossigeno.[17]

Gli archei sono dunque dei microbi specializzati nella conquista degli ambienti estremi. Ma non tutti hanno gusti così esotici. I primi a essere stati riconosciuti furono i "batteri metanogeni", capaci di produrre l'energia necessaria al loro sostentamento facendo reagire l'anidride carbonica (CO_2) con molecole d'idrogeno (H_2).

---

[15] La filogenia è la scienza che si occupa delle relazioni tra gli esseri viventi, in modo da comprendere chi è più apparentato con chi. I risultati sono generalmente riportati sotto forma di "albero" come quello della Fig. 2.3, al § 2.3.

[16] Alcuni microorganismi appartenenti al gruppo dei planctomiceti (phylum di batteri acquatici che si riproducono per gemmazione, tipici dei terreni salmastri, ma che si trovano anche nelle acque dolci o salate) posseggono una membrana chiamata introcitoplasmatica (ICM), diversamente sviluppata, a seconda dell'organismo considerato, che rinchiude tutto il DNA cellulare e anche del materiale ribosomico. Inoltre, il genoma di *Gemmata obscuriglobus* è avvolto da una doppia membrana che, a sua volta, è contenuta nell'ICM (Lindsay 2001). Nonostante nessuna omologia sia stata ancora messa in evidenza, la similitudine con una struttura eucariotica è impressionante. Tuttavia, la membrana nucleare è solo una delle caratteristiche degli eucarioti. Altre, come la presenza di organuli particolari (mitocondri e cloroplasti), contribuiscono alla definizione di questo dominio del vivente. Il prossimo capitolo sarà loro consacrato; in tale sede, evocherò l'importanza evolutiva dell'organizzazione eucariotica della cellula.

[17] Il libro di Forterre (2007, annesso 3) presenta la lista degli archei conosciuti. Riguardo a *Nanoarchaeum equitans*, questo microbo ha una forma sferica il cui diametro misura circa 400 nm (nanometri). Il "nm" corrisponde al miliardesimo di metro, cioè, ci vogliono un miliardo di nanometri per ottenere una lunghezza pari a un metro!

Il processo, che vede quattro molecole d'idrogeno reagire con una molecola di CO_2, ne produce due di acqua (H_2O) più una di metano (CH_4). Questo microbo prospera in tutti gli ambienti anaerobici (sprovvisti di ossigeno), che siano dei bacini lacustri o sottomarini e anche ... il nostro intestino! In effetti, nel nostro corpo, i microorganismi (batteri, ma non solo) sono numerosi. Alcuni di questi, come *Escherichia coli*, sono talmente efficienti nel consumare l'ossigeno presente che permettono ad altri microbi, per cui questo gas è un veleno mortale, di prosperare senza alcun problema!

Secondo il professor Woese, il primo a farci scoprire la realtà degli archei, la filogenia degli esseri viventi non si fonda sulla dicotomia "procarioti/eucarioti"[18] ma, piuttosto, su una tricotomia comprendente tre domini: quello degli archei (Archaea), quello dei veri batteri (Bacteria) e quello degli eucarioti (Eukaryota).

Questi ultimi si differenziano da batteri e archei per il loro tipo di cellula, che possiede un nucleo rivestito da una doppia membrana. I procarioti (batteri e archei) non hanno nucleo e la loro cellula è delimitata per una membrana più una parete rigida. Quest'ultima conferisce loro una morfologia caratteristica per ogni specie (in forma di sfera, di bastoncino, ecc.). Gli eucarioti, invece, possiedono solo la membrana. Però, hanno gli organuli (per esempio, i mitocondri e i cloroplasti), sconosciuti tra i procarioti. Gli organuli sono la sede di processi biologici particolari. Per esempio, i cloroplasti sono presenti soltanto negli organismi fotosintetizzatori (piante verdi e alghe unicellulari). Se l'organismo li perde, perde anche la capacità di effettuare la fotosintesi. I mitocondri, invece, servono per produrre l'energia biologica della cellula. Nel prossimo capitolo ritorneremo sull'argomento; cercate di non dimenticarvi di mitocondri e cloroplasti!

Batteri e archei non hanno organuli; la fotosintesi (nel caso dei cianobatteri, per esempio) o la produzione di energia si fanno grazie a modalità che non prevedono tali strutture.

Nonostante abbiano la stessa organizzazione cellulare procariote (cellule senza nucleo) i batteri e gli archei sono molto differenti. Cominciamo ad occupiamoci della membrana cellulare. I batteri ne hanno una a doppia parete lipidica, tipo quella che abbiamo già incontrato nel capitolo precedente, quando ho discusso dell'ipotesi di Mario Ageno. Le code idrofobe (quelle che non amano l'acqua) sono formate da acidi grassi lineari. Invece, nel caso degli archei, la costituzione chimica delle stesse strutture è differente, perché alcune catene presentano corte

---

[18] In ogni caso, alcuni dati recenti si accordano meglio con una dicotomia Bacteria/Archaea (Williams et al. 2013).

ramificazioni. Inoltre, nelle loro membrane, utilizzano tipi di legame che sono sconosciuti nelle analoghe strutture batteriche o eucariotiche.[19]

Sembra che queste caratteristiche permettono alle membrane cellulari degli archei di mantenere le loro proprietà d'impermeabilità agli ioni persino a temperature estreme (prossima all'ebollizione dell'acqua). In effetti, alcuni archei prosperano in condizioni di temperatura e pressione eccezionali.

Ma non tutti vivono in ambienti così rigorosi. Ho già evocato il caso dei microorganismi metanogeni, che prosperano in un insieme di ambienti differenti, tutti caratterizzati dalla mancanza di ossigeno libero. Le loro cellule possiedono una membrana cellulare dello stesso tipo di quella degli archei ipertermofili. Come mai? Probabilmente si tratta semplicemente di un'eredità evolutiva. I primi archei possedevano tale membrana e l'hanno trasmessa a tutti i loro discendenti.

Un'altra differenza, tra batteri e archei, è la mancanza di acido muramico nella parete cellulare di questi ultimi. Questa molecola è presente nella parete di tutti i batteri conosciuti.[20] Anche in questo si deve pensare a un fenomeno di eredità evolutiva.

Quindi, nonostante batteri e archei posseggano entrambi lo stesso tipo di cellula (procariote) si riscontrano, tra loro, importanti differenze strutturali. Un'altra, ancora più importante, è stata messa in evidenza dal professor Woese. Ne parlerò, comunque, in seguito, perché riguarda le differenze tra i tre gruppi (batteri, archei e eucarioti) e non soltanto i procarioti.

Passiamo adesso a considerare le similitudini che possiamo trovare tra gli eucarioti e, uno dopo l'altro, i due gruppi di procarioti. Messe a parte le caratteristiche comuni dei tre gruppi (che saranno discusse nel prossimo capitolo), gli organismi cellulari con nucleo hanno in comune con i veri batteri la struttura della membrana a doppia parete lipidica che, ripeto, è differente da quella degli archei. Ma ci sono caratteri in comune tra questi ultimi e gli eucarioti? Caratteri che i due gruppi non condividono con i batteri?

La risposta è sì! La struttura dell'RNA polimerasi (quel complesso enzimatico responsabile della sintesi dell'RNA a partire da una matrice di DNA) degli archei è più simile a quello degli eucarioti che non dei batteri. Questi ultimi ne hanno di un solo tipo, un complesso formato da quattro sotto-unità. Questo significa

---

[19] Nella membrana cellulare degli archei, le code idrofobiche degli elementi che costituiscono il doppio stato lipidico sono legate alla teste idrofile per mezzo di legami di tipo "etereo" (del tipo $R\text{-}O\text{-}R_1$, dove O è l'ossigeno mentre R e R_1 sono due atomi di carbonio o di un altro elemento), più resistenti alle alte temperature. Nei batteri e negli eucarioti, invece, nelle stesse strutture, troviamo dei legami di tipo "estereo", come quello mostrato qui sotto, che sono più fragili nelle stesse condizioni.

$$R\text{--}\overset{\displaystyle \overset{O}{\|}}{C}\text{--}O\text{--}R_1$$

Si veda Forterre, (2007, p. 118 e p. 222–223).

[20] Gli eucarioti non hanno la parete cellulare. Per questo le loro cellule isolate sono generalmente meno rigide che quelle degli eucarioti.

che quattro catene proteiche vengono fabbricate e messe insieme per ottenere un enzima funzionale. Gli eucarioti, invece, possiedono tre diverse RNA polimerasi, composte da un numero di sotto-unità variabile, tra 12 e 14.

E gli archei? Loro possiedono soltanto un'RNA polimerasi (in questo sono più simili ai batteri), ma quest'ultima è composta da ben 13 sotto-unità. Cioè è inabituale per dei procarioti, perché tutti i batteri hanno una sola macromolecola più semplice. Da questo punto di vista, l'RNA polimerasi degli archei è più simile a quella degli eucarioti che non a quella dei batteri, nonostante la stessa organizzazione procariotica della cellula.

Le similitudini non si limitano soltanto alla trascrizione (l'RNA polimerasi è coinvolta nel meccanismo di produzione dell'RNA a partire da una sequenza di DNA). Persino certi meccanismi e varie proteine che intervengono nei processi di replicazione (il processo durante il quale il DNA è sintetizzata) e della traduzione (la fabbricazione di una proteina da un filamento di DNA avviene nei ribosomi) degli archei presentano dei caratteri in comune con quelli degli eucarioti. Gli archei sono dunque degli organismi ben particolari!

Un'altra caratteristica degna di nota degli archei, questa volta tale da separarli sia dai batteri che dagli eucarioti, riguarda il loro RNA ribosomiale (rRNA). I ribosomi,[21] già introdotti nel capitolo precedente, sono indispensabili alla Vita, perché è proprio su questi apparati che vengono fabbricate le proteine, partendo da una molecola d'RNA che determina la sequenza di amminoacidi che deve essere sintetizzata. Questo processo si chiama "traduzione": un filamento d'RNA è tradotto in una sequenza proteica. Senza i ribosomi non si possono ottenere le proteine (e, quindi, niente funzionamento cellulare).

Se adesso noi consideriamo la sequenza dell'rRNA della sotto-unità più piccola troviamo un risultato inatteso. Le sequenze degli archei sono tanto dissimili da quella dei batteri quanto quelle di questi ultimi lo sono da quelle dagli eucarioti! Quindi, se ci concentriamo su questa molecola indispensabile alla Vita, scopriamo che gli archei differiscono tanto dai batteri che dagli eucarioti. E l'ampiezza della differenza è altrettanto importante di quella che separa gli eucarioti dai batteri, nonostante questi ultimi condividano con gli archei la stessa organizzazione cellulare (Woese and Fox 1977; Woese et al. 1990). Archei e batteri sono entrambi procarioti, ma procarioti di tipo ben differente!

---

[21] Un ribosoma è formato da due insiemi; uno più grande e uno più piccolo. Ogni insieme (sotto-unità) comprende una molecola di RNA (si tratta dell'rRNA) e una catena peptidica. Quest'ultima è una sequenza di amminoacidi, al pari di una proteina. A differenza delle proteine vere e proprie, quest'ultima comprende, in media, solo 300 monomeri, anche se può essere più lunga e complessa in certi casi (per esempio, quando è composta da diverse sotto-unità). Una semplice sequenza peptidica può essere ancora più corta. Quando include solamente qualche amminoacido è anche chiamata "oligopeptide" o "sequenza oligopeptidica".

Dopo tutte queste considerazioni, passiamo a esaminare quello che conosciamo a proposito della biodiversità durante i periodi più antichi del nostro pianeta.

Situiamoci nell'Archeano, l'eone[22] più antico dalla solidificazione della crosta terrestre (avvenuta tra 4,2 e 4 Ga). L'Archeano, cominciando a 4 Ga e terminando a 2,5 Ga, copre un intervallo temporale di 1,5 miliardi di anni; si tratta di uno dei più lunghi intervalli temporali riconosciuti nella nostra scala cronologica: una durata immensa! Tutti i fossili conosciuti dalla maggioranza del grande pubblico coprono un intervallo temporale di circa 600 Ma; meno della metà della durata dell'Archeano!

Un tempo, le nostre conoscenze dei fossili appartenenti a quest'eone erano estremamente limitate. Oggigiorno, invece, possiamo tentare di stabilire un quadro un po' più completo delle principali forme di vita dell'epoca.

Naturalmente, durante questo periodo, la Vita era ristretta all'ambiente acquatico, perché, mancando ancora l'atmosfera moderna, le radiazioni mortali provenienti dallo spazio (soprattutto i raggi ultravioletti) avrebbero distrutto tutti gli organismi sprovvisti di protezione. Nell'acqua, invece, gli esseri viventi sono riparati.

Sul fondo, nelle località debole profondità, i microorganismi fotosintetici erano dominanti. Alcuni potevano formare dei tappeti biologici o delle formazioni stromatolitiche (vi ricordo che le stromatoliti figurano tra i più antichi fossili conosciuti). I cianobatteri, ma anche organismi non produttori di ossigeno gassoso (capaci di fotosintesi senza produrre O_2), occupavano queste nicchie ecologiche.

I tappeti e le formazioni stromatolitiche dividevano l'ambiente acquatico con altri tipi d'organismi. Questi utilizzavano strategie varie e differenziate: microorganismi (batteri?) filamentosi, più o meno spessi o in forma tubulare, colonie di esseri unicellulari, microbi sferici, cellule di diverse forme e dimensioni. Negli strati di 3,2 Ga, alcuni fossili sferici possiedono una taglia di quasi 300 μm (Javaux et al. 2010) (un μm, micrometro, è la milionesima parte di un metro; ci vogliono, cioè, un milione di micrometri per fare un metro). Nei soli strati australiani del Warrawoona Group (con un'età superiore ai 3,35 Ga), sono stati differenziati ben quattro tipi diversi di filamenti microbici; a ciascuno è stato dato un nome generico differente (Taylor et al. 2009, capitolo 2). Naturalmente, a questi organismi bisogna aggiungere le forme isolate che sono state scoperte.

---

[22] Gli eoni sono divisioni del tempo cronologico terrestre; le più lunghe. Hanno una durata eccezionale, di varie centinaia di milioni di anni. Gli eoni possono essere divisi in ere, che a loro volta, sono composte da periodi e via di seguito, con divisioni sempre più corte, per rispondere ai bisogni e alle conoscenze cronologiche. La scala cronologica internazionale, ora anche in versione italiana, è consultabile sul sito dell'*International Commission on Stratigraphy*.

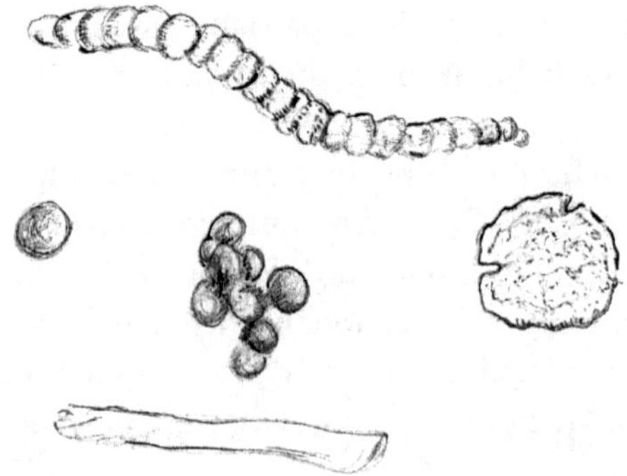

Fig. 2.2 Ecco qualche ricostruzione dei microfossili rinvenuti negli strati dell'Archeano (gli esemplari non son in scala tra di loro). In alto, una colonia filamentosa di *Primaevifilum amoenum* dell'Apex Chert (Pilbara Supergroup, Australia nord-occidentale) di ~3 465 Ma; lunghezza totale 30 µm circa. In mezzo, a sinistra, microbo coccoide della Monte Cristo Formation (Sudafrica) di ~2 600 Ma; diametro di circa 3 µm. In mezzo al centro, una colonia di cellule sferiche del Warrawoona Group (Pilbara Supergroup, Australia nord-occidentale) di ~3 430 Ma; il diametro di una cellula misura circa 8 µm. In mezzo a destra, microorganismo sferico del Moodies Group (Sudafrica) di ~3 200 Ma; il diametro della struttura misura quasi 300 µm. In basso, un astuccio tubolare di *Siphonophycus transvaalense* della Gamohaan Formation (Sudafrica) di ~2 516 Ma; lunghezza totale 150 µm circa

I microbi metanogeni non dovevano essere rari, se si considera che, all'epoca, l'ossigeno non era diffuso e che la CO_2, invece, era relativamente abbondante. In profondità, vicino ai camini delle sorgenti idrotermali, dove la temperatura poteva superare i 100 gradi, prosperavano gli organismi autotrofi chemiosintetizzatori, soprattutto quelli in grado di vivere sfruttando il processo di riduzione dei solfati. Infine, la colonna d'acqua ospitava cianobatteri e altri organismi flottanti.

Per riassumere, gli specialisti dell'Archeano hanno individuato qualcosa come 48 differenti siti a stromatoliti (in cui gli edifici presentano forme e dimensioni diverse) e non meno di 40 morfotipi differenti di presunti microfossili (Fig. 2.2), rinvenuti nei paleoambienti i più vari, da quelli situati a debole profondità sino alle sorgenti idrotermali (Nisbet 2000; Schopf et al. 2007). Questa lista è destinata ad allungarsi con il passare degli anni.

2.3   LUCA e i suoi discendenti

Nel paragrafo precedente, abbiamo visto che, a partire da 3,5 Ga, la Terra era abitata da organismi considerati simili ai cianobatteri e ai microbi riduttori dei solfati. Questi ultimi fanno soprattutto parte del gruppo degli archei e prosperano in ambienti caratterizzati da temperature elevate, come le sorgenti idrotermali sottomarine.

Abbiamo anche visto che il professor Carl Woese pensa che l'insieme dei veri batteri (gruppo al quale appartengono i cianobatteri) è assai differente filogeneticamente da quello degli archei (Woese and Fox 1977; Woese et al.).[23] Questo significa che l'antenato comune ai due gruppi ha vissuto in un'epoca ancora più antica sulla scala dei tempi cronologici.

Di conseguenza, i fossili rinvenuti negli strati di 3,5 Ga non corrispondono a quelli dei più antichi organismi terrestri, ma solamente ai più antichi che conosciamo. Altri devono averli preceduti, vivendo in epoche ancora più anziane.

Ma c'è un'altra possibilità: perché non ammettiamo semplicemente che i batteri e gli archei siano apparsi indipendentemente gli uni dagli altri, al momento del passaggio dal non vivente al vivente? E cioè che la Vita si sia prodotta più di una volta sul nostro pianeta.

Se esaminiamo nuovamente la proposizione di Mario Ageno, come esposta nel capitolo precedente, nulla ci viete di pensare che il passaggio dal non vivente al vivente sia potuto avvenire in diverse lagune contemporaneamente e produrre diversi esseri viventi. L'ipotesi del fisico italiano non impedisce una tale possibilità.

Riflettendo bene, nessuna delle proposte avanzate a proposito dell'origine della Vita vieta che questa non possa essere apparsa più volte. Per esempio, il passaggio dal non vivente al vivente avrebbe potuto prodursi in diverse sorgenti idrotermali e i discendenti avrebbero potuto evolversi secondo linee evolutive ben differenti l'una dall'altra. Oppure, gli organismi viventi avrebbero potuto giungere da vari pianeti dove avrebbero potuto fare le loro apparizione secondo modalità differenti l'una dall'altra.

Per concludere, perché non considerare che gli antenati dei cianobatteri siano apparsi in una laguna, come indicato da Mario Ageno, e gli archei (o i loro precursori) in una sorgente idrotermale profonda? Ci sono ricercatori che pensano che lo stile di vita degli ipertermofili possa rappresentare il più anziano tra tutti quelli degli esseri viventi sul nostro pianeta.

Ma se noi esaminiamo in dettaglio le caratteristiche comuni a TUTTI gli esseri viventi moderni, siano essi eucarioti, batteri o anche archei, emerge un quadro ben differente. Cominciamo col considerare le caratteristiche proprie di tutti gli organismi.

Il patrimonio genetico di tutti gli esseri viventi appartenenti ai tre domini di Woese è contenuto nel loro ADN[24] e questa molecola è sempre costituita dagli stessi quattro nucleotidi (tutti utilizzano la molecola di desossiribosio), presentati nel capitolo precedente. Tutti gli altri nucleotidi realizzabili con basi differenti sono semplicemente sconosciuti nelle molecole di DNA. Non solo, il

---

[23] Ricordo che Carl Woese a mostrato non solamente che batterie archei sono filogeneticamente distinti ma che i due gruppi divergono fortemente, e in eguale maniera, anche dagli eucarioti.

[24] Solo alcuni virus, tra cui quello celebre dell'AIDS, utilizzano l'RNA per conservare l'informazione genetica.

codice genetico è sempre lo STESSO, per tutti gli esseri viventi. É basato su un codone (sequenza genetica che codifica per un amminoacido) di tre nucleotidi (una combinazione di tre nucleotidi su quattro possibili, cioè $4^3 = 64$). Dal momento che gli amminoacidi fondamentali (quelli che sono attaccati ai tRNA; gli altri sono ottenuti modificando quelli già integrati nella sequenza peptidica)[25] sono solamente 20, ciò significa che certi sono codificati per più di un codone.

Il DNA forma la doppia elica, divenuta celebre nei libri di biologia in tutti gli esseri viventi. Ricordo che tale struttura è resa possibile dalla presenza del deossiribosio nel suo scheletro; l'RNA, che possiede al suo posto del semplice ribosio è incapace di formare delle doppie eliche stabili!

Se passiamo a considerare l'RNA, possiamo constatare che questa molecola possiede sempre le stesse caratteristiche in tutti gli esseri viventi. É sempre formato dalle stesse unità[26] ed è prodotta dall'RNA polimerasi a partire da un filamento di DNA.

Le proteine, che esprimono le proprietà e le capacità della cellula, sono fabbricate sui ribosomi (sempre presenti e indispensabili in TUTTI gli organismi – batteri, eucarioti, archei). Tutti i ribosomi sono costituiti da due sottounità, una più grande e una più piccola, nonostante l'evoluzione abbia prodotto delle differenze (queste sono attualmente utilizzate per ricostruire i rapporti filogenetici dell'insieme dei viventi).[27] L'RNA messaggero (mRNA) giunge ai ribosomi con l'informazione proveniente dal DNA e lì la proteina è prodotta, un amminoacido dopo l'altro. Gli amminoacidi sono trasportati dai tRNA, caratterizzati dai loro anticodoni, le sequenze complementari ai codoni (le triplette) presenti sull'mRNA.

La lista delle caratteristiche comuni potrebbe continuare, ma quanto detto è sufficiente per provare che TUTTI gli eucarioti, i batteri e gli archei attuali derivano dallo STESSO antenato. In effetti, un antenato comune a tutti i viventi sarebbe 10^{3489} più probabile che il miglior schema basato un'origine multipla![28]

Ma allora chi è questo antenato comune? La comunità gli ha dato un nome; LUCA (Penny and Poole 1999; Forterre et al. 2005), che è l'acronimo di "Last Universal Common Ancestor", l'antenato più recente comune a tutti gli esseri viventi, o più familiarmente, l'ultimo (il più vicino a noi nel tempo) antenato comune!

---

[25] Si conoscono almeno due eccezioni a questa regala. Sono la selenocisteina e la pirrolisina (si veda il § 1.2). Tuttavia, questi due casi possono essere spiegati come conquiste evolutive ottenute in due linee evolutive di organismi differenti, sacrificando una tripletta utilizzata differentemente (all'inizio, si trattava di un codone di terminazione), per integrare un amminoacido particolare altrimenti ottenuto modificando uno dei fondamentali già integrato nella sequenza peptidica.

[26] Si veda la Fig. 1.7, nel primo capitolo.

[27] É proprio quello che ha fatto Woese e che gli ha permesso di mettere in evidenza il dominio degli archei. Si vedano i due paragrafi precedenti.

[28] Tale informazione e le caratteristiche indicate sopra sono state ottenute dal sito inglese di Wikipedia consacrato a LUCA, acronimo che significa "the Last Universal Common Ancestor" (l'antenato più recente comune a tutti gli esseri viventi), di cui stiamo per parlare.

Attenzione; l'esistenza di questo antenato comune non nega il fatto che la Vita abbia potuto emergere più di una volta sul nostro pianeta. Sancisce semplicemente il fatto che tutti gli organismi moderni discendono da un antenato comune e, se risaliamo nel tempo a un'epoca abbastanza lontana, possiamo sperare d'incontrarlo.

Ma quando avrebbe vissuto l'ipotetico antenato comune? Visto che i più antichi fossili conosciuti rimontano a circa 3,5 Ga, e che, tra questi organismi i batteri si sono già differenziati dagli archei, LUCA deve aver vissuto tra questa data e 4–3,8 Ga, quando termino il grande bombardamento meteoritico sulla Terra (data a partire dalla quale, la Vita su Terra avrebbe potuto cominciare a svilupparsi).

Più probabilmente, l'età di LUCA deve essere stata assai prossima a quella delle prime cellule dei batteri e degli archei. Infatti, il ritratto che gli specialisti hanno stabilito per LUCA è quello di un organismo già complesso. Doveva possedere l'insieme delle caratteristiche comuni ai tre domini (quelle indicate in questo paragrafo). LUCA era un organismo cellulare, con qualche migliaio di proteine in grado di effettuare le sue funzioni vitali (altri ricercatori ritengono che ne aveva bisogno di un numero ancora minore: gli sarebbero bastati solamente 500–600 geni; Koonin 2003). La sua fonte d'energia (per fabbricare le molecole dotate di gruppi fosfato come quelli dell'ATP) e di carbonio doveva essere il glucosio.

Si trattava di un organismo a DNA o faceva ancora parte del mondo a RNA? Nonostante esista qualche ragione per pensare alla seconda ipotesi, le caratteristiche precedentemente indicate fanno pensare piuttosto che il genoma di LUCA fosse costituito di DNA. Le differenze tre i tre domini (spesso indicate per attribuirgli un genoma a RNA) possono essere facilmente spiegate dall'apporto del DNA trasferito dai virus che infettavano le antiche cellule.

Per finire, LUCA si moltiplicava per divisione binaria, dopo aver duplicato tutti i suoi componenti interni.

Naturalmente, LUCA non era solo alla sua epoca, ma coesisteva con altri organismi. Senza dubbio doveva avere un antenato comune con alcuni di loro (ricordiamoci che LUCA è l'ultimo – il più recente – antenato comune di tutti gli organismi viventi, ma altri precursori, più anziani ancora, sono senza dubbio esistiti; sono gli antenati di LUCA!) mentre altri potevano essere derivati da linee evolutive completamente differenti.[29]

L'esistenza di LUCA ci permette di elaborare il possibile albero filogenetico dei viventi per valutarne i legami di parentela. Tuttavia, gli alberi di questo tipo, necessitano di quello che viene chiamato, in gergo, l'"out group". Si tratta di un "individuo" esterno all'insieme che si vuole analizzare: il più lontano possibile, filogeneticamente, da tutti i rappresentati che fanno parte del gruppo. Ma se vo-

---

[29] Secondo qualche ricercatore, i virus a RNA e certi virus a DNA potrebbero essere i discendenti degli organismi contemporanei di LUCA o, addirittura, di esseri che l'hanno preceduto (Forterre 1996).

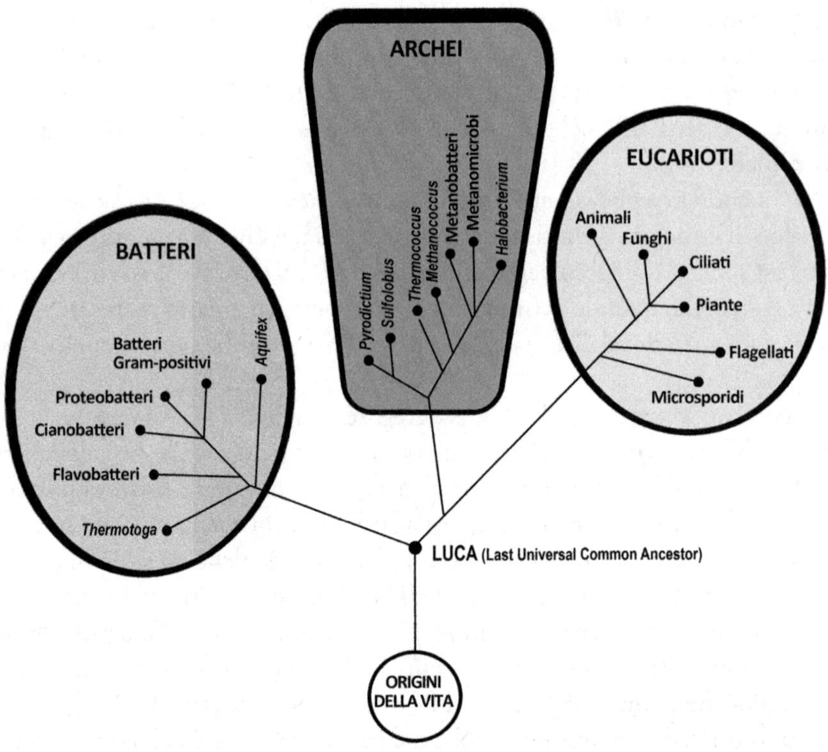

Fig. 2.3 L'albero dei viventi (batteri, archei e procarioti) proposto da Carl R. Woese nel 1990. In questa rappresentazione, archei e eucarioti possiedono un antenato comune che si è già separato dai batteri. Figura ridisegnata a partire da Forterre, (2007)

gliamo studiare TUTTI gli esseri viventi, allora non abbiamo più un out group! La costruzione dell'albero diventa delicata ...

Senza entrare nei dettagli tecnici, bisogno specificare che il risultato è soggetto a cautele e che i vari specialisti presentano, a questo proposito, dei punti di vista differenti. Qui sotto, presento l'albero filogenetico dei viventi proposto da Carl R. Woese, lo scopritore degli archei, che lo elaborò nel 1990 (Fig. 2.3).

Da LUCA parte un ramo che porta ai batteri e un secondo che arriva all'antenato comune tra archei e eucarioti. Questo significa che noi, gli uomini, abbiamo un antenato in comune, molto lontano filogeneticamente, con il piccolo *Nanoarchaeum equitans*, che vive nelle sorgenti calde islandesi (vi ricordato di lui? È il più piccolo organismo vivente!). Ma per trovare un antenato in comune con *Escherichia coli*, il celebre batterio intestinale, dobbiamo rimontare ancora l'albero, in particolare sino a LUCA.

Tuttavia, a causa delle difficoltà per stabilire le "radici" dell'albero filogenetico in assenza di out group e delle differenti ipotesi favorite dagli specialisti dell'origine della Vita, sono state proposte delle possibilità differenti. Una di queste consiste a sostituire il ramo dei batteri con quello degli eucarioti. Questi ultimi, secondo tale ipotesi, si sarebbero differenziati prima degli altri due gruppi. Archei e batteri avrebbero, i questo caso, un antenato comune a un'epoca in cui le cellule a nucleo erano già apparse.

Esiste ugualmente un'altra versione, detta l'"anello dei viventi": LUCA sarebbe l'antenato dei batteri e degli archei. La cellula eucariotica, invece, si sarebbe prodotta dall'associazione tra i rappresentanti degli altri due domini; almeno un batterio e un archeo. Benché io riconosca l'importanza della tripartizione filogenetica dei viventi, faccio parte di coloro che credono ancora all'emergenza della cellula eucariotica per associazione simbolica di organismi procarioti. A chi obbietta che questa proposta male si adatta con la ripartizione in tre domini dei viventi, rispondo che la Natura non fa mai (o non necessariamente) cose semplici. Le schematizzazioni teoriche che i ricercatori elaborano sono molto utili per comprendere la realtà ma, in certi casi, possono semplificare una situazione di per sé molto più complessa. Quando parlerò dell'emergenza della cellula eucariotica, nel prossimo capitolo, ritornerò sull'argomento. Per ora, terminiamo con i nostri procarioti.

Cosa ci può dire il registro fossile a proposito di LUCA e dell'albero filogenetico dei viventi? La risposta non è semplice. Apparentemente, l'insieme dei fossili dell'Archeano ci presenta una ricca panoplia di organismi procariotici. Questo risultato sarebbe in accordo con varie ricostruzioni filogenetiche. Gli eucarioti, invece, sembrano assenti fino alla parte finale dell'Archeano. Sembrerebbe dunque che si possa scartare l'emergenza di questo gruppo direttamente da LUCA, per mancanza di fossili. Ma non bisogna dimenticare che, in paleontologia, l'assenza di una prova non si traduce automaticamente in una prova di assenza. Forse non siamo stati ancora capaci di trovare quello che cercavamo, nonostante fosse presente. Magari non ha lasciato tracce. Oppure, non siamo stati capaci di trovarle. Bisogna anche considerare chi i sedimenti archeani che possono essere esplorati sono molto meno abbondanti di quelli più recenti, contemporanei dei dinosauri, o degli strati quaternari!

Prima di concludere questo paragrafo, voglio aggiungere qualche riga per difendere i procarioti. Questi organismi (che siano batteri o archei) sono molto anziani, ma i loro discendenti sono ancora presenti tra di noi. Sono dappertutto, intorno a noi (nell'aria, nell'acqua, nel suolo – a decine o a centinaia di metri sotto terra) e persino nel nostro corpo: nell'intestino, per esempio! Abbiamo la tendenza a pensare a questi esseri unicellulari come organismi molto semplici, ma la loro storia evolutiva è più lunga di qualunque animale, pianta o fungo.

Sono anche molto numerosi. Anche se è attualmente difficile avanzare cifre precise, quello dei batteri sarebbe il gruppo dominante, tra tutti i viventi, superando persino gl'insetti che figurano, tra gli animali, come l'insieme più ricco di specie (da uno a vari milioni!).

I batteri e archei sono anche due gruppi di successo. Questi ultimi sono degli specialisti capaci di sopravvivere negli ambienti più inospitali[30]: temperature prossime a quelle di ebollizione dell'acqua, pressioni estremamente elevate, tassi di salinità proibitivi, ambienti anossici.

Prendiamo i batteri adesso; questo gruppo è estremamente diversificato (Stanier et al. 1963). Sfortunatamente, la maggior parte di noi ha l'abitudine di considerare la diversità in termini morfometrici e visuali, quindi ad apprezzare soltanto gli animali e le piante. Non solo, ci accorgiamo solo dei membri più appariscenti di questi gruppi! Ma se la loro forma esterna è poco indicativa, i batteri costituiscono un universo ancora più diversificato, per comportamento e abitudini alimentari, di quello delle piante, dei funghi e degli animali messi insieme. Immaginate una molecola che comprende del carbonio (all'esclusione della grafite pura): senz'altro esiste un microorganismo procariotico capace di nutrirsene, di utilizzarla come fonte di carbonio e di metabolizzarla per produrre energia. Certi batteri sono addirittura capaci di produrre l'energia di cui hanno bisogno dalla riduzione dell'uranio (Lovley et al. 1991) tanto che la loro utilizzazione è stata ipotizzata per ridurre l'inquinamento di questo elemento nelle acque.

Non c'è da stupirsi, dunque, se organismi così numerosi e differenti tra di loro abbiano un impatto maggiore sui sistemi ecologici attuali. E questo è stato senza dubbio vero nel passato. Un esempio? Tra le più antiche tracce di esseri viventi figurano microfossili che, dal punto di vista anatomico, assomigliano straordinariamente ai cianobatteri, tanto nella forma che nel tipo di depositi associati in cui vengono rinvenuti. Sono talmente simili che gli specialisti gli attribuiscono le stesse capacità. Tra queste, la più importante, è quella di effettuare una fotosintesi comparabile a quella delle piante verdi. Da quando sono apparsi, questi microorganismi hanno dovuto moltiplicarsi e invadere tutti gli ambienti disponibili. Nel farlo, hanno espulso nel loro ambiente di vita i rifiuti del loro metabolismo, l'ossigeno gassoso, che prima era assente. Vedremo più avanti gli "effetti" di questo inquinamento, uno dei primi esempi della storia biologica della Terra.

Contro chi sostiene che il mondo apparterrebbe all'uomo, lo zoologo risponde che, in realtà, la Terra è degl'insetti. Il biologo allora risponde che non è affatto vero: il mondo era ed è ancora dei batteri. E ha ragione!

---

[30] Naturalmente, il termine "sopravvivenza" deve essere inteso secondo gli standard umani, perché per gli archei si tratta di routine!

2.4   E i virus?

Passiamo adesso a considerare un'altra entità biologica, che è già stata introdotta alla fine del § 1.1. Si tratta del "virus", il cui stato di essere vivente è contestato e persino rifiutato da certi rappresentanti della comunità scientifica internazionale. Vi ricordo che, secondo la definizione proposta da Mario Ageno, i "virus" non sono esseri viventi. Per lo meno se si considerano queste entità secondo la loro definizione classica!

Ritorniamo a ciò che ho già detto nel § 1.1. Classicamente, i "virus" sono costituiti da materiale genetico, in quantità variabile (Crawford 2011), che può essere sia del DNA che dell'RNA. Il materiale genetico è protetto da una capsula proteica, il capside, che impedisce la degradazione del genoma mentre il "virus" viaggia da un ospite all'altro.

Certi "virus" possiedono anche una protezione supplementare. Sono ricoperti da un "guscio" che riveste completamente il loro capside. La composizione di tale guscio è complessa e non comprende solamente le proteine ma anche lipidi e glucidi. Si forma quando i "virus" escono dall'ospite per andare a cercare altre vittime ed è costituita da un miscuglio di elementi di origine cellulare (alcuni provenienti dall'ospite e altri di origine virale).

Il ciclo virale inizia con l'infezione di un ospite, continua con la produzione di copie del "virus" e termina con la liberazione di quest'ultime, provocando la distruzione della cellula parassitata. In seguito, il ciclo si ripete con le stesse modalità. Una volta che il "virus" ha raggiunto il suo bersaglio, penetra al suo interno. Ivi, può prendere possesso della macchina cellulare dell'ospite per obbligarla a produrre il materiale virale a partire dal genoma dell'invasore. Tuttavia, alcuni "virus", come quello dell'herpes che attacca le nostre labbra, possono restare "quiescenti" per un tempo assai (in certi casi, sino alla morte dell'individuo infettato). Di tanto in tanto, in alcune occasioni; si manifestano, per esempio, quando l'individuo è debilitato e le sue difese abbassano la guardia. Il genoma virale può anche integrarsi a quello dell'ospite, i cui cromosomi acquisiscono del DNA supplementare (Watson et al. 1987). Ma le loro capacità non si fermano qui; alcuni possono lasciare i loro ospiti portandosi dietro qualche copia di DNA della vittima infettata. Queste entità biologiche sono dunque capaci di effettuare un trasporto orizzontale (tra due individui della stessa generazione) di materiale genetico. Potete ben vedere che i "virus" hanno più di una freccia al loro arco!

Ci sono molteplici tipi di "virus" e, tra tutti, non uno dei tre domini dei viventi è risparmiato: eucarioti, batteri e persino archei, tutti sono vittime dei "virus". Non basta agli archei di rifugiarsi negli ambienti meno ospitali della Terra; i "virus" li perseguitano e li infettano anche laggiù!

I "virus" sono numerosissimi. Sarebbero addirittura le entità biologiche le più abbondanti sul nostro pianeta. Secondo alcune stime, negli strati superiori degli

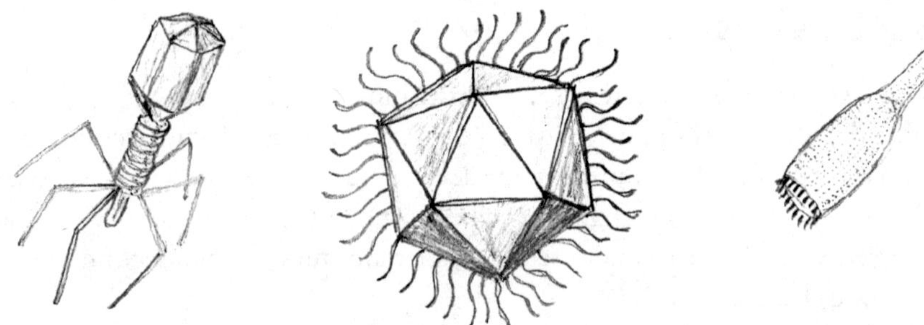

Fig. 2.4 A sinistra, il virione di un batteriofago (dimensioni comprese tra 25 et 200 nm); al centro, il virione di mimivirus, il cui capside icosaedrico misura, senza fibrille, circa 400 nm (questo virione infetta l'ameba *Entamoeba haemolytica*); a destra, il virione di *Sulfolobus shibatae* virus n°1, con un capside a forma di bottiglia, che attacca l'archeo ipertermofilo omonimo (dimensioni, 150 nm circa). I virioni figurati non sono rappresentati in scala

oceani, sarebbero dieci volte superiori ai batteri (Forterre 2007, p. 138; Forterre 2010). Tale abbondanza può essere spiegata dal fatto che ogni cellula può essere infettata da più di un "virus".

Questo contesto non è il luogo più opportuno per esplorare tutti i dettagli dell'universo dei "virus" e delle loro proprietà. Voglio soltanto citare mimivirus (il cui nome significa 'mimicking microbe virus' [= microbo che imita un virus], perché, quando fu scoperto, lo presero per un procariote!), une delle entità virali più grandi (Fig. 2.4). Il suo capside, icosaedrico, ha un diametro di 400 nm, dimensioni comparabili a quelle di un piccolo procariote. Il suo genoma comprende tra 600 e 1 000 geni. Infetta l'ameba *Entamoeba haemolytica*.

Anche il "virus" SSV1 (*Sulfolobus shibatae* virus n°1; Fig. 2.4) è degno di menzione; parassita l'archeo ipertermofilo omonimo, che vive in una sorgente d'acqua calda giapponese; l'ambiente ostile non è in grado di proteggerlo dall'infezione. Il "virus" SSV1 è stato il primo a essere isolato in una popolazione di archei (Forterre 2007, p. 207–211). Ma adesso, queste scoperte si stanno moltiplicando.

Consideriamo adesso la natura del "virus" e la loro importanza per la nostra storia. Vi ricordo che stiamo ripercorrendo le vicissitudini degli esseri viventi e della biodiversità. Perché i "virus" ne sono implicati? Il fatto che si tratti di entità biologiche capaci d'infettare ogni sorta d'organismo è sufficiente per consacrargli un paragrafo intero in quest'opera? In realtà le cose sono un po' più complicate di come appaiono (non sono mai semplici quando si ha a che fare con le discipline che trattano della Vita!).

Recentemente, la concezione di queste entità biologiche è cambiata. Anche la definizione del virus si è modificata. Certi ricercatori, adesso, li considerano degli esseri viventi genuini. Ma perché? E la definizione di Ageno, allora?

Le entità classicamente chiamate virus non corrispondono a esseri viventi perché sprovvisti di dispositivo cellulare. Tuttavia, non è questa entità quella che costituirebbe il vero virus. Questo non è che il virione, l'agente infettante, che si propaga da una cellula all'altra. Una specie di "spora" o di "spermatozoo" che si assicura della propagazione della specie. Il vero virus, la reale entità vivente, è un'altra. É per questo che ho sempre scritto il nome tra virgolette.

Quando una cellula è infettata, il genoma virale prende il controllo dell'ospite e si forma una nuova entità biologica che contiene il patrimonio genetico virale più il DNA della vittima. Una parte di quest'ultimo viene degradata, perché all'invasore è soltanto il meccanismo capace di esprimere i suoi geni virali che interessa.

Questa nuova entità che sarebbe il virus vero e proprio. La "cellula virale", intesa in questo modo risponde, perfettamente alla definizione di essere vivente, perché provvista di un apparato chimico capace di espletare le funzioni cellulari mantenendo la coerenza dei processi interni, sotto il controllo del programma. Quest'ultimo non è più quello della cellula originaria, ma è il genoma virale. La nuova cellula ha quindi perduto la sua identità originaria, quella che possedeva prima dell'infezione. É diventata qualche cosa di nuovo; una cellula virale!

Questa concezione originale si deve al professore Patrick Forterre (2010, 2011). La sua proposta è di chiamare "virus" la cellula virale (cellula ospite + genoma virale attivo), mentre all'agente di propagazione andrebbe riservato il termine "virione" (che sarebbe l'entità corrispondente alla definizione classica di "virus") Quest'ultimo non è che un mezzo per propagare il virus da una vittima all'altra.

Il virus, definito in questo modo, non sarebbe altro che una creatura particolare che ha spinto all'estremo il parassitismo e che ha "inventato" una maniera originale per riprodursi. Nessuna divisione cellulare, né sessualità;[31] semplicemente un vettore che assicura al materiale genetico di passare da un ospite al seguente. All'interno di quest'ultimo, l'"organismo" del virus si manifesta prendendo il controllo della macchina cellulare e del programma della vittima, per poter esprimere le sue funzioni vitali. Naturalmente, tutto questo viene attuato con molteplici variazioni sul tema centrale, ma il concetto di base resta lo stesso: parassitismo estremo e propagazione tramite un agente particolare, il virione, il cui compito à quello di trasferire il genoma del virus.

Volete una prova supplementare? Un altro virus gigante, "parente" di mimivirus, mamavirus, produce all'interno delle sue vittime un complesso sferico[32] nel

---

[31] Presenterò la sessualità come opposta alla divisione cellulare nel terzo capitolo, quello consacrato agli eucarioti.

[32] La costituzione di questi complessi, le *Virus factories*, dove sono sintetizzati i diversi elementi per mettere insieme i virioni, sarebbe una caratteristica delle infezioni virali sugli eucarioti. Tali complessi permettono di visualizzare il virus come entità vivente differente dalla cellula ospite. Nel caso d'infezione del mimivirus, questi complessi sono talmente grandi che possono essere visti al microscopio ottico. Nei batteri e, in generale, in tutti i procarioti, tali strutture non si formano. In questo caso è la totalità della cellula ospite che costituisce la *Virus factory*.

quale sonno fabbricati gli elementi per assemblare il virione. Questo complesso diventa il bersaglio di un virus particolare, soprannominato Spoutnik, che lo infetta a sua volta (Forterre 2011). Una cellula virale attaccata e infettata da un altro virus! Ma non sono solo gli esseri viventi che vengano attaccati dai virus?

Nonostante la nuova definizione, il virione reste un'entità fondamentale. In effetti, a parte il genoma virale, sono la forma e le particolarità del virione che servono a caratterizzare e a riconoscere ogni virus.

Come si sono originati i virus? Che importanza hanno nell'evoluzione dei viventi? Secondo alcune ipotesi, i virus sarebbero i "discendenti" di organismi cellulari molto antichi che hanno sviluppato una estrema propensione al parassitismo. A quell'epoca, le sole vittime possibili erano altri esseri unicellulari. Per poter esercitare efficacemente la loro azione di parassiti, i virus avrebbero adottato la soluzione d'iniettare il loro genoma all'interno della vittima, prendendone il controllo e fabbricando altre copie della loro struttura completa più il patrimonio genetico. L'azione diventa più efficace limitando le copie a quelle de patrimonio genetico, senza bisogno di fabbricare anche gli altri elementi, e realizzando, allo stesso tempo, un vettore per passare alla vittima seguente. In questo modo, si sarebbe arrivati al ciclo attuale dell'attività virale, caratterizzata da un'alternanza tra la cellula virale (l'organismo che risponde alla definizione dell'essere vivente) e il virione.

Ma qual è l'interesse che riveste il virus per la storia dell'evoluzione biologica? I virus sarebbero delle creature molto antiche; più antiche di LUCA (Forterre 2006; Forterre et al. 2005). Forse erano già là, all'epoca del mondo a RNA (ammesso che questo mondo sia realmente esistito). Per alcuni, i virus ne sarebbero i soli testimoni. Non solo, ma avrebbero favorito la transizione dal mondo a RNA a quello a DNA.[33]

E non si sarebbero limitate a questo; i virus sarebbero i responsabili della formazione del nucleo degli eucarioti (Forterre 2011). Ecco un'ipotesi interessante e originale, capace d'integrare positivamente la teoria della formazione della cellula eucariotica, formulata da Lynn Margulis, di cui ci occuperemo nel prossimo capitolo.

Quanto detto è molto seducente, anche se al momento, sembra un po' troppo speculativo, perché i virioni non si fossilizzano (o lo fanno molto raramente). Tuttavia, queste speculazioni, avanzate per spiegare osservazioni e dati sperimentali, costituiscono, senza dubbio, eccellenti punti di partenza per alimentare future ricerche sulle tematiche legate alle prime fasi dell'origine della Vita sulla Terra.

Comunque, non dobbiamo sottovalutare l'importanza che i virus hanno avuto, durante il corso dell'evoluzione, sui tre domini dei viventi. Basta riflettere al fatto che il genoma di batteri e archei conterrebbe all'incirca il 13% di elementi

---

[33] Se accettiamo il fatto che i virus, come definiti da Patrick Forterre, sono degli esseri viventi veri e propri e se crediamo che derivano da organismi esistenti al tempo dell'ipotetico mondo a RNA, allora dovremmo rivedere la nostra definizione dell'antenato comune. LUCA, in questo caso sarebbe l'ultimo antenato comune ai SOLI membri dei tre domini stabiliti da Woese, ma non ai virus.

di origine virale, cioè di sequenze trasportate e integrate nel DNA dei procarioti tramite l'azione dei virioni. Tale percentuale salirebbe addirittura al 40% nel caso della nostra specie (Forterre 2011; Forterre and Gaïa 2018)! Siamo per caso una specie di OGM che si è formata durante il corso dell'evoluzione?

2.5 Riassunto del secondo capitolo

Il riconoscimento di tracce degli antichi esseri viventi nei sedimenti dell'Archeano è il frutto di studi chimici minuziosi e rigorosi (esame dei rapporti isotopici, specie quelli del carbonio) e/o confronti anatomici e morfologici con campioni ben definiti. Il più delle volte, i due tipi di analisi sono necessari per ottenere dei risultati a tutta prova.

Le tracce le più antiche certe (riconosciute come valide dalla maggioranza della comunità scientifica) rimontano a 3,5 miliardi di anni e provengono da strati sedimentari africani e australiani. Queste comprendo edifici stromatolitici, più o meno importanti, più microfossili isolati. Tali tracce testimoniano la presenza di una certa varietà di creature microscopiche, i cui metabolismi erano differenti tra di loro. Tra questi, riconosciamo gli organismi fotosintetici, prossimi ai moderni cianobatteri, più altri microbi, alcuni dei quali vivevano nei pressi di fonti idrotermali, o erano capaci di sintetizzare il metano (come gli archei metanogeni). Vivevano tutti nell'acqua, per proteggersi dai raggi nocivi provenienti dallo spazio che non erano ancora attenuati, come oggigiorno, dallo strato di ozono (O_3), completamente assente all'epoca.

La presenza di fotosintetizzatori corrobora l'ipotesi sull'emergenza della Vita elaborata da Mario Ageno.

I dati cha abbiamo attualmente ci permettono di dire che, nella prima parte dell'Archeano, la biodiversità comprendeva vari tipi di microorganismi procarioti: batteri e archei. Gli eucarioti faranno la loro comparsa solo 2,7 miliardi anni fa. Quindi, sin dalla fine dell'Archeano, i tre domini dei viventi erano già presenti sul nostro pianeta. Tutte le prove che abbiamo, fossili o biologiche, indicano che tutti gli organismi moderni, più gli organismi vissuti nel passato, hanno avuto un antenato comune, chiamato LUCA. Poco importa se la Vita sulla Terra è emersa più di una volta, in tempi o luoghi diversi. Gli organismi esistenti all'epoca sarebbero tutti scomparsi senza lasciare discendenti. Tutti, tranne LUCA. Tra i suoi discendenti, vanno annoverati tutte le creature moderne, più quelle che incontreremo nel corso di queste pagine.

I virus potrebbero essere una testimonianza di quegli esseri viventi che hanno vissuto prima di LUCA o che erano sui contemporanei. Queste entità biologiche sarebbero dunque degli antichi organismi che hanno spinto all'estremo la loro strategia riproduttiva sotto forma di parassitismo. Sarebbero diventate capaci di prendere il controllo del macchinario metabolico delle cellule infettate per costringerle a fabbricare copie di loro stesse. Durante il corso dell'evoluzione, piuttosto che fare copie complete, si sono limitate a produrre il loro genoma rivestito da una capsula proteica di protezione. I vettori così ottenuti, i virioni, avrebbero avuto lo scopo di preservare il genoma virale durante la fase di dispersione e d'infezione di altre cellule.

I virus sarebbero degli esseri viventi particolari: la cellula virale (l'ospite infettato dal genoma del virus) rappresenta l'essere vivente vero e proprio, mentre il virione non sarebbe che un vettore di trasporto del materiale genetico da una cellula all'altra. Nonostante tutto questo, per riconoscere e indentificare i virus, ci basiamo ancora sul virione.

I legami tra queste entità e tutti gli altri organismi potrebbero essere più stretti di quanto non lasci supporre la semplice relazione ospite/parassita. Potrebbero essere state queste entità che hanno permesso il passaggio dall'ipotetico mondo a RNA verso quella a DNA. La loro azione avrebbe dunque portato a un cambiamento evolutivo decisivo nel mondo dei viventi. L'RNA, in quanto depositario dell'informazione genetica, sarebbe rimasto solo in qualche virus. Persino il nucleo delle cellule eucariotiche sarebbe dovuto all'azione.

Tuttavia, i virioni non si fossilizzano e tutto ciò resta speculativo. Ma queste ipotesi hanno il merito di poter costituire delle basi eccellenti per le future ricerche su questi argomenti.

2.6 Appendice: per qualche informazione in più …

2.6.1 Mimivirus, il "virus" gigante

Certi "virus" giganti possiedono un genoma composto da più di 500 geni: mimivirus (Fig. 2.4) ha un patrimonio genetico compreso tra 600 et 1 000 geni, superiore a quello di certi batteri. Il suo DNA assomiglia di più a quello degli eucarioti che non a quello dei procarioti. Un altro fatto insolito consiste nel fatto che questo "virus" contiene vari geni che codificano per proteine implicate nella riparazione del DNA e nella traduzione dell'RNA nelle proteine. Tutto questo è singolare perché queste funzioni esistono già nel complesso cellulare dei suoi ospiti, utilizzato al massimo per la produzione dei virioni di mimivirus (Crawford 2011).

3

Gli eucarioti entrano in scena

3.1 Un nuovo tipo di cellula

Nel capitolo precedente abbiamo evocato i più antichi organismi viventi conosciuti. Partendo dai loro resti, ho cercato di stabilire un quadro degli ecosistemi archeani del nostro pianeta. Ho anche ribadito che la biodiversità procariotica è stata importante nel passato. Non solo, ma lo è anche adesso: questi microorganismi mantengono tuttora un ruolo preponderante nella biosfera. Nel corso della nostra storia, avrò ancora l'occasione per sottolineare questo concetto.

Tuttavia, a partire dalla fine dell'Archeano, i procarioti non sono più soli; altri organismi entrano in scena. É tempo d'introdurli e di scoprire le sorprese che la storia della Vita ci riserva al loro ingresso.

Passato il limite dei 2,5 Ga, eccoci nel Proterozoico, l'intervallo di tempo compreso tra questa data e 541 milioni di anni (Ma) circa. É proprio quest'intervallo temporale di cui ci andremo a interessare. Il mondo è sempre dominato dai procarioti, che continuano a evolvere e a differenziarsi. Noi, però, andiamo a incontrare il terzo dominio della classificazione dei viventi, perché, anche se fa la sua apparizione durante le fasi finali dell'Archeano, si differenzierà soltanto durante l'eone seguente, il Proterozoico.

Ma cominciamo con l'interessarci ai caratteri di questi nuovi protagonisti, gli eucarioti. Tra le particolarità proprie a questi organismi, bisogna ricordare (si veda anche la Fig. 3.1):

- la presenza di vero e proprio nucleo[1] (una doppia membrana costituita per lo più da lipidi, come quelle già viste nel primo capitolo) che ricopre il materiale genetico;
- il possesso di organuli specializzati (come i mitocondri, in tutte le cellule, e i cloroplasti, nei fotosintetizzatori);[2]
- la presenza di differenze strutturali e di organizzazione a livello dei geni, all'interno del DNA.[3]

Secondo la mia opinione, la cellula eucariotica rappresenta una vera e propria "novità" evolutiva, rispetto ai procarioti. Infatti, è capace d'imprese fuori dalla portata di batteri e archei.[4] Per esempio, le cellule eucariotiche sono normalmente più grandi delle loro "cugine". Queste ultime, in media, misurano solo qualche μm di lunghezza o di diametro,[5] benché certe spirochete (microbi dalla forma elicoidale che sono fonti di numerose malattie per l'uomo e per molti animali) possono raggiungere 500 μm. Invece, le cellule a nucleo sono generalmente dieci volte più grandi. Le loro dimensioni medie si situano tra 10 e 100 μm. Nonostante esiste una certa sovrapposizione, le cellule eucariotiche raggiungono dimensioni nettamente superiori a quelle dei procarioti. Le più grandi cellule eucariotiche si trovano nel mondo animale. L'uovo dello struzzo (*Struthio camelus*) è, in termini di massa, la più grande cellula vivente: pesa più di un chilogrammo! Se invece ragioniamo in termini di dimensioni metriche, il record appartiene al neurone di

---

[1] Tuttavia, benché TUTTI gli eucarioti posseggano un nucleo a doppia membrana, che include il DNA cellulare, questa potrebbe non essere una caratteristica esclusiva del gruppo. In effetti, certi procarioti, appartenenti al phylum dei planctomiceti, hanno strutture simili che rivestono il loro genoma. Si veda la nota 16 del capitolo 2.

[2] Una caratteristica dei mitocondri e dei plastidi (il gruppo di organuli al quale appartengono i cloroplasti) è quella di possedere del DNA al loro interno. Questo DNA è indispensabile per la duplicazione dell'organulo (che si divide in due come un batterio) ma non è sufficiente per eseguire l'operazione. Questo vuol dire che i mitocondri e i cloroplasti non possiedono l'informazione genetica completa per produrre una copia completa di loro stessi. Ne hanno soltanto una parte; il resto, si trova nel nucleo della cellula. D'altra parte, neanche il genoma nucleare possiede da solo tutta l'informazione per eseguire la duplicazione degli organuli. Questa è suddivisa tra il DNA del nucleo e quello contenuto, rispettivamente, nei mitocondri e nei plastidi.

[3] Una delle particolarità più importanti del genoma eucariotico è la presenza d'introni nelle sequenze di DNA che codificano le proteine. Gl'introni sono sequenze che vengono trascritte sull'RNA messaggero (mRNA), ma che vengono eliminate prima che questo sia tradotto sui ribosomi (si tratta del fenomeno dello "splicing" dell'mRNA; Watson et al. 1987).

[4] Se vi siete dimenticati cosa sia un archeo, vi consiglio di dare un'occhiata al § 2.2.

[5] Il μm, micrometro, corrisponde al milionesimo di metro. Si veda il § 2.2.

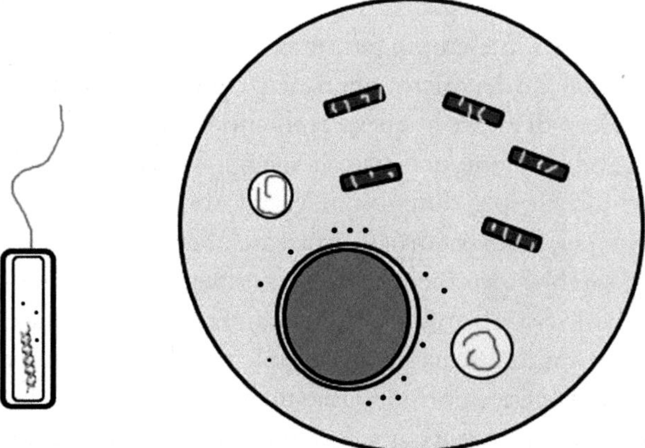

Fig. 3.1 Principali differenze tra la cellula procariotica (la più piccola, a sinistra) e quella eucariotica (la più grande, sferica, a destra). Nel procariote, il DNA si trova direttamente nel citoplasma cellulare (ambiente liquido interno); nell'eucariote, il DNA è rinchiuso nel nucleo (la struttura sferica più grande e più scura dell'eucariote). La cellula eucariotica possiede, inoltre, degli organuli specializzati: i mitocondri (bastoncelli scuri zebrati) e i plastidi (sfere più chiare, presenti solo nelle cellule vegetali). I puntini neri, presenti tanto nel procariote che nell'eucariote, rappresentano i ribosomi. Le due cellule non sono disegnate alla stessa scala

calamaro gigante (*Architeuthis dux*), il cui assone, uno dei suoi prolungamenti, supera i 10 metri! Possiamo constatare che le più grandi cellule eucariote superano di gran lunga tutte le maggiori cellule procariotiche. È un po' come considerare oggetti di mondi differenti. È come paragonare il Lussemburgo agli Stati Uniti d'America. Sono due paesi sovrani tutti e due, ma senza niente togliere al primo, l'estensione del secondo rende trascurabile la superficie dell'altro!

Ma le differenze non si limitano solo alle dimensioni. Gli eucarioti sono capaci prestazioni sconosciute ai batteri e agli archei. I primi possono formare individui composti da molte cellule differenti, in grado di coordinarsi in maniera coerente. Un gruppo di cellule procariotiche, invece, rimane un insieme dove ogni cellula conserva la propria individualità. La cellula eucariotica è dunque ben differente dalla sua omologa procariotica.

Detto questo, non dobbiamo sottostimare i batteri né gli archei. Questi organismi sono capaci di altri tipi d'imprese, non meno stupefacenti. È vero, la loro taglia è ridotta e sono incapaci di formare dei veri esseri multicellulari. Ma i procarioti hanno saputo conquistare praticamente tutti gli ambienti terrestri: le profondità terrestri e gli abissi marini, le sorgenti idrotermali e le località ricoperte di neve. Hanno invaso persino l'interno del corpo degli organismi più complessi. A loro volta, gli ambienti abitati dagli eucarioti, uni- o multicellulari, non sono che una piccola frazione di quelli occupati dai procarioti. Spesso, la colonizzazione di batteri e/o archei permette ad altri tipi di organismi, come piante o animali, di istallarsi a loro volta. Un esempio per tutti; sui camini idrotermali sottomarini, le capacità metaboliche dei microorganismi permettono agli animali che vivono in simbiosi con loro di vivere in questi ambienti inospitali.

Se batteri e archei hanno occupato la maggior parte degli ambienti naturali mantenendo ridotte le loro dimensioni, gli eucarioti hanno acquisito proprietà ben diverse, che permettono loro di utilizzare altre nicchie. La biodiversità del mondo attuale sarebbe fortemente sminuita, senza uno dei due tipi di cellula!

Adesso passiamo a confrontare il funzionamento della cellula eucariotica con quello della procariotica. Facciamo un esempio che dovrebbe aiutarci a comprendere le differenze tra i due. Consideriamo una piccola agenzia di viaggi situata in un quartiere di una città importante. Il suo responsabile (uomo o donna) è il solo impiegato e si occupa di tutto: risponde al telefono, accoglie i clienti, effettua le ricerche per organizzare un viaggio e un soggiorno ottimale. La sua clientela è limitata, perché il nostro lavoratore è solo. Tuttavia, i suoi affari prosperano e gli permettono di guadagnare la sua vita in maniera onorevole.

Dopo un certo tempo, il nostro personaggio decide di assumere un(a) collaboratore(-trice) con compiti ben precisi. Il nuovo venuto si occuperà degli appelli telefonici dei clienti, notando i loro bisogni, consigliando e trasmettendo infine le informazioni al suo datore di lavoro, che stabilirà i contratti. Il direttore, svincolato dalle chiamate al telefono, potrà dedicarsi a nuove attività. Potrà stringere dei rapporti con altre agenzie di viaggio e occuparsi di nuove destinazioni, precedentemente ignorate. Potrà anche cominciare a rivolgersi a un nuovo tipo di clienti. Il suo impiegato, invece, continua a occuparsi degli appelli telefonici, permettendo all'agenzia di soddisfare un maggior numero di clienti.

Ecco che la piccola impresa di quartiere ha aumentato il suo volume di attività. Naturalmente, tutto questo ha un costo aggiuntivo (un salario supplementare: quello del nuovo impiegato) che deve essere sottratto agli utili dell'agenzia. Ma proprio grazie al suo collaboratore, il direttore ha potuto intraprendere nuove attività, prima impossibili mancandogli tempo e risorse. Col tempo, la piccola agenzia può anche ingrandirsi ulteriormente: assumere altro personale (ciascuno con mansioni proprie o di supporto per i colleghi) fino ad aprire nuove succursali in altri quartieri o, addirittura, in altre città.

Ecco stabilito un parallelo con tra cellula procariotica, l'agenzia che riposa sulle spalle di una sola persona capace di svolgere tutte le attività, e la cellula eucariotica, in cui i compiti sono suddivisi permettendo d'intraprendere nuove operazioni (la capacità di stabilire collaborazioni, di aprire succursali, e via dicendo).

La strategia d'una cellula procariotica (anche se questo è solo una caricatura) può essere riassunta in questo modo: la cellula si adatta a un ambiente particolare e consacra tutto la sua energia ad aggrandirsi e a dividersi per lasciare il massimo di discendenti. Quando le condizioni si modificano (apparizione di un agente inquinante, esaurimento delle risorse alimentari), il nostro microorganismo arresta la sua crescita e attende. Dopo un certo tempo, più o meno lungo, perisce o, se qualcuno dei suoi discendenti è diventato capace di adattarsi ai cambiamenti, conquista il nuovo ambiente. La quantità di ambienti differenti occupati da batteri e archei, nonché la loro varietà attuale, testimonia le capacità e le imprese di questi organismi.

Gli eucarioti, da parte loro, non sono competitivi su questo terreno. Hanno dovuto, quindi, inventarsi una nuova dimensione d'espansione. Il funzionamento della cellula eucariotica si basa sula divisione dei compiti, soprattutto di quello della produzione energetica. Di quest'attività se ne occupano esclusivamente i mitocondri (nei vegetali, anche i cloroplasti possono aiutare ...) che ne fanno la loro unica attività. Nonostante ci sia un costo aggiuntivo per mantenerli (per esempio, bisogna pur fabbricarli!), gli organuli, nei loro compiti, sono più efficienti dei loro equivalenti nel sistema centralizzato tipico dei procarioti. Il sistema tipico degli eucarioti può infatti produrre una piccola eccedenza energetica che può essere distolta dalla crescita e dalla divisione cellulare. Tale energia può essere sfruttata per intraprendere qualcosa di nuovo. Per esempio, aumentare le dimensioni! Diventando più grandi è possibile sfruttare risorse che sono al di fuori della portata dei piccoli procarioti. Per esempio, perché non nutrirsene?

Ma l'eccedenza di energia può essere anche utilizzata per creare molecole speciali per permettere al suo inventore di "comunicare" con altre cellule. Penso che cominciate a capire dove voglio arrivare. Ma non corriamo troppo. Tutto ciò sarà spiegato in dettaglio nel prossimo paragrafo. Occupiamoci adesso di un'altra problematica: come ha fatto la cellula eucariotica a emergere del mondo procariotico?

La teoria che gode la più grande considerazione presso la comunità scientifica è quella de fa derivare la cellula eucariotica da un'associazione simbiotica[6] tra organismi procariotici. Questa stabilisce che alcuni microbi, appartenenti a gruppi differenti, si siano raggruppati perché complementari e abbiano cominciato a dividersi i compiti vitali. In questo modo, hanno dato origine a un nuovo essere, capace di compiere imprese al di là di quelle possibili ai procarioti. L'idea nacque dalle ricerche di Lynn Margulis, un'americana che lavorava a Berkeley. La sua teoria iniziale prevedeva una simbiosi, in tre tappe, tra quattro organismi procarioti differenti (Margulis 1999; de Reviers 2018).[7]

All'inizio, un archeo termofilo e riduttore di zolfo (vi ricordate che alcune tracce chimiche negli strati archeani testimoniavano l'esistenza di microorganismi riduttori di zolfo a partire da quest'eone?) si sarebbe associato a un batterio mobile e allungato, di tipo spirochete, per formare il corpo della nuova entità. Il

---

[6] La simbiosi è un'associazione che si forma tra due o più partner che appartengono a specie differenti. Quest'alleanza non è semplicemente temporaria ma stabile nel tempo e, generalmente, porta benefici a tutti gli associati.

[7] Consiglio anche la lettura dell'eccellente opera di John Archibald (2014). Il libro mette l'accento sull'importanza dell'endosimbiosi per la costituzione della cellula eucariotica e dettaglia le tappe della sua evoluzione. Un modello relativamente recente per spiegare l'endosimbiosi che ha portato agli eucarioti è stato sviluppato da D.A. Baum e B. Baum (2014). Si veda anche il suo sviluppo in Mieli et al. (2025).

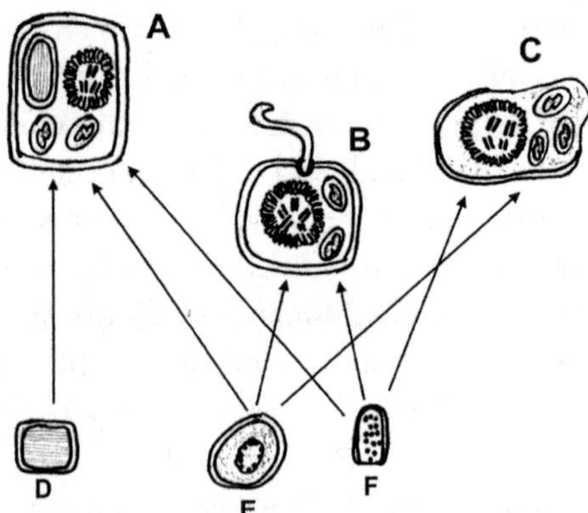

Fig. 3.2 Schematizzazione della teoria di Lynn Margulis: le cellule animali (B) derivano da un'associazione simbiotica tra un procariote termofilo (E), che fornisce il corpo cellulare, e alcuni batteri ossidanti (F), che diventano i mitocondri (sono le piccole figure ovali con grossi punti all'interno). Le cellule dei funghi (C) hanno gli stessi componenti di quelle degli animali. Le cellule vegetali (A), invece, hanno acquisito, in più, alcuni cianobatteri (D), che diventano i cloroplasti (è la figura vagamente rettangolare con barre più chiare). I nuclei delle cellule hanno forma arrotondata con bordi ondulati e contengono i cromosomi. La teoria originale di Margulis prevedeva anche l'intervento di un altro microbo (del gruppo delle spirochete o di un microorganismo simile), per formare il flagello della nuova cellula

risultato di questa prima associazione sarebbe stato una cellula provvista di nucleo e di un'appendice caudale che poteva assicurarne la mobilità, ma ancora priva di organuli. Questi ultimi, deriverebbero d'assimilazioni ulteriori. Il mitocondrio deriverebbe da un batterio ossidante tipico di ambienti ossigenati. Alcune ricerche fanno pensare che possa aver appartenuto al gruppo delle rickettsie (microorganismi endoparassiti di altre creature; terzo organismo costituente l'associazione). Infine, i cloroplasti deriverebbero dai cianobatteri (quarto organismo).[8]

La simbiosi tra i primi tre organismi avrebbe permesso la formazione di una nuova cellula eterotrofa. L'aggiunta di uno o più cianobatteri, gli avrebbe consentito una possibilità supplementare: la possibilità di effettuare la fotosintesi con le stesse modalità del batterio assimilato (Fig. 3.2). Faccio notare, ancora una volta, che le piante verdi e i cianobatteri realizzano un'analoga fotosintesi, la quale produce ossigeno come elemento di scarto. La teoria di Lynn Margulis ci permette di comprendere perché le due fotosintesi siano analoghe!

---

[8] La teoria de Lynn Margulis non considerava l'intervento dei virus per la formazione del nucleo. A quell'epoca, i "virus" rispondevano ancora alla definizione classica, introdotta verso la fine del § 1.1. Non erano ancora considerati degli esseri viventi. Le idee che cominciano a implicarli nell'evoluzione dei procarioti e degli eucarioti si svilupperanno solamente più tardi. Per ora, mi limito a descrive la teoria di Margulis e i concetti che sono stati accettati, senza aggiungere i dettagli e le innovazioni più recenti riguardanti l'evoluzione degli eucarioti. Per ben comprendere la teoria di Margulis e l'origine di mitocondri e cloroplasti vi invito a leggere il capitolo 9 del libro di Marc-André Selosse (2017). Tuttavia, l'argomento è in piena "effervescenza". Per esempio, in un articolo relativamente recente (Degli Esposti et al. 2014), si propone un metodo d'analisi alternativo per scoprire i possibili antenati dei mitocondri, dando in una soluzione differente rispetto a quella riportata nel testo.

Quanto è probabile questo scenario? Di quali prove disponiamo che i fatti si siano svolti in questo o in altro modo? Innanzitutto, bisogna segnalare che la maggior parte dei ricercatori non ha mai creduto veramente all'integrazione del batterio spirochete (o di tal genere di microorganismo) nella cellula eucariotica. Quest'ultima deriverebbe solo de tre tipi di microbi: un microorganismo (la maggioranza della comunità scientifica crede che sia stato un archeo) che ha formato il corpo, le rickettsie, trasformatesi in mitocondri, e i cianobatteri, che sono all'origine dei cloroplasti.

Dati in questo senso derivano dall'analisi biochimica e dal sequenziamento del genoma dei vari gruppi che si suppone siano implicati nel processo. I loro genomi sono stati confrontati con i geni presenti negli organuli. I risultati hanno confermato, da un lato, i rapporti filogenetici tra il mitocondrio e alcuni ceppi di proteobatteri (il gruppo a cui appartengono le rickettsie), dall'altro, quello dei cloroplasti con i cianobatteri. In ogni caso, il fatto che il DNA degli organuli sia differente da quello del nucleo e che la loro perdita implichi l'impossibilità, per la cellula, di riprodurre tali strutture è una prova convincente della loro origine esogena.

Le similitudini comprovate tra alcune molecole eucariotiche e le omologhe degli archei testimoniano a favore dell'implicazione di un membro di questo dominio nell'emergenza della cellula eucariotica. Quindi, la cellula eucariotica sembra essere veramente il frutto di una simbiosi tra organismi procariotici. Inoltre, questa simbiosi implicherebbe tutti e due i domini procariotici (vi ricordate dell'"anello del vivente", evocato nel § 2.3, consacrato a LUCA?). Secondo questo scenario, la cellula dotata di nucleo rappresenta un'ulteriore tappa evolutiva rispetto a quella della cellula sprovvista di nucleo.[9] Non solo, la cellula eucariotica ci offre un primo esempio di una delle simbiosi che possono avvenire tra esseri viventi distinti. Vi ricordo l'importanza, sottolineata nell'introduzione, di questo tipo d'interazioni per apprezzare la biodiversità.

Nonostante tutto, la teoria esposta qui sopra non è accettata universalmente. La proposizione di Margulis, persino nella sua enunciazione meno restrittiva (tre organismi invece dei quattro originali) è stata rimessa in causa, soprattutto in seguito all'accettazione della tripartizione fondamentale del mondo dei viventi, con il riconoscimento dei tre domini: Batteri, Archei e Eucarioti.

Sono stati pensati scenari differenti, anche loro basati sui risultati delle analisi molecolari. Per esempio, come spiegare l'origine di varie proteine specifiche e delle strutture complesse, proprie agli eucarioti, a partire dal sistema procariotico, nettamente più semplice? É per questo che alcuni ricercatori immaginano che tali strutture siano apparse in una linea evolutiva specifica degli eucarioti, senza far intervenire gli atri due domini (Forterre et al. 2005).

---

[9] Quando ero ancora studente alla Facoltà di Fisica, all'Università di Roma, il mio tutore, Mario Ageno, amava ripeterci che la più grande differenza evolutiva nel mondo della Vita era quella tra le cellule sprovviste di nucleo e quelle che invece ce l'hanno. Naturalmente, scrivendo questo testo, sono stato influenzato dalle sue idee.

Altre ipotesi prevedono che LUCA possedesse una struttura cellulare intermedia tra quella eucariotica e quella procariotica e/o che il nucleo della prima possa essere stato di origine virale (Forterre 1996; Forterre et al. 2005; Forterre and Gaïa 2018)? Vi ricordate delle idee presentate nel § 2.4 a proposito del ruolo dei virus sulla formazione del nucleo cellulare? Perché dunque non prendere in considerazione una simbiosi tra procarioti e virus?

Come si può constatare, la ricerca sull'origine delle cellule eucariotiche è in piena espansione. Nel corso dei prossimi anni, senza dubbio, saranno annunciate nuove scoperte, in grado convalidare la teoria di Margulis. Oppure di dare nuove ali a ipotesi concorrenti. È anche possibile che si assista a una sintesi delle idee più comunemente accettate o anche all'elaborazione di proposte differenti (per esempio, l'origine virale del nucleo che interviene nell'ambito di un'associazione simbiotica tra diverse cellule procariotiche). Solo una conoscenza più approfondita degli organismi appartenenti ai tre domini, grazie anche alla comprensione precisa delle loro similitudini e differenze, permetterà la formulazione di una teoria completa dell'origine di ogni tipo di cellula.

3.2 Gli organismi pluricellulari e l'invenzione della sessualità

Con un peso superiore a quello di un chilogrammo, l'uovo di struzzo[10] è senza dubbio una cellula imponente, le cui dimensioni superano tutte le altre, che siano procariotiche o eucariotiche. Tuttavia, cellule ancora più grandi sono esistite nel passato.[11] Per esempio, l'uovo dell'uccello elefante di Madagascar (*Aepyornis maximus*) misurava un metro di circonferenza e aveva un volume pari a quello di 160 uova di pollo! Quest'uccello sarebbe sparito recentemente (addirittura dopo l'anno 1 000), distrutto, sembrerebbe, dalla colonizzazione umana dell'isola. I suoi resti fossili sono ben conosciuti: non solo ossa ma anche resti di uova, tra cui alcune complete.

Tuttavia, se ci guardiamo intorno, le forme di vita che scorgiamo sono enormi, molto più grandi di qualsiasi uovo di uccello gigante o anche di dinosauro! Animali e piante, che formano la biodiversità visibile ai nostri occhi, hanno dimensioni variabili, che vanno da qualche millimetro e qualche milligrammo sino a un'altezza di 150 metri per la sequoia gigante (*Sequoiadendron giganteum*, l'or-

---

[10] È necessario precisare che la cellula vera e propria è il tuorlo dell'uovo, Il resto, conchiglia compresa, sono solo strutture di protezione e imballaggio.

[11] I dinosauri carnivori, come gli appartenenti alla famiglia dei Tyrannosauridae (generi *Tyrannosaurus* e *Tarbosaurus*) deponevano uova enormi, tra le più grandi conosciute. Queste, dal peso di vari chili, avevano una forma allungata misurando sino a 50 centimetri. Invece, i sauropodi, quei giganti con il collo e la coda smisurati (per esempio, *Diplodocus* o *Brachiosaurus*), deponevano uova sferiche proporzionalmente più piccole.

ganismo vivente che possiede, allo stato individuale, la taglia più imponente), con una massa conseguente.

L'accrescimento degli eucarioti non si limita a "ingrandire" semplicemente le dimensioni cellulari. Questi organismi hanno acquisito una nuova capacità apparentemente, inaccessibile ai procarioti: sono in grado di "produrre" individui complessi, ciascuno formato da molte cellule differenti tra loro. Con l'emergenza degli eucarioti, gli esseri multicellulari fanno il loro ingresso nella storia della Vita!

Ma come è possibile che un organismo unicellulare solitario possa associarsi con altri della stessa specie per formare un organismo più complesso? Se l'associazione tra organismi differenti può essere favorita dalla loro complementarietà, quella tra individui della stessa specie risulta più difficile da comprendere, perché questi sarebbero piuttosto in competizione per lo spazio e le risorse. Piuttosto che riunirsi, si allontanerebbero in maniera a minimizzare la concorrenza. Non solo, siccome esseri simili producono gli stessi scarti, la concentrazione di questi ultimi, tenderebbe a fare allontanare, piuttosto che a richiamare, i propri simili. Niente, dunque, sembra rendere favorevole l'associazione di organismi strettamente imparentati.

Tuttavia, vari esempi, tutti derivanti dalla realtà attuale, ci indicano come questa tappa abbia potuto essere superata nel passato. A questo proposito vi invito a studiare il comportamento di un'ameba moderna che risponde al nome di *Dictyostelium discoideum*.[12]

Nel corso del paragrafo precedente, ho affermato che la cellula eucariotica, grazie alla divisione dei compiti e, in particolare, alla concentrazione della produzione d'energia nei mitocondri, dispone di flussi energetici più importanti di quelli dei procarioti. Può, dunque, permettersi di "alimentare" un certo numero d'innovazioni. Tra queste, la produzione di molecole speciali che, sparse fuori dalla cellula, agiscono come veri e propri segnali per tutti i microorganismi apparentati. *Dictyostelium discoideum* ha imparato a utilizzare tali segnali in maniera ben precisa. Esaminiamo più in dettaglio il suo comportamento (Fig. 3.3).

Quest'ameba[13] è un organismo assai comune su suolo forestale dell'America del Nord. Normalmente, conduce un'esistenza solitaria, ricercando sul terreno il suo nutrimento (principalmente batteri ma anche funghi). Tuttavia, quando il cibo comincia a mancare, l'organismo modifica il suo comportamento, liberando un

---

[12] *Dictyostelium discoideum* appartiene a un gruppo di funghi mucillaginosi (mixomiceti). Questi eucarioti sono delle amebe caratterizzata da un ciclo vitale particolare, che si manifesta all'apparizione di carenze nutrizionali. Tale ciclo è spiegato nel testo e illustrato nella Fig. 3.3.

[13] Un'ameba è un organismo unicellulare, generalmente a corpo molle, che si sposta e che può afferrare le particelle alimentari di cui si nutre grazie alla formazione di pseudopodi, prolungazioni retrattili del suo corpo.

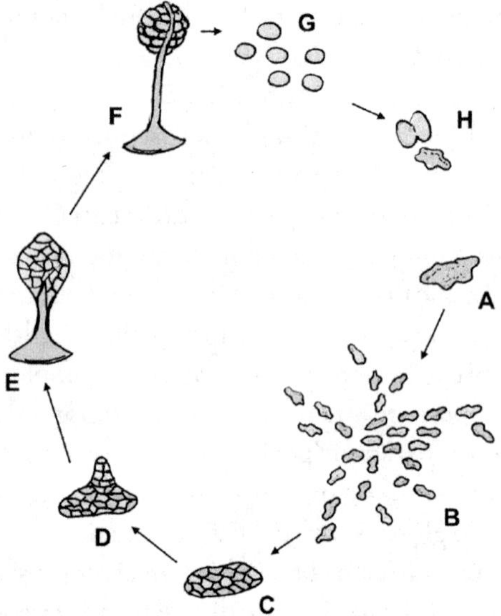

Fig. 3.3 Il ciclo vitale di *Dictyostelium discoideum* in condizioni di stress alimentare. (A) ameba in condizioni normali; (B) le amebe si riuniscono in seguito all'emissione di AMPc da parte di una di loro; (C) formazione dello pseudo-plasmodio; (D) emissione di cellulosa da parte delle cellule in cima allo pseudo-plasmodio; (E) formazione dello stelo e del corpo fruttifero alla sua sommità; (F) il corpo fruttifero matura; (G) emissione delle spore; (H) nuova generazione di amebe uscite dalle spore. Il ciclo ricomincia

componente chimico particolare, l'Adenosina Monofosfato ciclica (AMPc[14]) che agisce come "agente di richiamo". In effetti, tutti i *Dictyostelium* che vengono in contatto con l'AMPc, cominciano a spostarsi verso la fonte dell'emissione, liberano, a loro volta, una certa quantità di questo composto chimico. In questo modo, l'effetto si rafforza. Siccome il segnale diventa più forte, tutte le amebe presenti nei dintorni cominciano a spostarsi verso la prima, quella che ha attivato il processo.

---

[14] La molecola dell'Adenosina Monofosfato ciclica (AMPc) è illustrata qui sotto.

Questa molecola è prodotta a partire dall'ATP per separazione di due gruppi fosfato e per interazione del terzo gruppo con il radicale -OH legato al carbonio in posizione 3' (in basso a sinistra, nell'anello di zucchero). Con due legami, il gruppo fosfato acquisisce una conformazione ciclica, da cui il nome della molecola. Vi ricordo che l'ATP è la principale molecola di conservazione dell'energia biologica e, negli eucarioti, viene prodotta nei mitocondri. Ditemi voi se non è possibile trovare un legame più stretto tra l'"energia biologica" e un segnale chimico per comunicare con i propri simili!

Una volta che i *Dictyostelium* si sono riuniti, cominciano ad assemblarsi in una sorta di massa gelatinosa, chiamata pseudo-plasmodio, il quale prende a spostarsi come se fosse in tutto e per tutto un solo individuo. All'inizio, lo pseudo-plasmodio erra casualmente. Poi, a un certo momento, le cellule situate sulla sua sommità cominciano a secernere della cellulosa. A questo punto, diverse cellule cominciano spostarsi verso il punto più alto formando, man mano che salgono, uno stelo impiantato sul dorso dello pseudo-plasmodio. Lo stelo, rinforzato dalla cellulosa secreta diventa, sempre più alto e, alla sua estremità, prende forma un corpo fruttifero.

È chiaro che dal momento che si è formato lo pseudo-plasmodio, le diverse amebe della comunità hanno cessato di avere un comportamento individuale. A partire da quel momento, tutte le loro azioni si sono coordinate e ogni cellula si è specializzata in un compito che le è proprio (formazione dello stelo, secrezione della cellulosa, produzione del corpo fruttifero). Il processo non si ferma a questo stadio. Il corpo fruttifero produce, al suo interno, delle spore. Queste maturano e, quando sono pronte, il corpo fruttifero si apre per liberarle. Quindi, le spore sono disperse nell'ambiente.

Al seguito della dispersione delle spore, l'essere "multicellulare", lo pseudo-plasmodio muore, non senz'aver contribuito alla nascita di una nuova generazione di amebe. In effetti, quando una spora raggiunge un ambiente favorevole, si apre e ne esce una piccola ameba che riprende la sua vita solitaria, fintanto che le condizioni lo permettono. Non appena queste cominciano a deteriorarsi, la nostra ameba modifica le sue abitudini e comincia a riversare all'esterno dell'AMPc. In questo modo il ciclo ricomincia, con la formazione di un nuovo pseudo-plasmodio, dello stelo e delle spore. Il processo culmina con un'altra generazione di *Dictyostelium*.

È interessante notare che, all'interno dei mixomiceti,[15] esistono altre forme caratterizzate da un comportamento simile (par esempio, le amebe del genere *Echinostelium*). I vari cicli differiscono nei dettagli (la forma dello pseudo-plasmodio e dello stelo, per esempio), ma, globalmente, il meccanismo di base resta lo stesso: quando le condizioni ambientali si deteriorano, lo stress provocato forza l'organismo a emettere un segnale che fa reagire i conspecifici. Questi si riuniscono e, tutti insieme, in maniera coordinata, formano un produttore di spore che assicura una nuova generazione di organismi.

Lo pseudo-plasmodio, formatosi grazie alla divisione dei compiti, facilita la dispersione dei nuovi individui. Alcune cellule assicurano la mobilità, altri formano lo stelo (una vera e propria piattaforma "di lancio"), altri ancora producono le spore. In questo modo, la performance generale aumenta e le nuove amebe hanno maggiori probabilità di raggiungere un nuovo ambiente favorabile di quante non ne abbia un individuo solitario. Basta che una sola spora raggiunga una regione che offre le condizioni per prosperare e tutta la popolazione ne trarrà vantaggio. La coordinazione

---

[15] Si veda la nota 12 di questo stesso paragrafo.

tra le cellule e la ripartizione delle attività aumenta le probabilità di sopravvivenza e permette ai mixomiceti di rispondere al meglio alle condizioni ambientali.

Ho scoperto recentemente che il comportamento delle amebe deriverebbe dal fenomeno dell'altruismo (Barbault 2006, p. 112–113)[16]: alcuni individui si "sacrificano" per il bene della collettività. La risposta alla domanda posta all'inizio del paragrafo, riguardo al motore che spinge gli individui unicellulari a unirsi per formare un'entità superiore potrebbe dunque essere l'altruismo. Questo fenomeno è sempre più studiato tra gli animali, soprattutto tra i mammiferi. Chi avrebbe immaginato di trovarne delle manifestazioni anche nel mondo dei protisti, gli eucarioti unicellulari?

Riguardo alla soluzione scelta dalle amebe per aumentare le loro prestazione, la filosofia di base è la stessa di quella che abbiamo incontrato durane l'emergenza della cellula eucariotica. In questo caso, le unità al primo livello "A" (le cellule procariotiche) si associano per formare un'unità di livello superiore, "B" (la cellula eucariotica). In seguito, unità di livello "B" (alcune cellule eucariotiche) si associano a loro volta per formare una nuova entità di livello superiore, "C" (l'organismo multicellulare). Vedremo che questa modularità sarà utilizzata ancora, nella storia dell'evoluzione, per produrre ulteriori novità.

Ma procediamo con ordine. Ritorniamo al ciclo di *Dictyostelium discoideum*. Lasciando da parte l'altruismo, il vero meccanismo che permette tutto il processo è quello dato dai segnali specifici (nel nostro caso, il flusso di AMPc) che vengono scambiati tra gl'individui e che permettono la coordinazione di tutte le cellule. Questi segnali possono essere prodotti grazie all'eccedenza energetica dell'ameba. Tale eccedenza, assicurata dell'efficienza dell'azione dei mitocondri, può essere stornata dal processo di crescita e di duplicazione cellulare per essere utilizzata ad altri fini. Nel nostro caso, per assicurare la comunicazione chimica tra i vari individui.

Una volta instaurata la "comunicazione", può essere messa in opera la coordinazione, seguita dalla specializzazione delle diverse cellule, esattamente, come, a livello inferiore, abbiamo assistito alla specializzazione dei diversi compartimenti cellulari, gli organuli.

Faccio notare che l'emergenza di questa capacità di comunicazione e del comportamento coerente sembra evolversi con l'apparizione della cellula eucariotica. Nonostante alcune associazioni di procarioti siano state osservate, nessuna, all'ora attuale, sembra presentare un tale livello di coordinazione comparabile a quella degli eucarioti (si veda la sezione "Batteri che si associano", nell'appendice del capitolo).

Man mano che l'evoluzione avanza, la specializzazione si accentua e le diverse cellule che formano l'entità di ordine superiore si modificano sino a produrre

---

[16] Anche il capitolo 6 costituisce una buona lettura per comprendere il fenomeno dell'altruismo (comportamento caratterizzato da atti che, apparentemente, non portano alcun vantaggio al suo autore ma che sono benefici ad altri individui) negli esseri viventi e dei comportamenti che ne derivano.

degli organi e dei tessuti. Ognuno di questi elementi possiede lo stesso patrimonio genetico degli altri, ma ogni cellula (o gruppo di cellule) l'esprime in maniera differente. Ecco come possono essersi evolute le diverse parti del corpo di un essere multicellulare.

Una volta che l'organismo pluricellulare si è formato, un'altra domanda sorge spontanea: quante volte si è prodotto questo processo? Quante volte le cellule eucariotiche si sono associate per formare un organismo pluricellulare? Una volta sola o più di una?

Nel primo caso, saremmo tutti (piante, funghi e animali) discendenti del primo essere che ha intrapreso questo cammino evolutivo particolare. In realtà, le cose non sarebbero avvenute in questo modo. Il fenomeno si sarebbe ripetuto varie volte: almeno sette (Porter 2004). Il processo si sarebbe realizzato indipendentemente varie volte, una per gli animali, un'altra per i funghi, una per le alghe rosse, per le alghe brune e per i mixomiceti. Nel caso delle piante verdi (alghe verdi e piante superiori) si sarebbe addirittura realizzato almeno due volte. Il fatto che la "corsa alla multicellularità" si sia prodotto in molte occasioni ci dà un'indicazione sulle capacità strutturali e fisiologiche della cellula a nucleo a realizzare tale processo.

Ma quali sono le potenzialità dell'essere multicellulare rispetto a una cellula eucariotica isolata? Innanzitutto, la possibilità di raggiungere dimensioni nettamente maggiori di quelle possibili a una cellula isolata. Confrontiamo, a questo proposito, le dimensioni delle piante e degli animali con quelle dell'uovo, che sia di struzzo o di dinosauro!

La specializzazione degli organi e dei tessuti permette di creare nuovi organismi, capaci di sfruttare le risorse in maniera completamente differente. Per esempio, la capacità di manipolazione del cibo grazie alla formazione di un apparato boccale sofisticato e, quindi, migliore per estrarne le proprietà nutrizionali. La specializzazione permette anche di produrre movimenti più perfezionati, rendendo l'individuo in grado di spostarsi più facilmente e di coprire uno spazio più vasto in un tempo minore. O anche di sviluppare tessuti per immagazzinare risorse contro i tempi di magra.

Questi non sono che esempi particolari, ma centinaia di altri possono essere avanzati; basta semplicemente osservare la varietà degli esseri multicellulari che ci circondano: piante, funghi e animali.

Nonostante le immense possibilità che si offrono a questi nuovi organismi, ne esiste una varietà certamente non inferiore, a livello microscopico, in seno al gruppo dei procarioti. Ancora una volta, la conquista evolutiva che permette l'emergenza degli organismi multicellulari non produce esseri migliori; semplicemente differenti e capaci di sfruttare nuove nicchie ecologiche prima inesplorate.

Le prestazioni della cellula eucariotica non si limitano a realizzare nuovi record in termini di dimensioni anatomiche dell'individuo. Una novità ancore più importante si afferma relativamente alle modalità di produzione dei discendenti.

Una delle caratteristiche osservate nei viventi è la loro capacità a riprodursi, di formare discendenti che permetteranno alla specie di durare un certo tempo. Tuttavia, come osservato nel primo capitolo, anche il fuoco può riprodursi. Ve lo ricordate? Ma sappiamo che le modalità alle quali obbedisce la "riproduzione" del fuoco non corrispondono a quelle dei viventi. Questi ultimi, non dimentichiamolo, sono sistemi chimici dotati di un apparato enzimatico complesso e sconosciuto al di fuori del dominio dei viventi.

Ma perché gli organismi viventi si riproducono? Non ho elementi per rispondere a questa domanda. Si tratta di una delle questioni essenziali del dominio della biologia e, senza dubbio, un giorno troveremo la risposta (tuttavia, date un'occhiata alla sezione "Perché esiste la divisione cellulare tra i batteri?", nell'appendice di questo capitolo). Per il momento, accontentiamoci di prendere atto che la riproduzione esiste e che, senza di lei, la Vita non sarebbe arrivati sino a noi. O meglio, noi non saremo qui, in questo momento, per apprezzarla.

In conseguenza, dobbiamo ribaltare i termini della questione e chiederci, piuttosto: come si riproducono gli esseri viventi? Consideriamo i procarioti, gli organismi unicellulari che hanno dominato l'intervallo più lungo della storia antica del nostro pianeta. Batteri e archei si riproducono per divisione cellulare. La cellula detta "madre", A, cresce sino a raggiungere una certa taglia: le due estremità si allontanano l'una dall'altra, mentre, nella parte centrale del corpo si verifica uno "strozzamento", che si accentua sempre più, sino alla separazione completa delle due metà. Alla fine del processo, ci saranno due cellule "figlie": A' e A''.

E la cellula madre? Che fine ha fatto, alla fine del processo? È semplicemente sparita: metà dei suoi componenti cellulari sono passati a sua 'figlia' A', mentre l'altra metà è andata a A''. Prima della divisione, in effetti, la cellula A aveva duplicato tutto il suo patrimonio enzimatico e genetico per permettere alle due figlie di ereditarne ciascuna una copia.

La divisione cellulare produce cellule identiche a quella originale. Anche il patrimonio genetico è identico a quello del genitore. Naturalmente a meno di mutazioni casuali, cioè, di cambiamenti aleatori nella sequenza delle basi del DNA.

La sessualità, invece, sconvolge completamente il processo di riproduzione. La sessualità è tipica degli organismi eucariotici, nel senso che è sconosciuta tra i procarioti. Essa implica un rimescolamento del materiale genetico tra due entità differenti, i parenti, con l'emergenza di una terza combinazione genetica, quella del discendente, che avrà un genoma originale.[17] Quest'ultimo deriva da quello

---

[17] La sessualità non esiste tra i procarioti. Tuttavia, alcune cellule batteriche possono trasmettere una certa quantità del loro DNA ad altri individui della stessa specie. Questo processo si chiama "coniugazione batterica". Comunque, non produce nessuna terza cellula dotata di genoma originale. Semplicemente, il DNA ricevuto, trova il suo posto nel citoplasma della seconda cellula (Watson et al. 1987). Il caso sembra non essere isolato; esistono, infatti, altri meccanismi che permettono al materiale genetico di viaggiare tra gli organismi, siano essi procarioti oppure eucarioti (Bapteste 2013; Génermont 2014).

dei genitori, essendo tuttavia differente da questi. Il genoma dei discendenti è unico e questa unicità caratterizza la sua individualità.

L'equazione che descrive la sessualità è la seguente: 1 + 1 → 1 (due cellule si fondono – par esempio, l'ovulo e lo spermatozoo – per produrre un terzo elemento – l'ovulo fecondato, lo zigote), che è completamente differente da quella che caratterizza la divisione cellulare: 1 → 1 + 1 (una cellula si divide in due cellule figlie).

La divisione implica la separazione delle due entità risultanti. La sessualità, al contrario, ha come conseguenza la fusione delle due entità che s'incontrano per produrne una terza.[18] Date tutte queste differenze, come ha potuto prodursi il passaggio dalla divisione cellulare alla sessualità?

Sfortunatamente, in questo caso non disponiamo di esempi presi dal mondo attuale, capaci di mostrarci le tappe intermediarie del processo. Tuttavia, visto che implica la fusione tra due cellule appartenente alla stessa specie (nel caso dell'ovolo e dello spermatozoo, quest'ultimo penetra fisicamente all'interno del primo) è possibile che tutto abbia cominciato con un fenomeno di "cannibalismo": una cellula "mangiava" letteralmente un'altra della stessa specie. Solamente in un secondo tempo, le due cellule avrebbero appreso a mettere in comune il loro patrimonio genetico per dare luogo a un individuo con un'"impronta" genetica differente e originale. È a questo momento che è nata la sessualità.

Tutto ciò, naturalmente, reste speculativo. Tuttavia, il fatto che la sessualità sia un fenomeno completamente diverso dalla semplice divisione cellulare è attestato dal fatto che, per potersi realizzare, ha dovuto "inventare" un nuovo meccanismo per ripartire il materiale genetico, la meiosi. La meiosi produce il raddoppio della quantità di ADN della cellula. In seguito, questo viene suddiviso in quattro cellule differenti derivanti dalla prima dopo due serie di divisioni. Quindi, nel caso la prima cellula possegga un genoma pari a 'Y', ognuna delle cellule risultanti ne avrà una quantità pari a 'Y/2' (la quantità inziale raddoppia; in seguito, viene suddivisa in quattro cellule differenti: Y + Y = 2Y; 2Y : 4 = 4 volte Y/2).

Ma perché la meiosi si renderebbe necessaria per la sessualità? Immaginiamo due cellule della stessa specie che fondono e mettono in comune il loro materiale genetico. L'organismo risultante avrebbe dunque una quantità di DNA che corrisponde al doppio di quella di ciascuno dei suoi parenti. Quando questo, a sua volta, si unisce a un'altra cellula, il DNA del discendente aumenterà ancora. E così all'infinito! Per evitare quest'esplosione esponenziale, è necessario un mec-

---

[18] Nel § 2.4, ho presentato l'idea di Patrick Forterre, secondo il quale i virus sarebbero degli esseri viventi veri e propri, che hanno acquisito una modalità molto particolare per produrre dei discendenti, completamente diversa da quella delle cellule procariotiche o da quella degli eucarioti. I virus passano da una fase acellulare, il virione, che deve necessariamente infettare una cellula (procariotica o eucariotica) per poter perpetrare la discendenza del virus. Nel paragrafo attuale, mi concentro solamente sulle modalità riproduttive di batteri e archei, da un lato, a quello degli organismi eucariotici, dall'altro.

canismo che rimetta le cose al loro posto. Nel nostro caso, ci vuole un "trucco" capace di ristabilire la quantità corretta del materiale genetico prevista per la specie considerata. Ed è proprio ciò che fa la meiosi.

Negli organismi dotati di sessualità è come si ci fosse un'alternanza di generazioni, la prima con individui aventi un patrimonio genetico uguale a 'X' che si uniscono per produrre un'altra generazione con patrimonio genetico uguale a '2X'. Gl'individui della seconda generazione, grazie alla meiosi, producono gl'individui 'X' e il ciclo può ricominciare. Infatti, non ci sono incroci tra la generazione pari e dispari (tra gl'individui 'X' e quelli '2X').

Prendiamo il caso delle piante. Un albero, per esempio, è un individuo prodotto dall'unione di uno spermatozoo e di un ovulo. È parte della generazione '2X' che è chiamata "sporofito" perché, grazie alla meiosi, produce le spore. Queste fanno parte della generazione 'X': sono i "gametofiti" che produrranno i gameti, le cellule sessuali. La generazione 'X', presso molte piante, possiede dimensioni ridotte e vive a spese della generazione '2X'. Per esempio, se prendiamo le angiosperme (le piante a fiori) i gametofiti comprendono il polline e il sacco embrionale (che produce la oosfera) che si trovano nei fiori. Ma se prendiamo vegetali differenti, per esempio, i muschi, la situazione è completamente diversa. In questo caso, sono i gametofiti che formano la parte visibile del vegetale. Gli sporofiti, gl'individui '2X', sono poco visibili; vivono nascosti sugl'individui dell'altra generazione, dalla quale dipendono.

Nel caso della nostra specie, gl'individui sono diploidi perché tutte le cellule del nostro corpo contengono due copie di tutti i nostri cromosomi[19] (il nostro patrimonio genetico). Le nostre cellule sessuali (gli spermatozoi dell'uomo e gli ovuli della donna),[20] invece, sono aploidi: possiedono solamente una copia del DNA tipico della nostra specie. Sono loro che costituiscono la generazione 'X'. È chiaro che, nel nostro caso, come in quello degli altri animali, la generazione 'X' non possiede una realtà indipendente rispetto agl'individui che la produce.

La sessualità, o, più specialmente, la meiosi che ne ha permesso la realizzazione, ha bisogno dei suoi propri geni particolari. Ebbene, una proteina necessaria alla realizzazione del processo meiotico (quindi, indispensabile per la sessualità) possiede un equivalente enzimatico in un microbo ipertermofilo (un archeo che ama le alte temperature; Forterre 2007). Quest'ultimo, naturalmente, non conosce la sessualità, ma quest'esempio ci mostra, ancora una volta, che esistono realmente dei rapporti filogenetici tra i due domini. Non dimentichiamoci che,

---

[19] I cromosomi, negli organismi dotati di sessualità, sono le unità di segregazione del DNA.

[20] Nella nostra specie, come in molte altre, i sessi sono separati; esistono, cioè, individui maschili, produttori di spermatozoi, e individui femminili, che fabbricano gli ovuli. Tuttavia, sia tra gli animali (la chiocciola borgognona, tanto per fare un esempio), che tra le piante, troviamo specie in cui lo stesso individuo, produce allo stesso tempo, gli spermatozoi e gli ovuli. La sessualità ha semplicemente bisogno dell'interazione di due individui per produrre i discendenti; non richiede necessariamente la separazione dei sessi.

nel paragrafo precedente, abbiamo descritto una teoria secondo la quale la cellula eucariotica deriverebbe da un'associazione simbiotica che implica batteri e, almeno, un archeo!

Dimentichiamoci ancora tutti quei misteri che ci nascondono le origini della sessualità; la costatazione da fare è che questo fenomeno esiste realmente. Nonostante tutte le difficoltà che può aver incontrato per realizzarsi, la sessualità è riuscita a imporsi nel dominio degli eucarioti. Ma perché? Quali sono i vantaggi reali che porta agli organismi viventi? Se ci mettiamo a esaminare il processo della meiosi e della fecondazione (la fusione di due cellule sessuali, i gameti), ci accorgiamo che realizzano un "rimescolamento" genetico fenomenale.

Prendiamo in considerazione, ancora una volta, la nostra specie. I cromosomi che ciascuno di noi possiede derivano, in media, per metà dal patrimonio genetico paterno e per metà da quello materno. Ecco che un primo rimescolamento è stato effettuato: i geni di un individuo non corrispondono semplicemente a quelli del padre o della madre, ma derivano da un miscuglio genetico dei due.

Ma c'è di più; se esaminiamo nel dettaglio il fenomeno della meiosi (che ha prodotto gli spermatozoi paterni e gli ovuli materni), scopriamo che, grazie alla segregazione cromosomica e al fenomeno del crossing-over,[21] le possibilità di combinazione genetica è enorme. Questo significa che le centinaia di milioni di ovuli (o di spermatozoi) che possono essere prodotti dallo stesso individuo sono TUTTI differenti. Quindi, anche due fratelli, a meno di essere gemelli omozigoti, sono stati concepiti da gameti geneticamente differenti, anche se prodotti dagli stessi genitori.[22]

Il vantaggio di tutto questo "sconvolgimento" genetico da un individuo all'altro fornisce del materiale di prima scelta per l'evoluzione biologica. In effetti, i meccanismi di selezione che agiscono sugl'individui, dipendono dalla diversità e, quando tutti gl'individui sono differenti (perché lo sono geneticamente), la selezione ha molta materia tra cui scegliere. In conseguenza, non c'è più bisogno di aspettare che si realizzi una mutazione casuale durante la duplicazione del DNA.

Se consideriamo una coltura batterica, possiamo osservare, in media, 3 mutazioni ogni 1 000 generazioni.[23] Dal momento che la maggioranza di queste risulta nociva all'organismo, il semplice meccanismo di mutazione casuale pone precisi

---

[21] Il crossing-over è un processo di ricombinazione genica (cioè, un fenomeno che permette l'arrangiamento del DNA di un individuo o di una cellula secondo un'associazione differente da quella osservata nelle cellule o negl'individui parentali) che implica i geni all'interno dei cromosomi e che si verifica durante una delle fasi della meiosi (Watson et al. 1987).

[22] La meiosi trasmette in ogni gamete soltanto la metà del patrimonio genetico completo, che, lo ricordo, è costituito da due copie di ogni cromosoma. Nell'uomo, che ne possiede 23, il numero di spermatozoi possibili è, grazie alla segregazione cromosomica 2^{23} (più di otto milioni), che è anche uguale al numero di ovuli possibili prodotti dall'altro sesso. Al momento della fecondazione, le possibili combinazioni risultanti saranno dunque $2^{23} \times 2^{23}$, numero che equivale a varie migliaia di miliardi. E non abbiamo neanche considerato le innumerevoli possibilità dovute al crossing-over! (Langaney 1987, p. 23–24).

[23] Il tasso di mutazione aleatorio è, nei batteri, dell'ordine di 5×10^7 per gene e per generazione. Il risultato riportato nel testo è stato ricavato in questo modo (Ninio 1996). Tuttavia, per apprezzare pienamente il valore dell'evoluzione nei batteri, consiglio anche la lettura del testo di Elizabeth Pennisi (2013).

vincoli temporali alla velocità dell'evoluzione. Nonostante il fatto che nel mondo dei procarioti il rinnovamento generazionale possa avvenire ogni 20–30 minuti (par esempio, una cellula di *Escherichia coli*, batterio che vive, tra l'altro, anche nel nostro intestino, può dividersi dopo solamente 20 minuti dalla sua formazione) i tempi per permettere l'apparizione di una novità evolutiva restano relativamente lunghi. Invece, grazie al rimescolamento genetico prodotto dalla sessualità (dovuto a tre processi differenti: la fecondazione, la segregazione cromosomica e il crossing-over) tutti i discendenti sono differenti.

Intendiamoci; la sessualità non crea nuovi geni. Semplicemente, rimescola quelli che sono già presenti nella popolazione. Di conseguenza, crea varietà, molta varietà. È come se l'evoluzione scendesse dalla bicicletta che inforcava agendo sui procarioti, per andare a guidare una Ferrari. Per citare André Langaney (1987, p. 29), un antropologo genetista che s'interessa al fenomeno e che lo conosce bene, "La sessualità accelera all'estremo il ritmo altrimenti molto lento dell'evoluzione".[24]

Termino questa "panoramica" dedicata alla sessualità facendo notare, ancora una volta, che gli organismi procariotici, che nulla sanno di sessualità, NON SONO affatto meno evoluti degli eucarioti. La sessualità aumenta la varietà e la differenziazione genetica (e anche quella morfologica), ma le cellule di *Escherichia coli*, che vivono nel nostro intestino, sono altrettanto evolute delle balene o dell'ultimo premio Nobel di fisica! Tutti sono il prodotto di più di 3 miliardi d'evoluzione biologica. La sessualità, al pari della capacità di realizzare esseri pluricellulari, non produce organismi superiori ai batteri o agli archei, ma semplicemente diversi e capaci di affrontare problematiche biologiche differenti da quelle dei procarioti. Rendendoli, quindi, capaci di occupare nuove nicchie ecologiche.

3.3   Le più antiche tracce d'eucarioti

Quando sono apparsi gli eucarioti? Qual è la loro età? Quali sono i loro fossili più antichi? Vi ricordate che domande simili erano già state evocate nel § 2.1, a proposito delle più antiche tracce di Vita sulla Terra? Adesso le riprendiamo, ma rivolte agli organismi di un dominio particolare, quello delle cellule a nucleo, gli eucarioti.

Sfortunatamente, il nucleo non si fossilizza. Quindi, per identificare questi organismi, i ricercatori devono utilizzare altri criteri. Uno di questi è la taglia. È per questo che alcuni fossili archeani continuano a intrigare gli specialisti. Le cellule sferiche scoperte nei sedimenti del Moodies Group (Sudafrica), datati a più di 3 miliardi da anni, fanno parte di questi. Tali cellule sono assai grandi,

---

[24] Quest'opera è indispensabile per apprezzare le innovazioni dovute alla sessualità! Coloro che si sentono a loro agio con l'inglese possono leggere con profitto il capitolo 5 del libro di Nick Lane (2010). Riguardo all'evoluzione della sessualità degli eucarioti e la sua importanza, vi veda anche Génermont (2014).

raggiungendo un diametro di quasi 300 µm (Javaux et al. 2001). Nonostante il fatto che alcuni procarioti attuali, le spirochete, possiedano cellule di 500 µm di lunghezza, qualche specialista ha emesso l'ipotesi che le vestigia del Moodies Group possano essere resti di eucarioti. Questa supposizione è possibile? Gli eucarioti possono essere così antichi? Se i partigiani della tripartizione stretta degli esseri viventi non vi vedono alcun inconveniente, resta sempre il fatto che, dopo questa data, i fossili d'ipotetiche cellule a nucleo restano sconosciuti per lungo tempo. A parte le dimensioni, nient'altro ci permette di attribuire una natura eucariotica ai fossili africani.

Per trovare altre tracce di eucarioti presunti, bisogna saltare sino a circa 2,7 Ga. È proprio negli strati di quest'epoca che sono state trovate evidenze chimiche che ci permettono di pensare che le cellule a nucleo dovevano essere presenti nell'ultima parte dell'Archeano. Un'equipe australiana (Brocks et al. 1999) è riuscita a mettere inevidenza dei componenti chimici caratteristici delle cellule eucariotiche in sedimenti rinvenuti in due formazioni australiane, la Marra Mamba Formation, di circa 2,6 Ga di età, e la Maddina Formation, un po' più anziana (~2,7 Ga).

Cosa hanno trovato, esattamente, i ricercatori australiani? Hanno rinvenuto delle tracce di sterani negl'idrocarburi isolati a partire da questi sedimenti. Gli sterani sono delle molecole che possiedono tre anelli a sei atomi di carbonio più un quarto anello con soli cinque atomi di quest'elemento. Gli steroli, con quattro anelli condensati, il cui carbonio 3' possiede un gruppo idrossilico (un semplice gruppo −OH), fanno parte integrante della famiglia.

Al di là dei dettagli chimici, quello che c'interessa veramente è che gli steroli sono molecole tipiche delle cellule eucariotiche, dove giocano un ruolo un ruolo chiave nella loro fisiologia: il colesterolo ne è il membro più famoso![25]

Questa scoperta ci permetterebbe di affermare che, per lo meno a partire della fase terminale dell'Acheano, verso i 2,6 Ga, i rappresentanti dei tre domini che costituiscono l'insieme dei viventi, i batteri, gli archei e gli eucarioti, potrebbero già essere presenti sul nostro pianeta.

Durante questo periodo le sole tracce che siamo riusciti a mettere in evidenza, sono tracce chimiche. Per trovare vestigia eucariotiche più complete bisogna aspettare la prima metà della prima parte del Proterozoico, verso i 2,1–2 Ga. È proprio negli strati di quest'epoca che i ricercatori sono riusciti a riesumare fossili eucariotici, alcuni dei quali possono misurare sino a qualche centimetro.

I resti più antichi datano a 2,1 Ga e provengono da sedimenti gabonesi. I fossili comprendono strutture particolari, con dimensioni comprese tra 7 e 120 millimetri, che sono stati interpretati come vestigia di organismi coloniali. L'analisi chimica ha mostrati che i fossili si sono depositati sotto uno strato d'acqua ossi-

---

[25] Nonostante sia tipico degli eucarioti, esistono batteri in grado di sintetizzare il colesterolo. Lo farebbero, comunque, grazie a geni ottenuti tramite trasferimento laterale a partire dagli eucarioti. Quindi per poter svolgere questa attività, i batteri utilizzano geni eucariotici! (Knoll 2004, note a p. 94).

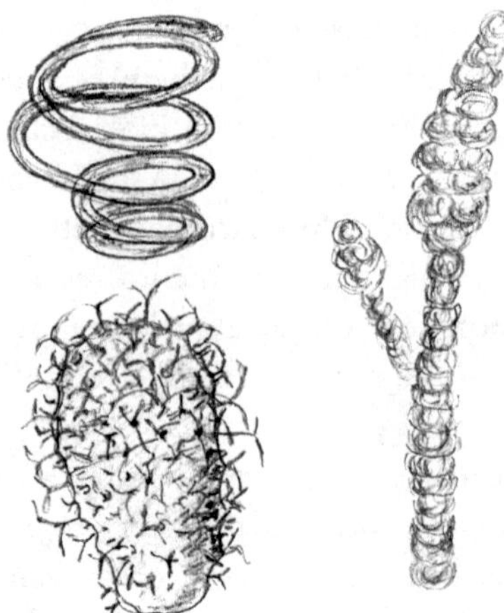

Fig. 3.4 In alto a sinistra, fossile di *Grypania spiralis* (l'organismo illustrato ha approssimativamente le dimensioni di una moneta da dieci centesimi); a destra, ricostruzione
di *Bangiomorpha pubescens* (l'altezza dell'esemplare è di circa 200 μm, – cioè 0,2 millimetri), il filamento dell'alga poteva raggiungere un'altezza di 800 μm (quindi un
po' meno di un millimetro); in basso a sinistra, un fossile di *Tappania* (altezza 300 μm
circa – 0,3 millimetri)

genata. D'altra parte, gli studi morfologici-anatomici hanno messo in evidenza
una similitudine con un organismo enigmatico *Mawsonites spriggi* (una specie
di "animale" medusoide le cui relazioni filogenetiche con gli altri taxa restano
irrisolte), conosciuto negli strati più giovani di varie centinaia di milioni di anni.

Benché alcuni procarioti attuali possano formare ammassi di grande taglia
(sino a 15 centimetri), vari elementi della struttura interna dei resti gabonesi ci
fanno pensare a veri e propri organismi eucarioti. Persino la costruzione delle
"colonie" sembra aver obbedito a regole di crescita più complicate di quelli che
regolano la formazione delle associazioni procariotiche. Il tutto fa pensare che si
tratti di comunità di cellule eucariotiche (El Albani et al. 2010). In ogni caso, in
questo contesto particolare, l'interpretazione dei ricercatori non può andare più
lontano, per mancanza di dati più affidabili. Persino l'appartenenza al dominio
degli eucarioti potrebbe essere rimessa in discussione, a partire d'altri dati.

Un altro fossile problematico è quello di *Grypania spiralis*, i cui resti più anziani (datati a 2,1 Ga; Han and Runnegar 1992) sono praticamente contemporanei delle vestigia gabonesi. Quest'organismo sembra aver avuto un certo successo
perché i resti si rinvengono, con una relativa abbondanza anche tra 1,8 e 1,4 Ga
(Porter 2004). A cosa assomigliava *Grypania*? La sua forma è caratteristica: si
tratta di una struttura allungata che dà l'idea di un ammasso di spaghetti ("spa-
ghetti-like" per gli autori di lingua inglese) ma senza ramificazioni o dicotomie
(Fig. 3.4). Ma che cos'è realmente? Un organismo unicellulare dalla morfologia
particolare? Oppure si tratta di un organismo coloniale? Nonostante l'abbon-

danza di fossili rinvenuti, non siamo ancora in grado di rispondere. Il solo punto in comune, nell'opinione degli specialisti è che si tratti di un vero e proprio organismo eucariotico, probabilmente una specie di alga unicellulare!

L'interpretazione di *Bangiomorpha pubescens* (Fig. 3.4) è, per fortuna, più facile. Si tratta di un fossile rinvenuto nell'Artico canadese in strati di età di circa 1 Ga (Gibson et al. 2018). Lo studio dettagliato degli esemplari raccolti ha permesso di stabilire una sorta di "ritratto" di quest'organismo che lo mette in relazione assai stretta con le alghe rosse e, più in particolare, con il genere attuale *Bangia*. Il nome generico dato al fossile, *Bangiomorpha*, non è affatto casuale (Butterfield 2000).

Questa scoperta non soltanto ci permette di stabilire che le alghe rosse risalgono, come gruppo, almeno al Proterozoico, ma sancisce anche una pietra miliare biologica ancora più importante. Il genere *Bangia*, come tutte le altre alghe del gruppo di appartenenza, è un organismo multicellulare dotato di sessualità. Questo significa che, almeno a partire da 1 miliardi di anni, le due principali innovazioni della cellula eucariotica, la capacità di formare individui composti da varie cellule differenziate e la conquista della sessualità, erano già state realizzate!

Ma continuiamo con la nostra sfilata di organismi eucariotici. Passiamo a un altro fossile interessante, più o meno dello stesso periodo (all'incirca 1 Ga). Anche lui appartiene a un gruppo moderno. Il fossile in questione è stato battezzato *Palaeovaucheria clavata*. Si ritiene che possa aver posseduto dei cloroplasti "secondari" (organuli che non derivano da semplici cellule procariotiche ma da veri e propri eucarioti), proprio come le forme moderne appartenenti allo stesso gruppo, le alghe del genere *Vaucheria*. Negli antenati di queste alghe particolari, la cellula ospite non ha stretto un'associazione simbiotica con un cianobatterio, ma direttamente con un organismo fotosintetizzatore di natura eucariotica. È lui che, in seguito, si è trasformato nel cloroplasto secondario.[26] La spiegazione della formazione del nuovo organulo, fa rientrare in gioco lo stesso meccanismo evocato per la formazione della cellula a nucleo secondo la teoria di Lynn Margulis. Solo che questa volta i protagonisti non sono dei procarioti, ma due cellule eucariotiche: una diventa l'ospite, l'altra il centro della fotosintesi.

E cosa dire di *Tappania*? Questo genere fossile che è stato rinvenuto in strati australiani di 1,5 Ga di età, ma anche in sedimenti nettamente più giovani (tra 900 e 800 Ma). Assomiglia a una minuscola spugna (misura meno di mezzo millimetro) e possiede una serie di appendici, a forma di "Y" disseminate sulla superficie del corpo (Fig. 3.4). L'interesse di quest'organismo risiede nel fatto che qualcuno l'ha considerato come un fungo (Porter 2004).[27] Se questa definizione

---

[26] Un cloroplasto secondario è un organulo che non deriva da un cianobatterio, ma da un organismo fotosintetizzatore eucariotico, una cellula a nucleo vera e propria, provvista di cloroplasto. Per più d'informazioni, si veda il capitolo 9 del libro di Marc-André Selosse (2017).

[27] Tuttavia, attualmente comincia a svilupparsi l'idea che le forme più antiche di *Tappania* siano chiaramente differenti, dal punto di vista tassonomico, da quelle più giovani (Porter 2006). In questo caso, soltanto queste ultime (rinvenute in sedimenti di età compresa tra i 900 e i 800 Ma), sarebbero dei veri "funghi" fossili. Per altri possibili funghi fossili, si veda Loron et al. (2019).

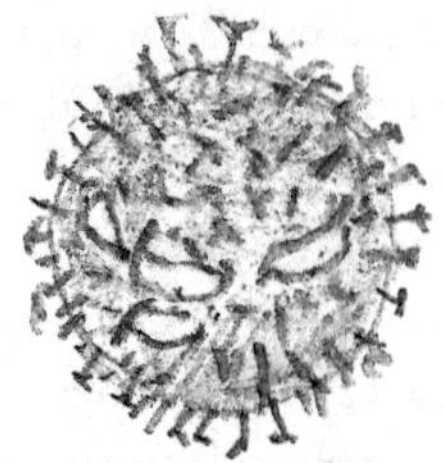 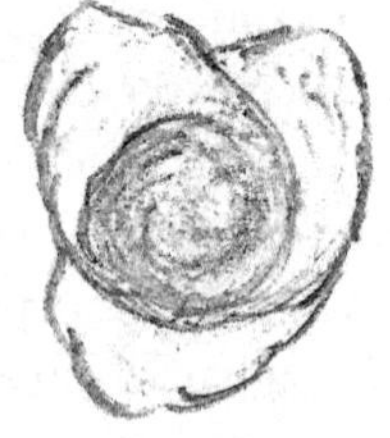 

Fig. 3.5 Tre acritarchi. Quello di sinistra e quello al centro, provengono dal Ruyang Group (China), datato tra 1,7 e 1,4 Ga; quello di destra è più recente (Ordoviciano, ~490 Ma) e viene dall'Estonia. I tre fossili sono minuscoli e sono rappresentati a scale differenti

si dovesse rivelare esatta, si tratterebbe del più antico esemplare conosciuto di questo gruppo. A partire da 1,5 Ga, uno dei principali protagonisti eucariotici della biodiversità attuale, un rappresentante dei funghi, avrebbe potuto essere già presente!

Oltre a ciò, a partire da questo periodo, le testimonianze fossili attestano la presenza d'intere comunità di protisti (organismi eucariotici unicellulari) in grado di stabilire strutture assai differenziate in termini ecologici.[28]

Nessun elenco di eucarioti fossili proterozoici sarebbe completo senza menzionare gli acritarchi (Fig. 3.5). Gli acritarchi? Cosa sono questi nuovi esseri? Sono piccoli organismi dotati di pareti organiche insolubili agli acidi e che non possono essere classificati in un altro gruppo conosciuto. Tutte le volte che un ricercatore s'imbatte in un microfossile di attribuzione incerta, lo classifica nel gruppo degli acritarchi (naturalmente, se possiede le caratteristiche enumerate sopra). In questo insieme si ritrovano organismi eteroscliti, ma che possiedono tutti la capacità di resistere agli acidi comunemente utilizzati da geologhi e paleontologi per le loro preparazioni.

Di tanto in tanto, qualche esemplare particolare subisce una revisione e può cambiare gruppo sistematico. Ma attenzione, la tassonomia di un organismo problematico può differire a che a seconda dello specialista che se ne occupa. È il caso del genere *Tappania*, descritto all'origine come un "fungo" par lo scopritore, ma considerato come un semplice acritarco da altri paleontologi (Huntley et al. 2006).[29] Gli acritarchi sono stati considerati come delle alghe particolari o come esseri unicellulari, più o meno specializzati, o anche come spore. Tuttavia, la maggior parte degli autori li classifica come degli eucarioti.

---

[28] L'articolo di Javaux e dei suoi collaboratori (2001) descrive delle vestigia fossili rinvenute nel Ruper Group (parte settentrionale dell'Australia), all'interno di strati datati a 1,5 Ga circa. Il quadro che ne emerge è quello di un ambiente marino abitato da organismi eucariotici assai sofisticati, sia dal punto di vista anatomico, che dall'organizzazione ecologica. Riguardo la diversità degli organismi eucariotici del Proterozoico, il lettore interessato potrà consultare Knoll et al. (2006).

[29] Quest'articolo è la fonte di praticamente tutte le informazioni riportate nel testo a proposito degli acritarchi.

Al di là delle problematiche tassonomiche, l'interesse di questi microfossili risiede nel fatto che si tratta di un gruppo a lunga durata. Le tracce più antiche rimontano al Proterozoico (1,8–1,6 Ga), mentre le più recenti hanno appena 488 Ma; praticamente raggiungono la fine del Cambriano, il primo periodo del Paleozoico (l'era di cui ci occuperemo nel prossimo capitolo). Data la loro diversificazione e l'intervallo temporale della loro esistenza, questi organismi, rivestono un'importanza maggiore dal punto di vista biocronologico. Cioè, la determinazione esatta di alcuni taxa specifici di questo gruppo permette agli specialisti del Proterozoico di determinare l'età degli strati fossiliferi senza bisogno di altri metodi di datazione.

Gli acritarchi, in quanto gruppo, sembrano essere passati indenni attraverso diversi cambiamenti climatici o ambientali. Inoltre, quando gli animali iniziano uno delle loro più grandi diversificazioni, all'inizio del Cambriano (540 Ma fa, all'incirca), assistiamo a un aumento della diversità degli acritarchi, segno che i due fenomeni possono essere stati legati in qualche maniera (trofica o altro).

Infine, terminiamo la nostra escursione sulle comunità biologiche proterozoiche riferendo un ultimo fatto. I più antichi organismi terrestri conosciuti daterebbero a questo periodo. Abbiamo la prova fossile che, almeno a partire da 1,2 o 1 Ga, gli organismi sono riusciti a lasciare il mare. Non solo gli eucarioti, ma anche i procarioti e, più in particolare, alcuni organismi apparentati con i cianobatteri (Strother et al. 2011; Horodyski and Knauth 1994). Ma come facevano queste creature a proteggersi contro i raggi nocivi prevenienti dallo spazio che, all'epoca, potevano ancora raggiungere la superficie terrestre? Si riparavano in luoghi protetti, come gli ambienti carsici oppure le acque dolci (fiumi, laghi, estuari, oppure semplici specchi d'acqua, più o meno estesi). E sì ... una volta che la Vita si è affermata, niente può più fermarla!

Qui sopra, ho rievocato i procarioti. Cosa dire ancora a loro vantaggio? Nonostante gli eucarioti fossero in piena espansione, i procarioti continuano a essere una componete importante della biodiversità lungo tutto il Proterozoico. Per esempio, è proprio tra i 1,3 e i 1,2 Ga che si registra il picco di diversificazione delle stromatoliti (Taylor et al. 2009, fig. 2.35 p. 67; per sapere cosa sia una stromatolite, si veda il § 2.1). Inoltre, un gran numero di siti paleontologici è rinomato per i loro fossili procariotici (Knoll 2004, capitolo 6). È il caso della Bitter Spring Formation, situata nella parte centrale dell'Australia, i cui strati fossili hanno un'età di 830–800 Ma. In questi sedimenti è stata rinvenuta una ricca flora di microorganismi considerati come veri e propri cianobatteri. Invece, nella Guntflint Formation (Ontario, Canada), strati ancora più antichi (circa 1,878 Ga), hanno conservati i resti di altri tipi di organismi procariotici. Benché siano associati a strutture stromatolitiche, le analisi e i confronti con i microbi attuali, hanno permesso di stabilire che non avevano niente in comune con i batteri fotosintetizzatori. Assomigliavano, invece, a microorganismi dei generi *Leptothrix* et *Sphaerotilus*, procarioti capaci di ridurre lo zolfo che frequentano gli ambienti dove le acque ricche in ferro vengono a contatto con l'ossigeno e che hanno un metabolismo ben differente da quello dei cianobatteri. Inoltre, ricordo i procarioti terrestri, già evocati più in alto, come quelli che sono stati rinvenuti in Arizona (Horodyski and Knauth 1994).

Le evidenze fossili e i dati attuali ci mostrano che i procarioti non hanno sofferto dell'emergenza degli organismi eucariotici. Hanno invece continuato a evolversi per loro conto, prosperando nelle nicchie che sono loro proprie. I batteri e gli archei hanno sempre contribuito, sin dalla loro apparizione, tra 3,8 e 3,5 Ga, alla biodiversità mondiale e all'insieme delle interazioni biologiche tra tutti gli esseri viventi.

3.4   I cambiamenti climatici del Precambriano

Facciamo il punto di dove siamo arrivati. Abbiamo assistito all'emergenza e all'evoluzione di vari organismi appartenenti ai tre domini dei viventi. I risultati paleontologici ci mostrano che certe forme sembrano tipiche di periodi ben determinati, mentre altre perdurano su intervalli temporali più lunghi. Perché si verificano questi cambiamenti? Perché gli esseri viventi non conservano le loro caratteristiche dalla loro prima apparizione, dall'inizio della Vita, sino ai nostri giorni?

Organismi immutabili potrebbero sopravvivere solamente in ambienti che non subiscono alcun cambiamento. Ma la realtà è differente. Dal tempo della sua formazione, la Terra ha subito una serie di modificazioni constanti che hanno provocato la trasformazione dei diversi ambienti che la compongono. In conseguenza, gli organismi che li abitano devono, anche loro, adattarsi alle novità, sono pena di morte. È il principio su cui si basa l'evoluzione biologica.

Siano arrivati a un punto della nostra storia in cui dobbiamo interessarci ai cambiamenti (per lo meno ad alcuni di essi) che si sono verificati sul nostro pianeta durante il Precambriano[30] perché sono intimamente legati all'evoluzione e all'emergenza delle forme di vita che abbiamo incontrato.

Le cause dei cambiamenti sono sostanzialmente di due tipi, che s'influenzano mutualmente: biologiche e fisiche. Le cause biologiche implicano che la presenza e le attività degli organismi partecipano pienamente alla modificazione degli ambienti, per esempio, a causa dello sfruttamento di alcune risorse e/o del rigetto e dell'accumulo di rifiuti. Consideriamo un esempio reale che, come vedremo presto, ebbe un impatto fondamentale sulla direzione presa dall'evoluzione biologica.

Tra le più antiche creature viventi di cui conosciamo le tracce, ci sono degli organismi che presentano una tale quantità di somiglianze con i cianobatteri attuali che sono classificati nello stesso gruppo sistematico. Non solo, gli attri-

---

[30] Il Precambriano è l'intervallo di tempo che va dalla formazione della Terra, posta intorno 4,6 Ga all'inizio del Paleozoico, verso i 541 Ma. Praticamente, comprende tutto il lasso di tempo che abbiamo considerato sin qui. A parte l'Adeano (tra 4,6 e 4 Ga, che ho trascurato perché, per quanto ne sappiamo, è totalmente sterile), i due eoni di cui ci siamo occupati, l'Archeano e il Proterozoico, costituiscono le due maggiori divisioni del Precambriano.

buiamo anche lo stesso metabolismo dei cianobatteri[31]: la capacità di effettuare una fotosintesi confrontabile con quella delle piante verdi. Tale processo presenta tra le sue varie caratteristiche, la produzione di ossigeno come rifiuto metabolico, con il conseguente rigetto di questo gas nell'ambiente. Di fatto, i cianobatteri dell'Archeano, sin dalla loro apparizione, furono implicati nella produzione di questo gas e nella sua dispersione nell'ambiente acquatico in cui vivevano.

Prima di proseguire, devo aprire una parentesi per ricordare un aspetto particolare degli ambienti dell'Archeano, prima dell'apparizione della Vita, sul quale ho già insistito nel primo capitolo. Un punto fermo, comune a tutte le ipotesi riguardanti l'emergenza degli esseri viventi è l'assenza di ossigeno gassoso nell'atmosfera primordiale. Infatti, le fasi riguardanti il passaggio dal non vivente al vivente non avrebbero potuto verificarsi in presenza di questo gas. La sua reattività è tale che si sarebbe legato agli altri elementi e avrebbe impedito l'evoluzione del sistema verso l'emergenza dei viventi.

Oggi come oggi, l'ossigeno è ben presente nella nostra atmosfera e le condizioni descritte nel primo capitolo non sono più realizzabili. In questa situazione, gli esseri viventi possono solamente derivare da altri esseri viventi apparentati: l'evoluzione spontanea della Vita è esclusa. Ma quando il nostro pianeta era giovane, le condizioni erano ben diverse. In conseguenza, la Vita ha potuto fare la sua apparizione sotto forma di organismi particolari, che si sono evoluti col passare del tempo.

Tra le idee correnti riguardo quest'argomento, ho dato una rilevanza particolare a quelle avanzate dal professor Mario Ageno, il quale considerava predominante il meccanismo di fotosintesi sin dalle prima fasi del processo. Secondo lo scienziato italiano, alcuni elementi della sequenza della fotosintesi sarebbero stati essenziali per l'emergenza dei primi esseri viventi. Per Ageno, la fotosintesi era fondamentale per il metabolismo dei primi organismi. Le tracce fossili gli danno ragione perché, come ho appena ricordato, le vestigia di antichi "cianobatteri" sono stati scoperti in sedimenti vecchi di 3,5 Ga. Questo significa che, sin da quell'epoca remota, la produzione di ossigeno gassoso, in quanto rifiuto metabolico, era già cominciata. E prosegue sin d'allora.

Al giorno d'oggi, forse, è difficile rendersi conto di ciò che ha potuto implicare il rigetto di tale gas in un ambiente che ne era di tutto sprovvisto. Cercherò d'illustrare questo fatto con un esempio, per renderlo più semplice.

Immaginiamo una società che ha inventato una bevanda unica, capace di risolvere tutte le nostre esigenze alimentari. Per nutrirsi, ogni abitante del pianeta non deve far altro ingerire, una volta al giorno, la sua dose del liquido prodigioso. Il recipiente, (la bottiglia), che sia realizzata in vetro, plastica o metallo (poco importa il materiale) è gettata nella discarica più vicina. Per rendere il nostro esempio più pertinente, aggiungiamo che le genti occupano tutto il loro tempo a

---

[31] Ho già introdotto questi organismi nel § 2.2. Ve lo ricordate?

crescere e a riprodursi, alimentandosi ogni tanto, senza nessuna preoccupazione; tanto la bevanda prodigiosa può soddisfare pienamente tutti i bisogni alimentari! Nessuno si preoccupa di sbarazzarsi delle bottiglie che continuano ad accumularsi nelle discariche. Queste si ammucchiano sempre di più, sino a straripare. Ancora una volta, nessuno se ne occupa, perché la routine delle loro attività non contempla tale azione.

A mano a mano che la società si sviluppa, le discariche si riempiono sino all'orlo e le bottiglie vuote (ahimè, neanche il riciclaggio è all'ordine del giorno) cominciano a straripare e a invadere anche gli altri spazi e, a poco a poco, si accumulano persino nei luoghi dove vivono le genti. Questi cominciano ad accorgersi che i loro spazi vitali sono in pericolo, ma solamente alcuni diventano capaci di sottrarsi al flagello o di rivoltare la situazione a loro vantaggio.

Qualcuno potrebbe pensare che la metafora descritta non sia che una rappresentazione satirica della società dei consumi di massa che rischia di essere sommersa dai suoi rifiuti. In realtà, questa è la situazione a cui deve confrontarsi ogni comunità vivente (che si tratti di uomini, animali o altro) rispetto ai suoi rifiuti se questi non vengono riciclati in qualche maniera. Ciò che si è prodotto con l'ossigeno non fa eccezione.

Il rigetto di questo gas nell'ambiente è stata la prima forma d'inquinamento conosciuta sul nostro pianeta. Probabilmente una delle più drammatiche e, per quello che ne sappiamo, completamente imputabile a cause "biologiche": l'attività degli organismi fotosintetizzatori.

Ma quali prove abbiamo dello svolgimento di questi avvenimenti? Le principali sono di ordine sedimentario.[32] La data 2,4 Ga marca una svolta nella nostra storia. Prima di questo momento, la quantità di ossigeno liberata era dispersa nell'immensità dell'oceano e non lasciava traccia (o ne lasciava molto poche) nei sedimenti dell'epoca. I minerali come la pirite, la siderite ($FeCO_3$) o l'uraninite (conosciuto anche come diossido di uranio, UO_2) potevano depositarsi all'"aria libera" senza essere alterati dall'ossigeno, perché questo gas era troppo diluito nell'ambiente. Dopo 2,4 Ga e sino a ~1,8 Ga, gli strati sedimentari cominciano a essere caratterizzati da depositi di ferro che appaiono rossi. Si tratta, praticamente, di "ruggine", ioni di ferro che, combinati con l'ossigeno, sono precipitati sul suolo e hanno conferito questa colorazione tipica alle rocce dell'epoca.[33] Certi

---

[32] I fatti principali riguardo l'evoluzione della concentrazione dell'ossigeno nell'ambiente sono dettagliati nel libro di Andrew H. Knoll (2004, capitolo 6).

[33] Quando l'ossigeno gassoso è raro, il ferro si presenta sotto forma di ioni ferrosi. Essendo solubili, questi ioni sono trasportati dalle correnti e, in genere, non formano accumulazioni importanti nei sedimenti. Invece, quando il tenore d'ossigeno aumenta al di sopra di una certa soglia, il ferro è trasformato in ioni ossidati, insolubili, che si sedimentano formando vistosi strati rossi. Si tratta delle "red-beds" o "iron-beds", tipici delle rocce di età compresa tra 2,4 e 1,84 Ga, che testimoniano del tenore di ossigeno nell'ambiente. Si noti che questi depositi presentano l'aspetto tipico di strati stromatolitici, il che testimonia, una volta di più, il legame stretto tra esseri viventi ed emissioni di ossigeno. Faccio infine notare, infine, che questo primo picco d'ossigeno, sembra coincidere con i primi fossili accertati di organismi eucarioti. Riguardo alla relazione tra i due fenomeni, si veda Mieli et al. (2025).

specialisti ritengono che, intono ai 2,2 Ga, l'ossigeno atmosferico aveva raggiunto un livello comparabile all'1% del tenore attuale.[34] Comunque siano andate le cose, la formazione degli strati rossi testimonia della presenza e della diffusione di questo gas nell'ambiente.

E quali sono state le conseguenze della presenza di ossigeno nell'ambiente? A parte gli effetti puramente sedimentologici, questo gas ha sicuramente influito sulle comunità dei viventi dell'epoca. La sua presenza ha significato l'ossidazione di vari elementi o molecole, che sono stati dunque alterati rispetto al loro stato iniziale.[35] Nel caso delle risorse chiave di certi organismi, questi ultimi si sono trovati di fronte a un dilemma: o diventare capaci di trovarne altre da sfruttare oppure sparire.

Ma le cose sono forse state ancora più complicate. In effetti, l'ossigeno costituisce un veleno mortale per certi microorganismi, che non posso sopravvivere in sua presenza. Un esempio è dato dagli archei metanogeni. Tali organismi vivono in molti ambienti diversi purché l'ossigeno sia assente; li troviamo persino nel nostro intestino. In quest'ambiente particolare, la presenza di altri microorganismi aerobici (che prosperano in presenza di ossigeno) è sufficiente per consumare tutto il gas e permettere ai microbi metanogeni di svilupparsi. Ma se i primi dovessero sparire, i metanogeni non tarderebbero a perire.

La diffusione dell'ossigeno ha rappresentato, senza dubbio, un flagello di prim'ordine per tutti quegli organismi che vivevano negli ambienti anossici dell'Archeano. La propagazione del gas nelle acque dell'oceano è stata seguita, probabilmente, da un'ondata di estinzioni che deve aver colpito tutti quegli esseri che non potevano tollerarlo o le cui risorse erano compromesse dalla sua presenza. Alcuni organismi sono riusciti, senz'altro, a trovare rifugio in ambienti dove l'ossigeno non poteva propagarsi, ma gli altri sono spariti.

La diffusione dell'ossigeno potrebbe aver provocato la prima crisi biologica subita dagli organismi terrestri e le sue cause sarebbero state puramente biologiche: un rifiuto rilasciato nell'ambiente dagli organismi fotosintetizzatori.

---

[34] Naturalmente, tali valutazioni sono difficili da realizzare ed è possibile che il tenore indicato debba essere corretto in futuro. Per esempio, Mikhail A. Fedonkin (2003) riporta che alla stessa epoca, il tenore di ossigeno poteva essere molto più elevato. Attualmente, questo gas è presente nell'atmosfera terrestre all'incirca in proporzione del 21%. L'azoto è il gas più comune (~78%). L'anidride carbonica (CO_2), invece, è presente soltanto in debole percentuale (~0,023%).

[35] Verso la fine dell'Archeano e all'inizio del Proterozoico, il ciclo principale del carbonio utilizzato dagli esseri viventi sul fondo del mare era differente dal quello utilizzato dagli organismi moderni che abitano lo stesso ambiente. Oggigiorno, sotto i sedimenti, l'ossigeno è consumato rapidamente e possono vivere in questi ambienti sono gli organismi dotati di metabolismo anaerobico. I microbi attualmente più abbondanti in tale ambiente sono quelli capaci di ridurre i solfati. Tale operazione necessita la presenza di solfati ossidati che possono essere ridotti. Tuttavia, l'assenza di ossigeno, all'epoca, impediva la formazione di questi composti. Il ciclo principale del carbonio non si basava sulla riduzione dei solfati, ma sulla produzione di metano (i principali abitanti del fondo degli oceani erano verosimilmente gli archei metanogeni, come quelli che vivono attualmente sul fondo dei laghi anossici). È stata la produzione e la diffusione dell'ossigeno che ha permesso l'ossidazione dei solfati e, con il tempo, l'instaurazione nei sedimenti marini, di un metabolismo basato sulla riduzione di queste molecole.

Tuttavia, le crisi biologiche non hanno una valenza solamente negativa. Permettono di fare spazio e di dare opportunità di riuscita ad altri esseri viventi. Ciò è stato senza dubbio vero anche nel caso dell'ossigeno. Al seguito dell'estinzioni, altri organismi, diventati capaci di tollerare questo gas, hanno riempito i vuoti e hanno avuto la loro opportunità di mostrare le loro capacità in seno alle comunità dei viventi.[36] Il rilascio dell'ossigeno ha cominciato a coinvolgere la maggior parte degli ambienti del nostro pianeta, favorendo i nuovi organismi che sono diventati sempre più comuni sino a diventare dominanti.

Inoltre, la diffusione dell'ossigeno ha contributo a trasformare l'atmosfera verso la sua composizione attuale. Per farla breve, se oggi noi siamo qui è grazie ai primi organismi fotosintetizzatori che hanno "inquinato" il loro ambiente con l'ossigeno ponendo le basi per un pianeta abitabile da noi e dagli altri animali!

Non tutti i cambiamenti sono di origine biologica. Ce ne sono alcuni che dipendono da cause puramente fisiche. A partire da ~1,2–1 Ga, le terre emerse hanno cominciato a riunirsi per formare il primo (il più antico) supercontinente, battezzato Rodinia (Rogers 1996). Questo non restò inalterato indefinitamente; all'incirca 700 Ma fa, cominciò a frammentarsi.

La frammentazione delle masse continentali, così come la loro riunione in un solo blocco terrestre (movimenti dovuti al fenomeno della deriva dei continenti), hanno un'incidenza provata sull'evoluzione degli ambienti costieri suscettibili di essere frequentati dai diversi organismi. Questi ambienti, in effetti, sono tra quelli più ricchi in biodiversità trovati sott'acqua.[37] Quando le terre si riuniscono in un sol blocco, si assiste alla riduzione drastica di questo tipo di ambiente e la biodiversità globale può abbassarsi in modo drastico. All'opposto, quando un continente si frantuma, le zone costiere aumentano e gli organismi tipici di tali ambienti possono moltiplicarsi.

Anche i cambiamenti climatici possono avere un impatto severo sulla biodiversità. Durante il Proterozoico, hanno avuto luogo varie glaciazioni sul nostro pianeta, di durata e importanza variabile. Sembra addirittura che l'estensione del ghiaccio, in certi periodi, abbia potuto raggiungere i tropici (questo permetterebbe di spiegare la presenza di depositi glaciali a livelli dei tropici). Alcuni specialisti hanno avanzato l'ipotesi che ghiaccio e neve abbiano potuto, in varie occasioni, ricoprire interamente la Terra, e questo sia verso l'inizio del Proterozoico, verso 2,3 et 2,2 Ga, sia nella sua parte finale, verso 750 e 580 Ma (Hoffman et al. 1998; Ashkenazy et al. 2013; Sanjosfre and Hir 2018).

---

[36] I fossili gabonesi, datati a circa 2,1 Ga (ne ho già parlato nel paragrafo precedente) potrebbero essere un esempio di organismi che hanno prosperato grazie alla prima fase di ossigenazione dell'ambiente acquatico, cominciata all'incirca verso 2,4 Ga. I sedimenti in cui i fossili si sono conservati testimoniano di un ambiente acquatico ossigenato a debole profondità (El Albani et al. 2010).

[37] Circa 80% della biomassa degli organismi marini bentonici occupa gli ambienti costieri (tra 0 e 200 metri di profondità), mentre questo tipo di ambiente costituisce meno dell'8% del fondo oceanico (Fedonkin 2003).

È possibile tale scenario? È possibile che la Terra si sia trasformata in una specie di "pianeta ghiacciato" proprio come Marte? E nel caso sia stato possibile, come ha fatto a ritornare alla sua condizione originale?

A questo proposito, gli scienziati discutono ancora. Senza entrare nei dettagli, ci sono partigiani dell'estensione completa dei ghiacci, che pensano che tutta la superficie terrestre (terre emerse e oceani) ne sarebbe stata ricoperta. Altri, invece, credono che siano esistite di regioni prive di ghiacci, più o meno estese, dove la fotosintesi dei produttori primari (alghe e cianobatteri) ha potuto aver luogo.

Comunque siano andate le cose, le glaciazioni precambriane hanno avuto luogo e sono terminate. Alcuni organismi ne hanno patito e sono scomparsi o sono diventati più rari. In ogni caso, la maggioranza delle linee evolutive principali conosciute di procarioti (batteri e archei) o eucarioti (ciliati, vari tipi di alghe, funghi, ecc.) hanno potuto sopravvivere a tali avversità. Quando la Terra si è scaldata nuovamente, hanno ripreso a moltiplicarsi. Subito dopo la fine dei cicli glaciali della fine Proterozoico, prima del termine dell'eone, appaiono le prime tracce di animali (Huntley et al. 2006). I due fenomeni sono forse collegati?

3.5   L'emergenza degli animali

Durante le ultime fasi del Proterozoico, secondo i dati paleontologici a nostra disposizione, ecco che alcuni dei principali rappresentanti dei maggiori gruppi eucariotici multicellulari (alghe verdi, brune e rosse [Taylor et al. 2009] e funghi) erano già presenti sulla scena, loro o i loro precursori. Ma non abbiamo ancora accennato agli animali. Quando fanno la loro apparizioni gli animali?

Per prima cosa, vediamo quali sono le caratteristiche che fanno di animale un ... animale. Senza bisogno di dare una definizione precisa di questo gruppo tassonomico, basta specificare che gli animali si definiscono in base alle caratteristiche seguenti:

- sono eucarioti pluricellulari a cellule differenziate (possiedono tessuti e organi con compiti ben precisi);
- sono eterotrofi (quindi, incapaci di fabbricarsi gli alimenti: devono procurarseli nell'ambiente in cui vivono);
- sono dotati di movimento, almeno durante una o più fasi della loro vita;
- durante il loro sviluppo, passano attraverso una fase d'embrione seguendo stadi ben precisi.[38]

---

[38] I funghi formano un altro gruppo di eucarioti eterotrofi, ma sono caratterizzati da cellule che contengono la chitina. Inoltre, i funghi si nutrono per "assorbimento" (fanno penetrare gli elementi nutrizionali al loro interno – corpo o cellula) mentre gli animali si nutrono per "ingestione" (gli alimenti entrano attraverso un orifizio – la bocca – nel sistema digestivo). La maggior parte dei taxa che appartengono ai funghi si riproducono grazie a spore; gli embrioni sono sconosciuti. Per ulteriori informazioni sugli animali, vi veda l'enciclopedia digitale Wikipedia, alla voce "Animalia", per i funghi, si veda la voce Wikipedia "Fungi". Per dettagli più precisi, relativamente alla definizione degli animali, si veda Lecointre (2009).

Le prime tracce di animali sarebbero state identificate nella Doushamatuo Formation (Cina), datata a circa 600 Ma (Porter 2004). Tali strati presentano una ricca comunità che comprende microfossili di organismi procariotici, di alghe verdi, rosse e brune, di numerosi acritarchi, di protisti ciliati (una sorta di eucarioti unicellulari), persino un presunto cnidario (il gruppo delle meduse e dei coralli), più delle spugne. Tuttavia, i fossili più notevoli sono senza dubbio quelli che sono stati interpretati come possibili embrioni di animali.[39] Nonostante gli sforzi prodotti dagli specialisti, l'appartenenza di questi embrioni a un gruppo preciso di animali non ha ancora potuto essere stabilita. Tuttavia, ciò non toglie nulla all'interesse della scoperta.

Nella formazione di Doushamatuo sono stati rinvenuti dei resti genuini di spugne. Le spugne, o poriferi, sono degli animali veri e propri, nonostante la loro anatomia risulti assai semplice. Questo non toglie che sia perfettamente funzionale per il loro stile di vita. Una spugna è costituita da un ammasso di tessuti più o meno spugnosi, nonostante sia sostenuto da uno scheletro calcareo o silicioso formato da spicole. L'acqua è inspirata in una cavità del corpo dove è filtrata. Le particelle alimentari sono assimilate, mentre tutti gli elementi sprovvisti d'interesse nutrizionale sono espulsi, insieme ai rifiuti. Nonostante siano semplici, le spugne rispondono a tutti i criteri indicati per essere considerate come degli animali a pieno titolo.[40]

Come ho indicato qui sopra, le spugne possiedono uno scheletro di spicole, il cui interesse risiede nel fatto che possono fossilizzarsi ed essere rinvenute in seguito. Così è avvenuto nella Formazione di Doushamatuo. I resti cinesi sono stati identificati come facenti parte delle Demospongiae, o spugne silicee, perché dotate di spicole formate da tale minerale. Sono stati anche rinvenuti dei fossili di organismi fotosintetizzatori strettamente associati ai resti delle spugne (Li et al. 1998). Si tratta di un'associazione tra alghe e poriferi che perdura ancora ai nostri giorni.

La simbiosi tra le spugne moderne e organismi fotosintetizzatori è relativamente comune nelle acque basse dei mari tropicali e subtropicali. Per esempio, la metà delle specie dei poriferi caraibici attuali formano una simbiosi con cianobatteri o con alghe. I fossili cinesi, da un alto, ci mostrano che quest'alleanza è

---

[39] Gli specialisti continuano a dibattere sulla reale identità di quest'ultimi fossili. Alcuni li considerano dei veri e propri embrioni (Xiao et al. 1998; Chen et al. 2004), mentre altri sostengono che le strutture che hanno portato alla loro identificazione è il semplice risultato di alterazioni tafonomiche (Bengtson and Graham 2004). Attualmente, la maggioranza dei paleontologhi riconosce ad alcune di queste vestigia lo stato di embrioni fossili. Lo studio effettuato con i raggi X ha permesso di valutare lo stadio di divisione cellulare e le affinità con certi taxa d'animali superiori a livello del phylum (Hagadorn et al. 2006).

[40] Nonostante la semplicità morfologica delle spugne, oggi si conoscono animali ancora più semplici. É il caso di *Trichoplax adhaerens*, un placozoo. Si tratta di un essere minuscolo con il corpo appiattito, senza bocca, né intestino o sistema nervoso o addirittura matrice extracellulare. I placozoi si spostano strisciando sul fondo e vivono in tutti i mari caldi del pianeta. A partire da test di genetica cellulare, gli specialisti credono che le loro origini si situino intorno a 600 Ma. Sfortunatamente, nessun fossile genuino di tali creature, né dei suoi precursori, è mai stato rinvenuto (Voigt et al. 2004; si veda anche il testo di J. Bischoff, in Opera collettiva 2013a, p. 66–67).

molto antica (~580 Ma), dall'altro, ci ricordano l'importanza che le associazioni e le simbiosi rivestono per la biodiversità. E questo sin dai tempi più remoti.

Se non giudicate sufficiente l'esempio appena presentato, eccovi un'altra associazione, indentificata sempre nella Formazione di Doushamatuo, grazie l'analisi minuziosa dei fossili ivi rinvenuti. Gli specialisti avrebbero riconosciuto delle vestigia interpretate come antichi "licheni" (Yuan et al. 2005). Le virgolette sono d'obbligo in questo caso perché i paleontologi hanno evidenziato una situazione molto simile a quelle che s'incontra nelle moderne associazioni tra funghi e alghe (o tra funghi e cianobatteri) e che caratterizza i licheni attuali. Tuttavia, non sono stati capaci d'identificare esattamente gli organismi che ne sono protagonisti. Nonostante questo, il loro risultato, se interpretato correttamente, ci mostra che un'associazione sullo stile di quella dei licheni ha preceduto la conquista delle terre emerse da parte di piante e funghi (non meravigliativi di evocare dei "funghi acquatici", perché esistono specie moderne che hanno tale stile di vita!). Inoltre, tali fossili potrebbero costituire una prova ulteriore della presenza dei funghi nelle comunità biologica dell'epoca.

La biodiversità sembra aumentare ulteriormente negli strati di età compresa tra 575 Ma e l'inizio del Cambriano, verso i 541 Ma. Si tratta del periodo chiamato "Ediacariano",[41] dal nome di una località australiana, a nord di Adelaide, che, alla fine del 1800, ha prodotto i rappresentanti di una comunità biologica molto interessante.

In seguito, gli organismi ediacariani sono stati ritrovati in molti paesi, tra cui l'Australia, la Russia, la Namibia, il Messico e la Cina. I più antichi rappresentanti di queste comunità sono datati a circa 600 Ma, i più giovani, invece, sono stati rinvenuti in strati del Cambriano medio, tra 510 e 500 Ma. In questo periodo, faune e flore fossili sono completamente differenti da quelle del Precambriano e gli organismi ediacariani che vi sono stati riconosciuti sono considerati come dei sopravvissuti di un'età più remota.

Cominciamo col chiederci quali siano le caratteristiche di queste comunità. Quali tipi di organismi vi sono stati trovati?

Insieme ai macrofossili (gli organismi ediacariani veri e propri) sono state identificate diverse tracce, comprovanti che, all'epoca, antichi organismi svolgevano le loro attività nei sedimenti. Sono stati rinvenuti anche resti di alghe e di batteri. Questi ultimi hanno spesso ricoperto le creature ediacariane con un biofilm che ha contribuito a preservare i resti organici dei macrofossili. Gli organismi ediacariani sono stati esumati maggioritariamente in strati sabbiosi (depositi di tempesta o flussi di sedimenti detritici). Sembra persino che molti macrofossili contengano della sabbia.

---

[41] Per essere più precisi, l'Ediacariano, secondo la scala biocronologica internazionale del 2019, comincia verso 635 Ma, includendo, dunque, l'età degli strati fossili della Doushamatuo Formation, di cui ho parlato nel testo. Le comunità ediacariane più note, tuttavia, fanno parte del Proterozoico finale, dopo 575 Ma.

E i macrofossili, a cosa assomigliano? Un certo numeri di questi presenta una forma appiattita e rotonda, come quella di un piatto o dell'ombrello di una medusa (la parte sommitale, allargata, dell'animale sotto la quale si stendono i tentacoli). Altri invece hanno una silhouette più o meno arrotondata, con delle costole che si diramano a partire da un solco centrale (immaginate una fetta d'ananas compressa al centro), come *Dickinsonia* (Fig. 3.6), o un aspetto vermiforme con una specie di scudo cefalico (il taxon chiamato *Spriggina*; Fig. 3.6), oppure presentano una struttura triradiata sul dorso (*Tribrachidium*; Fig. 3.7). Altri ancora hanno l'aspetto di grandi foglie, come *Charnia masoni* o *Charniodiscus* (Fig. 3.8). Quest'ultimo taxon assomiglia a un ramo piumato il cui stelo termina, in basso, con una base arrotondata che permette all'organismo di ancorarsi sul fondo. La presenza di sabbia all'interno delle strutture arrotondate è stata spiegata come se fossero dei "pesi" per evitare che l'organismo si ribaltasse, a causa delle correnti o di altri accidenti. Altre immagini e descrizioni possono essere trovate sul sito di Wikipedia consacrato alle faune di Ediacara o nel libro di Mark McMenamin (1998)[42] dedicato allo stesso argomento.

Al di là degli aspetti particolari di ogni taxon, i caratteri che sembrano comuni a tutti i fossili tipici di questa comunità sono la mancanza di tessuti rigidi (a parte qualche eccezione, discussa più avanti, queste creature dovevano essere rivestite da una sorta di tessuto chitinoso), l'assenza di organi di senso (tipo occhi, naso, bocca) e una morfologia appiattita.

Non tutti i fossili dell'Ediacariano erano ricoperti di tessuti molli. Almeno due taxa differenti, *Cloudina* e *Namacalathus*, possedevano uno scheletro esterno mineralizzato (Knoll 2004, capitolo 10). Entrambi sono stati ritrovati nei sedimenti namibiani di età compresa tra i 550 e i 543 Ma. Sono i più antichi organismi dotati di tessuti mineralizzati.

I fossili di *Claudina* (Fig. 3.7) sono dei piccoli tubi in carbonato di calcio debolmente mineralizzato. Ciascuno assomiglia a una pila di piccole ciotole disposte l'una sull'altra. L'organismo doveva vivere all'interno del tubo. Certe strutture presentano delle perforazioni, ma non è chiaro se tali fori sono stati provocati da un'attività predatoria o se sono semplicemente dovuti a degradazioni *post-mortem*, in seguito al decesso dell'organismo. Nella prima ipotesi, si tratterebbe delle più antiche tracce conosciute di predazione. Resta il fatto che, dell'ipotetico predatore ediacariano, non si è mai trovata alcuna traccia, né in Namibia, né altrove. Fossili simili a quelli di *Claudina*, ma abbastanza distinti per meritarsi un nome scientifico differente, sono stati esumati in Cina e in America del Nord.

---

[42] Quest'opera è anche la fonte principale delle informazioni sugli organismi ediacariani utilizzate in questo paragrafo.

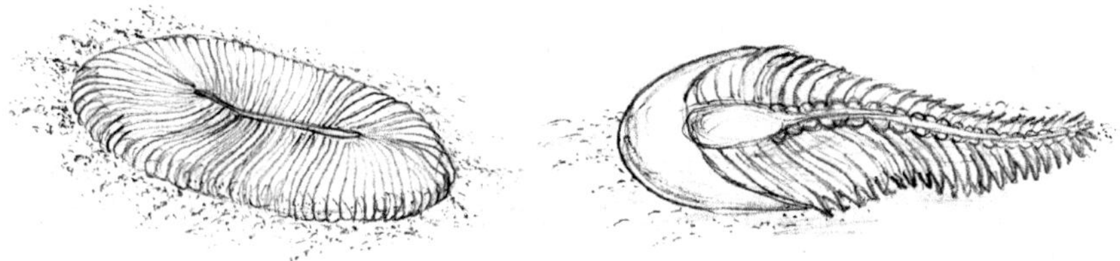

Fig. 3.6   A sinistra, ricostruzione di *Dickinsonia costata*, organismo enigmatico, qui rappresentato su un suolo sabbioso (lunghezza totale, una quindicina di centimetri); a destra, ricostruzione di *Spriggina* (lunghezza totale, cinque centimetri circa)

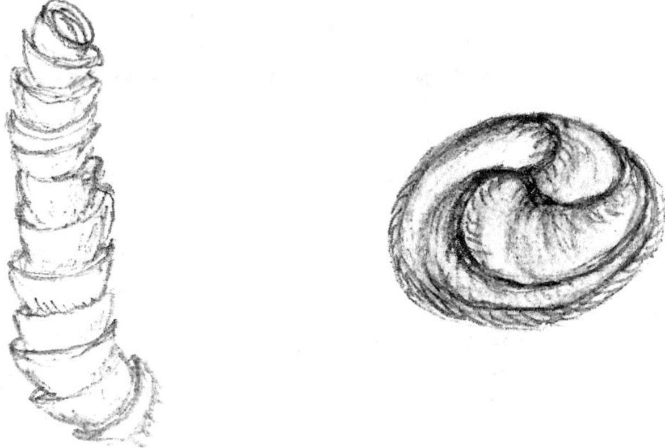

Fig. 3.7   A sinistra, *Cloudina*, organismo ediacariano con esoscheletro mineralizzato (Esmeralda County, Nevada); l'intera struttura è alta qualche millimetro. A destra, *Tribrachidium heraldicum*, un fossile a simmetria triradiata, di circa due centimetri di diametro (Australia)

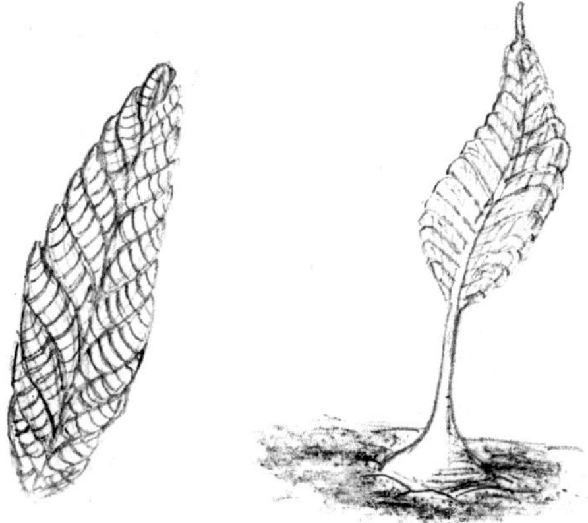

Fig. 3.8   Sulla sinistra, fossile di *Charnia masoni* (lunghezza totale, 20 cm circa). Sulla destra, ricostruzione di *Charniodiscus* in posizione di vita (altezza totale, una trentina de centimetri)

Namacalathus, è completamente diverso. Doveva assomigliare a una coppetta arrotondata provvista di sei o sette grandi aperture sulla sua superficie. L'insieme era sostenuto da un peduncolo cilindrico relativamente flessibile. Come nel caso di *Claudina*, il tessuto mineralizzato lo era assai debolmente. La protezione che poteva offrire, dunque, era assai scarsa. D'altra parte, nessun organismo predatore è mai stato rinvenuto delle formazioni precambriane.

Dopo aver dato un'occhiata alle creature ediacariane passiamo a considerare le interpretazioni che sono state avanzate per comprendere le relazioni filogenetiche con gli altri organismi, attuali e fossili.

La prima interpretazione è stata quella di fare degli organismi ediacariani i precursori dei gruppi sistematici d'animali moderni o conosciuti nel Paleozoico (Erwin and Valentine 2013). Per esempio, *Spirggina*, con il corpo allungato dotato di lobi laterali e di uno scudo cefalico (si veda la Fig. 3.6) è stato assimilato a un artropode precursore dei trilobiti (animali che si svilupperanno solo nei mari paleozoici). Le forme circolari sono state interpretate come fossili di meduse mentre i taxa *Charnia* e *Charniodiscus* come alghe particolari o addirittura dei pennatulacei, organismi coloniali del gruppo degli cnidari (meduse e coralli), la cui morfologia ricorda quelle di un ramo di palma dotata di un piede carnoso che funge d'appoggio sul fondo (come mostrato nella Fig. 3.8, sulla destra). Infine, i fossili a simmetria tri- o pentaradiata[43] (rispettivamente, *Tribrachidium* e *Arkarua adami*) sono stati considerati come appartenenti al phylum degli echinodermi (stelle di mare, crinoidi, ricci di mare).

Tuttavia, dopo questa prima spiegazione, la visione generale degli organismi ediacariani è mutata, durante il corso degli anni. Tra gli elementi comuni a tutti questi taxa, troviamo la morfologia appiattita e, soprattutto, la mancanza degli organi più comuni, quali gli occhi o la bocca. La mancanza di quest'ultima fa discutere; non si capisce come avrebbe potuto assimilare il cibo, il presunto precursore di un trilobite o di un organismo del gruppo degli echinodermi. Persino i fossili considerati come precursori delle forme più semplici, le meduse, sollevano problemi d'interpretazione. Infatti la spiegazione che veniva data agli esemplari fossili supposti rappresentare gli ombrelli delle meduse non ha retto a un esame critico più severo. Tutti questi resti presentavano la concavità rivolta verso l'alto, mentre una medusa che si spiaggia sulla sabbia avrebbe una morfologia esattamente opposta. Il fatto poi che tutte queste strutture circolari presentassero della sabbia all'interno, lascia pensare che fossero la base di un qualche organismo sessile (vivente ancorato sul fondo), con i sedimenti in funzione di stabilizzatore per evitare di essere trasportato o capovolto dalle correnti. Attualmente, la maggior

---

[43] Un organismo (o un oggetto) possiede una simmetria triradiale quando è possibile "tagliarlo" in tre parti uguali, come una torta rotonda. Per avere una simmetria pentaradiale, invece, deve poter essere tagliato in cinque parti uguali.

parte delle presunte meduse ha dunque cambiato status. Ma quale tipo di creatura avrebbe posseduto una base riempita di sabbia?

Un'altra particolarità comune agli organismi ediacariani era la forma appiattita, tale da presentare una superficie importante. Tutto questo, aggiunto alla mancanza della bocca, ha permesso agli specialisti di avanzare differenti ipotesi. Par esempio, il ricercatore Adolf Seilacher, negli anni 1980 (Seilacher 1984), a fornito un'interpretazione originale di queste comunità precambriane. Secondo lui, queste creature non appartenevano a nessun phylum moderno. Non sarebbero neanche stati degli animali nel vero senso del termine. Il tratto anatomico che caratterizza questi organismi, e che permette di spiegare i loro modo di vita particolari, è la configurazione appiattita. In effetti, sembrano tutti dei "materassini" pneumatici stesi sulla sabbia (oppure parzialmente interrati) o eretti grazie a uno stelo, come *Charniodiscus*. Questa particolarità, aggiunta alla mancanza della bocca funzionale, non corrisponde a nessuna anatomia moderna. Per Seilacher, questi organismi formavano un gruppo tipico dell'Ediacariano (con qualche taxon più giovane, che ha resistito sino – almeno – al Cambriano medio) ma che si è completamente estinto in seguito. Seilacher diede a queste creature il nome di "vendobionti".

Come potevano vivere tali organismi, senza bocca, senza occhi, stesi semplicemente sui sedimenti o eretti come una bandiera? La soluzione fornita dal ricercatore tedesco è che fossero organismi fotosintetizzatori o che vivessero in simbiosi con alghe o altre creature capaci di fotosintesi. Al limite, quelli che vivevano più in profondità, dove la luce non poteva arrivare, o dove fosse troppo attenuata, potevano essere chemiotrofi o osmotrofi.[44]

Ecco dunque che, gli animali presunti, considerati gli antenati degli organismi paleozoici (trilobiti, echinodermi, molluschi) diventano improvvisamente delle creature enigmatiche appartenenti a un ramo diverso, attualmente scomparso senza lasciare discendenti. Altri ricercatori hanno creduto che fossero dei licheni o delle colonie di unicellulari o addirittura degli unicellulari eucarioti giganti (protisti), come gli Xenophyophorea attuali.[45]

Mark A.S. McMenamin, il ricercatore americano creatore dell'espressione "il giardino di Ediacara" per descrivere le comunità biologiche di questo periodo (in

---

[44] Vi ricordo che organismi chemioautotrofi sono quelli che sono in grado di sintetizzare il loro cibo (glucosio) tramite appropriati processi chimici (per esempio, i microbi riduttori dei solfati). Gli organismi osmotrofi sono quelli che si nutrono a partire da sostanze disciolte, facendole entrare al loro interno tramite osmosi, cioè per semplice diffusione di piccole molecole attraverso la membrana cellulare. Questi due tipi di regimi alimentari non necessitano di una bocca funzionale.

[45] Questi organismi sono dei protisti giganti che abitano mari e oceani a grande profondità (sotto i 500 metri). Le loro modalità di crescita (un periodo di accrescimento seguito da un intervallo di stasi più o meno lungo, prima di riprendere il ciclo) sarebbero state indentificate in certi fossili ediacariani, in particolare, certi esemplari d'*Ediacaria* e di *Mawsonites*. Per questa ragione, alcuni ricercatori pensano che gli Xenophyophorea fossero realmente presenti nelle faune dell'epoca e che un certo numero di esemplari debbano essere loro attribuiti. Si veda la sezione "Le più grandi cellule eucariotiche", nell'appendice del capitolo.

rapporto alla presunta condizione idilliaca dovuta alla mancanza di predatori) ha emesso un'ipotesi personale sulla natura di queste creature (McMenamin 1998), verso al fine degli anni '90. Per l'autore, si tratterebbe di organismi pluricellulari che, sebbene abbiano un antenato comune con gli animali attuali, rappresentino un ramo completamente differente, estintosi dopo i 500 Ma. In effetti, l'anatomia particolare di questi organismi è stata interpretata come dovuto a uno sviluppo embrionale completamente differente da quello tipico degli animali veri e propri. Inoltre, le creature ediacariane, completamente sprovviste di apertura orale, avrebbero dovuto ricorrere a un metabolismo basato sulla fotosintesi, sulla chemiosintesi o sull'osmosi. Quindi, secondo, McMenamin, tali organismi costituirebbero un gruppo particolare di creature che non sono proprio degli animali come quelli che conosciamo. Perché allora non chiamarli "vendobionti", come l'ha fatto Seilacher? Quelle delle faune di Ediacara sarebbe stato un tentativo evolutivo per produrre esseri pluricellulari originali che si sarebbero diffusi durante questo periodo, ma che non sarebbero riusciti a competere con i nuovi organismi evolutivi durante il Paleozoico o che si sarebbero estinti in seguito a cause ancora sconosciute.

Naturalmente, non tutti gli organismi dell'Ediacariano erano dei vendobionti. Insieme agli onnipresenti batteri e alle strutture stromatolitiche, c'erano dei protisti, tra cui, molto probabilmente, delle forme "giganti", come gli Xenophyophorea già citati. Certo, la maggioranza dei macrofossili appartiene ai vendobionti, che costituivano, apparentemente, le forme dominanti. Ma accanto a loro si riscontrano le tracce degli animali veri e propri. La loro presenza è attestata dai resti di spugne ma anche dalle tracce di attività biologica nei sedimenti, dovuta, forse, a esseri simili a vermi o ad artropodi.[46]

Prima di lasciare l'Ediacariano e i suoi organismi straordinari, voglio riportare un'ultima ipotesi a proposito dei modi di vita di queste comunità. Alcune analisi recenti avrebbero mostrato che i vendobionti erano organismi terrestri, piuttosto che acquatici, e che vivevano come i licheni. Naturalmente, non tutti concordano con questa proposta,[47] ma questa ha il vantaggio di stimolare i ricercatori a verificare in maniera sempre più rigorosa le loro ricostruzioni, utilizzando diversi metodi alla volta. Resta comunque aperto un problema; come facevano questi organismi a liberarsi dalla protezione offerta dall'acqua contro le radiazioni provenienti dal cosmo? Attualmente, noi siamo protetti dallo strato di ozono (O_3), dovuto all'abbondanza di ossigeno gassoso (O_2) presente nella nostra atmosfera. Nonostante il

---

[46] Bisogna comunque sottolineare che le tracce d'attività animale scoperte nei livelli proterozoici sono relativamente semplici. In generale, si presentano in forma di tubi orizzontali, raramente verticali (Erwin and Valentine 2013). Si è molto lontani dalla complessità dei tipi di tracce d'attività presenti nei sedimenti a partire dal Cambriano!

[47] L'ipotesi che i vendobionti (o almeno una parte di loro) avrebbero potuto essere organismi terrestri è stata avanzata da Gregory J. Retallack (2013). La sua proposta ha fatto partigiani (Knauth 2013) ma anche detrattori (Xiao 2013).

tenore di questo gas fosse ancora aumentato,[48] era già sufficiente per permettere ai vendobionti di uscire dall'acqua? Oppure possedevano altre opzioni per risolvere il problema? Solamente il tempo (e ricerche supplementari) ci permetteranno di apprezzare a loro giusto valore questi antichi rappresentanti di una biodiversità scomparsa e la loro maniera di viverre sulla Terra alla fine del Proterozoico.

3.6 Riassunto del terzo capitolo

Verso la fine dell'Archeano, la presenza degli eucarioti nelle comunità biologiche dell'epoca è messa in evidenza da un certo numero evidenze chimiche. L'emergenza di questa nuova entità biologica, secondo la teoria più accettata da biologi e evoluzionisti (quella sviluppata da Lynn Margulis), sarebbe dovuta all'associazione simbiotica di diversi procarioti, tra cui almeno un archeo (che avrebbe fornito il "corpo" della cellula eucariotica) e alcuni batteri (questi ultimi si sarebbero trasformati nei mitocondri e nei cloroplasti). Questo sarebbe stato uno dei primi esempi d'interazioni tra esseri viventi differenti. Tuttavia, non tutti sono convinti dalla teoria simbiotica. Gli ultimi risultati della ricerca scientifica permetterebbero d'introdurre correzioni, come l'origine virale del nucleo eucariotico, o d'emettere ipotesi alternative.

La cellula eucariotica si differenzia da quella procariotica per la presenza di un nucleo vero e proprio e, soprattutto, per la presenza di organuli, strutture intracellulari provviste di membrana e di un proprio patrimonio generico. Questa differenziazione anatomica provoca una differenza essenziale in termini di funzionamento. Quello dei procarioti è centralizzato (tutto avviene nel citoplasma), mentre gli eucarioti funzionano diversamente. Alcune trasformazioni metaboliche essenziali, come la produzione di energia, sono trasferite nei mitocondri, in modo da migliorare l'efficienza di questa funzione essenziale. Il surplus energetico che si ricava può essere sottratto alle funzioni di crescita e divisione cellulare e può essere impiegato per altre attività. In questo modo le cellule eucariotiche acquisiscono capacità sconosciute dai procarioti, come la formazione di organismi multicellulari e l'"invenzione" della sessualità.

Il primo fenomeno permette agli eucarioti di occupare nicchie inutilizzabili dai procarioti, grazie soprattutto all'aumento delle dimensioni e alla formazione di organi e tessuti devoluti a funzioni differenti e specializzate. Il secondo, invece, cambia completamente la maniera di produrre i discendenti. Con la ses-

---

[48] Alcune analisi chimiche hanno mostrato che durante l'ultima fase del Proterozoico, il tenore d'ossigeno avrebbe potuto aumentato sino a un valore pari al 5–18% dell'attuale (Canfield and Teske 1996; Holland 2006). Questo studio avrebbe anche messo in evidenza l'esistenza, sul fondo marino dell'epoca, di comunità procariotiche capaciti di sostenersi grazie alla riduzione dei solfati ossidati. Perché questi processi possano aver luogo è necessario che il tenore dell'ossigeno abbia raggiunto un valore opportuno (si veda la nota 35 di questo capitolo).

sualità, l'interazione tra due individui della stessa specie diventa necessaria per produrre un terzo individuo il cui patrimonio genetico è particolare: è derivato da quelli dei parenti ma, al tempo stesso, differente dai loro. La sessualità, grazie alla produzione d'individui aventi un genoma unico, permette un rimescolamento senza precedenti del materiale genetico all'interno di una popolazione e imprime un'accelerazione decisiva all'evoluzione. La prima testimonianza fossile conosciuta di un organismo multicellulare, capace di sessualità, si situa intorno a 1 Ga.

Tuttavia, a dispetto delle conquiste degli eucarioti, questi organismi non sono affatto superiori ai procarioti. Non lo sono ai nostri giorni (né in termini di varietà specifica né in quella di ambienti conquistati) e, probabilmente, non lo sono mai stati neanche nel passato. Gli eucarioti sono organismi che si sono specializzati in nicchie ecologiche diverse da quelle dei procarioti, per evitare di entrare in competizione con questi ultimi.

Sia i procarioti che gli eucarioti sono stati capaci di superare le trasformazioni e i cambiamenti climatici che hanno caratterizzato il Precambriano. Eucarioti, batteri e archei sono sopravvissuti alle glaciazioni che hanno colpito il nostro pianeta, e anche alla riunione delle terre emerse in un solo continente, la Rodinia, e alla sua frammentazione successiva. Sono riusciti persino a superare il primo grande fenomeno d'inquinamento globale, il rilascio di ossigeno dovuto al metabolismo degli organismi fotosintetizzatori dell'epoca. Tale gas ha cominciato ad accumularsi dapprima nelle acque, in seguito nell'atmosfera. Quest'ultima ha iniziato a trasformarsi convergendo, a poco a poco, alla composizione moderna che, comunque, non sarà realizzata prima del Paleozoico.

Alla fine del Proterozoico, dopo un periodo di glaciazioni e in seguito all'aumento del tenore d'ossigeno nell'ambiente, il nostro pianeta comincia a essere abitato dai primi animali, dai primi funghi e dai precursori delle piante terrestri. A questi si devono aggiungere vari gruppi di eucarioti unicellulari, i protisti. Batteri e archei proseguono la loro evoluzione, più o meno discreta, insieme agli organismi eucariotici.

3.7   Appendice: per qualche informazione in più …

3.7.1   Le più grandi cellule eucariotiche

Uova messe a parte, quali sono i più grandi organismi unicellulari eucariotici esistenti all'ora attuale? Senza dubbio, nel novero dei detentori di questo titolo appartiene *Gromia sphaerica*. Quest'ameba di forma sferica possiede un diametro che può raggiungere i tre centimetri. Immaginate un essere unicellulare ben visibile all'occhio nudo! Quest'organismo è stato scoperto nel Mar d'Arabia, nascosto nel fango, a più di 1 000 metri di profondità (si veda la voce inglese "Gromia sphaerica" dell'enciclopedia digitale Wikipedia).

Quest'ameba si sposta sul fondo lasciandosi dietro tracce caratteristiche. Impronte simili sono state rinvenute in sedimenti di 2–1,8 Ga di età (Bengtson & Rasmussen 2009), cosa che proverebbe che organismi simili erano già presenti a quell'epoca. Più grandi ancora sono gli appartenenti alla classe Xenophyophorea, eucarioti unicellulari giganti (*Syringammina fragilissima* può raggiungere un diametro di 20 centimetri!) che vivono negli abissi. Queste creature possiedono un esoscheletro (scheletro esterno) composto di grani di sedimento agglutinati (si veda la voce italiana "Xenophyophorea" dell'enciclopedia digitale Wikipedia).

Ancora non sono conosciuti, con certezza, resti fossili di tali organismi. Tuttavia, le strutture realizzate dagli Xenophyophorea assomigliano molto a tracce cambriane fossilizzate chiamate *Palaeodictyon* o ad altre rinvenute in sedimenti più recenti (Levin 1994).

3.7.2 Batteri che si associano

Tra i batteri, soprattutto i cianobatteri, sono ben conosciute le organizzazioni in filamenti, dove tutte le cellule sono disposte in fila indiana, in contatto, l'una dietro l'altra. Tuttavia, questa disposizione non va al di là dell'assetto prettamente spaziale, senza raggiungere l'organizzazione delle aggregazioni eucariotiche. Nel caso dei procarioti, si tratta anche di conseguenze della divisione cellulare. Tuttavia, in alcuni batteri, possono formarsi degli assemblamenti si forma sferica, di qualche decina di μm di diametro al massimo. All'interno di queste strutture, alcuni specialisti pensato di aver scorto delle differenziazioni, a livello metabolico, delle cellule implicate nelle diverse parti della struttura. Quindi, in qualche modo, qualcosa di più complesso e strutturato dei filamenti di batteri. Ma anche in questo caso, si è ben lontani dalle strutture eucariotiche, in cui le diverse cellule presentano una chiara coordinazione tra di loro. È interessante, tuttavia, notare che, negli strati compresi tra 2,5 e 1,6 Ga, siano state rinvenute strutture sferiche simili a quelle descritte (Castanier et al. 1994). Infine, bisogna ricordare il comportamento dei mixobatteri (Myxobacteria), che è ancora più elaborato. Come nel caso dei mixomiceti, questi procarioti formano aggregazioni pluricellulari in condizioni di stress nutritivo. Anche in questo caso si procede alla produzione di spore che servono a disperdere la nuova generazione. Sembrerebbe che, per mantenere la coesione tra le cellule, siano utilizzati dei veri e propri segnali chimici. È dunque possibile parlare di comportamento pluricellulare embrionale tra i batteri? È ancora un po' troppo prematuro. Ma nuove ricerche, in questo campo, potrebbero contribuire a chiarificare la situazione D'altra parte, alcune ricerche in microbiologia cominciano a mettere l'accento sulle "abitudini sociali" riscontrate presso i procarioti (Bapteste 2013). È dunque possibile che, nel futuro, il mondo dei procarioti possa riservarci qualche bella sorpresa a questo proposito!

3.7.3   Perché esiste la divisione cellulare tra i batteri?

Il fisico italiano Mario Ageno ha cercato di rispondere a questa domanda avanzando un'ipotesi plausibile. Il suo ragionamento ha preso origine dallo studio sulla crescita della cellula batterica isolata. Le esperienze di Ageno hanno mostrato che tale crescita non è lineare, come invece viene spesso indicato nella letteratura biologica, ma esponenziale (Ageno 1989; Ageno et al. 1990). In particolare, la superficie batterica, da dove entrano gli elementi che saranno metabolizzati dall'organismo (grazie agli opportuni "ingressi"), si accresce seguendo una legge esponenziale. Questo ha un'implicazione profonda per il funzionamento dell'organismo, perché significa che le sostanze assunte dal batterio aumentano anch'esse esponenzialmente. In effetti, la loro quantità è proporzionale a quella della superficie batterica. Tuttavia, le molecole che intervengono per il metabolismo di tali sostanze (gli enzimi) aumentano solo linearmente (sono infatti prodotti a partire da un filamento del genoma) o, nel migliore dei casi, con un coefficiente doppio, dopo la duplicazione del DNA (in ogni caso, sempre secondo una legge a esponente determinato). Dal momento che la funzione esponenziale diventa, prima o poi, più rapida di qualunque funzione a esponente fisso, il materiale in entrata si accumulerebbe a partire dal momento in cui la sintesi o l'impiego delle molecole enzimatiche abbiano raggiunto il loro massimo. Si tratta di una situazione fastidiosa per la cellula, tale da compromettere la sua coerenza interna. Una soluzione efficace si rende dunque indispensabile, altrimenti, la cellula cessa di vivere! Una possibilità è quella di dividere la cellula in due, dopo un certo tempo, prima dell'accumulazione del materiale in eccesso. La divisione produce due cellule le cui dimensioni (superficie) sono compatibili con l'elaborazione delle sostanze in ingresso da parte degli enzimi presenti. La crescita riprende secondo la stessa legge esponenziale per il materiale in ingresso e una legge lineare (il cui valore raddoppia al momento della duplicazione del DNA) per la produzione enzimatica. Tutto questo resta valido sino a una nuova divisione, sempre per impedire l'accumulo di eccessi di sostanze da metabolizzare. Questa proposta è stata avanzata da Ageno nel suo ultimo libro (Ageno 1992). Tuttavia lo stesso autore riconosce che tale idea manca ancora di verifiche sperimentali. Nonostante questo, non posso impedirmi dal far notare che la metodologia estremamente rigorosa del fisico italiano, in materia di biologia cellulare, gli ha permesso di esprimere un certo numero di proposizioni originali che potrebbero fare avanzare la biologia in modo notevole.

4

Il Paleozoico, l'era della "vita antica"

4.1 L'esplosione della Vita al Cambriano

Con l'emergenza degli organismi multicellulari e la rivoluzione portata dalla sessualità, ecco che, praticamente, le più importanti conquiste biologiche nel dominio degli eucarioti sono state realizzate. Naturalmente, l'evoluzione non si ferma: nuovi animali prenderanno il posto dei vecchi, e così di seguito. Lo stesso avviene nel mondo vegetale, in quello dei funghi e in quello dei microorganismi, con gli ultimi arrivati pronti per la conquista dei nuovi ambienti che si formano ... Tuttavia, si tratta cambiamenti a livello degli attori: i ruoli, invece, restano praticamente invariati.

Ma allora perché continuare questa storia sino ai nostri giorni? Quali nuove novità di una certa importanza ci restano ancora da descrivere? In realtà, la storia della biodiversità non può fermarsi a questo stadio. E per due buone ragioni:

1) In primo luogo, la biodiversità così come è concepita dal grande pubblico, comprende tutto quegli esseri che le persone possono vedere e apprezzare facilmente, soprattutto piante e animali. Tracce fossili di una certa importanza,

A.M.F. Valli, *Batteri, dinosauri e canguri*, https://doi.org/10.1007/978-3-032-04925-4_4

appartenenti a questi organismi, cominciano a essere presenti a partire dal Fanerozoico, l'intervallo temporale che comincia là dove ci siamo fermati, nel capitolo precedente, e che comprende tutte le epoche seguente, sino all'attuale. Fermarci adesso, sarebbe un handicap per la maggior parte dei lettori. Infatti, mancherebbero loro gli elementi per legare i periodi più remoti della storia della Vita con i più recenti.

2) In secondo luogo, per comprendere pienamente l'evoluzione dei viventi bisogna raccontare ancora un'altra conquista importante per la biodiversità: quella delle società animali. Queste ultime segnano un grado ulteriore tra le interazioni degli esseri viventi. Anche se le prime società avrebbero potuto, in teoria, emergere prima del Fanerozoico, non ne abbiamo nessuna traccia durante il Precambriano. Invece, cominciano a manifestarsi nelle epoche più recenti, che saranno trattate nei prossimi capitoli.

In questo capitolo e nei due che seguiranno, racconterò gli avvenimenti che si sono svolti durante il Fanerozoico. Questo intervallo di tempo è diviso in tre ere; il Paleozoico, che sarà l'oggetto di questo capitolo, il Mesozoico e il Cenozoico, di cui sarà questioni nei prossimi due.[1]

Il Paleozoico (chiamato anche "Era Primaria" o semplicemente Primario) comincia, all'incirca, 541 Ma fa. Il suo inizio è marcato da cambiamenti nella flora e nella fauna che intervengono a partire da quel momento, soprattutto l'apparizione di nuovi organismi. Questi possono essere indentificati grazie alle testimonianze fossili che ci hanno lasciato.[2]

Ma il fenomeno senz'altro più spettacolare degli strati fanerozoici è l'abbondanza dei fossili che vi possono essere trovati, la loro varietà e la loro complessità, rispetto a quelli delle epoche precedenti. Questo avvenimento è conosciuto col nome di "esplosione cambriana" oppure esplosione di Vita al Cambriano,[3] espressione che traduce un'apparizione improvvisa (sebbene, in realtà, abbia potuto prodursi su 20 o addirittura 30 milioni di anni!) di un gran numero di gruppi animali, fossili o attuali, avvenuta all'inizio del Cambriano. In effetti, nonostante il fatto che molte delle strane creature conosciute nell'Ediacariano spariscano all'inizio del Primario, molte di più fanno la loro apparizione. In particolare, tutti quegli animali che includiamo sotto il nome di "bilaterali". Di che razza di animali si tratta? I bilaterali, come lo dice il nome stesso, sono tutti quegli animali

---

[1] I limiti imposti al mio libro non mi consentono di presentare, in maniera esaustiva, l'evoluzione totale della biodiversità al corso del Fanerozoico. Tuttavia, il lettore interessato ad avere una panoramica un po' più completa (soprattutto in termini di evoluzione animale), ma sempre semplice, leggendo Gould et al. (1993).

[2] Per gli specialisti del settore, il limite Precambriano/Cambriano è segnato dall'apparizione di tracce d'attività ben precise (caratterizzate, per esempio, dal fatto di essere disposte verticalmente attraverso i sedimenti) sconosciute nei periodi più antichi (Sour-Tovar et al. 2007).

[3] Il Cambriano è il primo periodo del Paleozoico. È compreso tra 541 e 485 Ma. Il Cambriano è seguito, nell'ordine, dall'Ordoviciano (485–444 Ma), dal Siluriano (444–419 Ma), dal Devoniano (419–359 Ma), dal Carbonifero (359–299 Ma) e dal Permiano (299–253 Ma), la cui fine marca il termine dell'era.

che possiedono una simmetria bilaterale, il cui lato destro è simmetrico al sinistro. Si tratta di tutti gli animali fossili e attuali, conosciuti nel corso del Fanerozoico, all'eccezione delle spugne, che abbiamo già incontrato, nel capitolo precedente, dei celenterati (meduse, idrozoi, attinie e coralli) e degli ctenofori.[4] Questi ultimi sono organismi marini che vivono in mare aperto e assomigliano talmente alle meduse che, nel passato, erano classificati tra i celenterati. Tuttavia, non hanno le cellule urticanti, gli cnidoblasti, tipici di questo gruppo. Al lor posto, posseggono delle cellule collanti, con le quali acchiappano le prede. Gli ctenofori fossili più antichi risalirebbero alle prima fasi del Cambriano.[5]

Ritorniamo ai bilaterali. Si stima che la maggior parte dei gruppi animali appartenenti ai bilaterali sia apparsa durante il Cambriano (tra 541 e 485 Ma). In particolare, tutti i gruppi maggiori[6] di animali dotati di tessuti mineralizzati (cioè, elementi scheletrici come conchiglie, placche, e via dicendo) sono conosciuti a partire dalla prima metà di questo periodo. Tutti o quasi.[7] Gli organismi con tessuti mineralizzati si fossilizzano più facilmente di quelli che ne sono sprovvisti, perché tali strutture sono più resistenti ai processi di degradazione (biologici o puramente chimici e meccanici) ai quali sono sottomessi tutti gli esseri viventi, a partire dal loro decesso.[8]

Questa precisazione è importante. La sua formulazione, infatti, ci porta a un'ulteriore domanda: l'esplosione cambriana, citata sopra, è una realtà reale o semplicemente un artefatto della fossilizzazione? Cioè, la quantità e la varietà di organismi cambriani dipendono dal fatto che alcuni gruppi, soprattutto animali, si moltiplicano improvvisamente, all'inizio del Fanerozoico, oppure è semplicemente la generalizzazione dei tessuti mineralizzati[9] che favorisce la fossilizzazione degli esseri che li possedevano? In quest'ultimo caso, non sarebbe corretto parlare di esplosione della Vita in generale. Infatti, tale fenomeno potrebbe essere

---

[4] I placozoi, considerati come gli animali più semplici, sono anch'essi esclusi dai bilaterali. Questi organismi sono già stati introdotti nella nota 40 del terzo capitolo.

[5] I resti fossili dei più antichi ctenofori datano del Cambriano inferiore e provengono dalla Cina (Chen et al. 2007; Hou et al. 2008).

[6] I gruppi tassonomici superiori sono conosciuti con il termine "phylum". Indicano insiemi di animali che possiedono lo stesso piano anatomico generale. Per esempio, il possesso di un rivestimento chitinoso e di zampe articolate definisce gli artropodi; quella del mantello (parte del corpo capace si secernere una conchiglia calcarea) e della radula (una specie di lingua ruvida, dotata di escrescenze chitinose – attenzione, la radula può essere perduta durante il corso dell'evoluzione) caratterizza i molluschi.

[7] I briozoi, piccoli animali a forma di polipi che vivono in colonie rivestite di uno scheletro esterno, mancano all'appello. Le più antiche testimonianze fossili conosciute di tali animali datano dell'Ordoviciano inferiore (Valentine et al. 1999). Tuttavia, non bisogna dimenticare che varie forme moderne sono sprovviste di tessuti mineralizzati e che i fossili più antichi presentano già un'organizzazione anatomica che lascia presagire un'evoluzione anteriore.

[8] Malgrado ciò, molti bei fossili di organismi a tessuti molli, tipici di gruppi comprendenti animali del tutto sprovvisti di parti mineralizzate, sono stati rinvenuti in giacimenti eccezionali dove anche le strutture più delicate possono essere preservate. Limitandomi ai siti cambriani, ricordo quelli di Chengjiang, nel Sud-Ovest della Cina (Hou et al. 2008) e quello di Burgess, in Canada (Briggs et al. 1994).

[9] Vi ricordo che alcuni organismi ediacariani, incontrati nel § 3.5, erano già dotati di tessuti rigidi, sebbene il loro grado di mineralizzazione fosse inferiore rispetto a quelli paleozoici.

spiegato dal fatto che gli organismi capaci di produrre biomineralizzazioni[10] (e, quindi, suscettibili di fossilizzarsi più facilmente) diventano più abbondanti. Tutto questo, senza bisogno che la biodiversità totale aumenti!

Tra le due possibilità, qual è la più pertinente? Il problema occupa gli esperti da un certo tempo. Sembrerebbe che, a partire dai dati attuali, non sia ancora chiaro quale sia la risposta corretta (Levinton 2008). Tuttavia, una cosa è certa: gli organismi capaci di secernere tessuti rigidi sembrano essere ben più comuni che in precedenza! Ma perché? Cosa è successo a partire da questo momento? Cosa è cambiato sul pianeta?

Varie cause sono state avanzate. Recentemente, per esempio, Andrew R. Parker (1998) ha proposto un'ipotesi che mette in evidenza l'importanza della luce. L'idea è quella di considerare l'apparizione, sin dagli arbori del Primario, di predatori dotati di occhi perfettamente funzionali e capaci di scorgere le loro vittime più facilmente. Questo avrebbe avuto un effetto scatenante sulle prede potenziali, che avrebbero risposto evolvendo protezioni più efficaci: spine, carapaci e altri tipi di corazze.

Gli occhi[11] tra i più antichi che conosciamo appartengono, in effetti, a animali simili a gamberetti che fanno parte di faune contemporanee all'esplosione cambriana. Allo stesso tempo, le tracce d'attacco da parte di predatori sulle conchiglie fossili o sulle altre strutture mineralizzate diventano più comuni e non equivoche. Inoltre, troviamo finalmente i resti di alcuni predatori di queste epoche remote: le loro vestigia si sono preservate nei sedimenti sino ai nostri giorni. Tra questi animali, differenti da tutte le creature moderne, ricordo *Anomalocaris* e i suoi simili. Come si può apprezzare facilmente dalla Fig. 4.1, questo predatore aveva un paio di occhi, ben distinti, sulla testa. Era anche armato di due grandi appendici ai lati della bocca che, verosimilmente, gli permettevano di afferrare le prede. *Anomalocaris* si spostava nell'acqua nuotando grazie a ondulazioni del corpo, aiutato anche dai lobo laterali che potevano funzionare come pinne.

Gli anomalocaridi non erano solamente i più antichi organismi predatori di cui disponiamo i fossili, ma erano anche le più grandi creature del loro tempo: misuravano tra i 50 centimetri e i due metri di lunghezza totale. Erano dei veri giganti rispetto agli altri organismi! Furono senz'altro i più temuti predatori

---

[10] La biomineralizzazione è la capacità di secernere tessuti rigidi da parte degli esseri viventi. Un esempio di biomineralizzazione è la conchiglia di una chiocciola, secreta dal mantello dell'animale.

[11] La storia evolutiva degli occhi non è stata ancora elucidata completamente. Per esempio, gli occhi dei vertebrati hanno avuto un'origine comune con quelli degli anellidi o dei molluschi? Il possesso di un complesso di geni comuni tra tutti gli animali dotati di occhi funzionali farebbe piuttosto propendere per la prima ipotesi, anche se la questione non è stata ancora risolta. In effetti, ogni gruppo maggiore possiede occhi che sono, strutturalmente, differenti gli uni dagli altri. Il primo stadio dell'evoluzione dell'occhio sarebbe la formazione di una lamina di cellule fotoricettrici (capace di rilevare la luce) incastrata tra uno strato di cellule pigmentate e un altro, di cellule trasparenti, che funge di protezione. Tale struttura, inizialmente appiattita, si sarebbe incurvata in seguito, diventando infine globulare. L'evoluzione dell'occhio potrebbe poi aver preso cammini differenti in ogni phylum. Tra li occhi più semplici, cito quelli delle planarie (vermi piatti). Gli occhi fossili più antichi che si conoscano attualmente hanno appartenuto a un artropode. Per una breve storia degli occhi (in inglese), si veda l'enciclopedia Wikipedia, alla voce "Evolution of the eye".

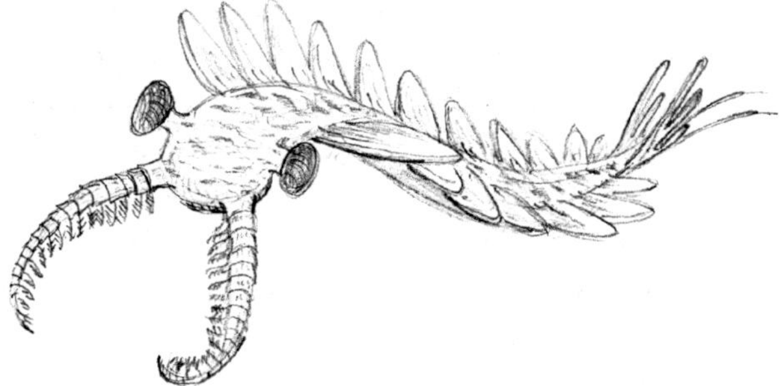

Fig. 4.1   Ricostruzione di *Anomalocaris*, uno dei primi grandi predatori dei mari preistorici. La specie raffigurata poteva raggiungere, in media, mezzo metro di lunghezza

marini del loro tempo e sono conosciuti nel Cambriano inferiore e medio di varie località in Asia, in America del Nord, in Europa e anche in Australia. Il più giovane rappresentante del gruppo è stato esumato nei sedimenti marocchini datati tra 488 e 472 Ma (Ordoviciano inferiore; Van Roy and Briggs 2011). In seguito, sono stati sostituiti da altri tipi di predatori: cefalopodi, scorpioni marini e pesci.

Come indicato, quest'animale possedeva occhi perfettamente sviluppati e funzionali. Tuttavia, gli occhi non sonno i soli organi che permettono ai predatori di scorgere le prede. Anche i segnali chimici o quelli meccanici permettono di reperite le prede, persino su distanze superiori a quelle permesse dagli occhi, soprattutto in ambiente acquatico. E la risposta delle vittime potenziali non è necessariamente quella di "corazzarsi" tramite tessuti fortemente mineralizzati. Le difese chimiche possono essere altrettanto efficaci, se non migliori, anche per quelle creature che non possono lasciare il substrato su cui vivono. L'ipotesi di Parker è senza dubbio seducente ma, a mio avviso, non basta a risolvere completamente il problema. Gli occhi hanno avuto senz'altro la loro importanza. Tuttavia, come nella maggior parte dei casi, è possibile che diverse cause si siano aggiunte per favorire la secrezione di tessuti rigidi.

Di fatto, gli studi recenti legati allo studio del fenomeno della pretesa esplosione cambriane hanno fornito una lista di una serie di avvenimenti e/o conquiste evolutive che, agendo all'unisono, avrebbero gettato le basi per la biodiversità cambriana (Marshall 2006; Levinton 2008; Erwin and Valentine 2013).

Primo tra tutti, un cambiamento nella "chimica degli oceani". Questo non vuol dire che le reazioni chimiche del Precambriano seguissero leggi diverse dalle attuali né che la composizione delle acque fosse radicalmente differente da quella attuale. Semplicemente, le acque degli oceani hanno potuto essere arricchite da elementi chimici, trasportati dai fiumi a partire dai continenti o acquisiti in maniera diversa. Sembra probabile, per esempio, che la precipitazione del carbonato di calcio sia diventata sempre più facile, tra l'Ediacariano e l'inizio del Cambriano. Piccole variazioni nel tenore di qualche elemento, e anche della temperatura o della pressione delle acque, possono, alla lunga, influenzare la solubilità del calcare e, dunque, la capacità delle creature marine a produrre biomineralizzazioni (si veda l'appendice, alla fine del capitolo consacrata alla "Variazione della biomineralizzazione in ambiente marino").

Da questo punto di vista, la diminuzione del tenore di diossido di carbonio (CO_2) è essenziale, perché questo gas contribuisce a aumentare l'acidità dell'acqua e a contrastare la formazione del carbonato di calcio, uno dei principali elementi delle biomineralzzazioni. L'ossigeno, invece, gioca un ruolo contrario a quello della CO_2. Il tenore di quest'elemento non ha cessato di aumentare nei diversi ambienti, come conseguenza della fotosintesi dei primi cianobatteri. A più di 600 Ma dall'epoca presente, aveva già cominciato a diffondersi gli ambienti marini profondi, al di sotto del limite di penetrazione della luce nell'acqua (Canfield et al. 2007). Questo aumento avrebbe permesso ai primi animali di poter colonizzare tali profondità. In effetti, dobbiamo riconoscere che il tenore in ossigeno è stato cruciale per la diffusione e la diversificazione del gruppo. Non solo, tale gas è essenziale per la respirazione e la sintesi del collagene, un tessuto universalmente presente nei metazoi (= animali; Canfield and Teske 1996). Il collagene, per essere sintetizzato, necessita di una certa concentrazione di ossigeno. Al di sotto di tale limite, la reazione non si produce. Nonostante un aumento di ossigeno possa anche avere degli effetti deleteri secondari (per esempio, l'inibizione di vari elementi e molecole chimiche cruciali per i processi metabolici), l'importanza di questo gas per l'evoluzione degli animali non ha bisogno di altre conferme. Più che un "fattore permissivo", l'aumento dell'ossigeno avrebbe agito come una forza tale d'indirizzare l'evoluzione verso sistemi biologici complessi (Fedonkin 2003). In ogni caso, si è trattato di un fenomeno essenziale per contrastare l'azione della CO_2 e per favorire la produzione della biomineralizzazione a base di carbonati di calcio.

Un altro avvenimento importante per spiegare i fenomeni avvenuti all'inizio del Paleozoico fu, senz'altro, lo sviluppo dei principali organi degli animali, come gli occhi (ma, probabilmente, non solo loro). Ricordiamoci che le creature che abbondavano durante l'epoca precedente, dopo analisi dettagliate, sembravano sprovvisti non solo di occhi, ma anche di bocca e di molti altri organi sensoriali (da cui l'ipotesi riguardo il loro stato filogenetico particolare presentato nel § 3.5). Le prime creature dotate di tutti questi organi le incontriamo durante il Cambriano (ma questo non vuol dire che non ne siano esistite altre, ancora più antiche!).

Infine, bisogna anche prendere in conto l'evoluzione di geni o di complessi particolari di geni capaci di modificare lo sviluppo dell'embrione. La presenza di queste caratteristiche genetiche e le loro modificazioni costituiscono delle proprietà difficilmente rintracciabili tramite il semplice studio dei fossili. In tutti i casi, metterle in evidenza è molto più complesso che non identificare organi particolari nei viventi o elementi distintivi negli ambienti. Solamente l'analisi degli organismi moderni può aiutarci a ricostruire l'evoluzione di interi complessi genici durante le epoche del passato.

Fig. 4.2 Breve assaggio della biodiversità dei trilobiti marocchini di età compresa tra i 411 e i 393 Ma (Devoniano medio): a sinistra, *Psychopyge elegans*, una specie dotata di un rostro (naso) assai pronunciato (10 centimetri circa di lunghezza totale); in mezzo, un rappresentante del genere *Harpes* (5 centimetri circa di lunghezza totale); a destra, *Kolihapeltis rabatensis*, con lunghe spine laterali e tre dietro la testa (6 centimetri circa di lunghezza totale)

L'insieme di tutti questi fattori (e, naturalmente, anche di altri) avrebbe potuto costituire l'elemento "scatenante" dei fenomeni osservati all'inizio del Primario. Il risultato fu una profusione straordinaria di forme di vita e d'interazioni tra queste.[12] Per lo meno, se le confrontiamo a ciò che avevamo prima.

Un esempio della diffusione dei gruppi animali è dato dai trilobiti, senza dubbio gli organismi che più di altri caratterizzano l'intero Paleozoico.[13] Questi artropodi, esclusivamente fossili, il cui nome deriva dalla tripartizione del loro corpo,[14] appaiono durante il Cambriano inferiore, alla base dell'esplosione cambriana (intorno ai 521 Ma), e figurano tra i primi animali dotati di occhi. Sono presenti durante tutto il Paleozoico, estinguendosi solo alla fine del Permiano, periodo che segna la fine dell'era Primaria. Durante più di 250 milioni di anni, producono qualche cosa come più di 10 000 specie differenti (ma senz'altro, ne restano molte altre da scoprire); le più piccole misurano solo pochi millimetri di lunghezza, le più grandi superano i 70 centimetri! Occupavano diverse nicchie ecologiche e acquisirono morfologie assai varie, proprio come gli insetti e i crostacei attuali (Fig. 4.2).

Nonostante fossero numerose e diversificate, i trilobiti non sono che un aspetto della biodiversità paleozoica. Nei paragrafi che seguono, cercherò di darvene un assaggio, sia nell'ambiente acquatico che terrestre.

Prima di chiudere il paragrafo, però, voglio darvi qualche complemento a proposito di certi fossili che abbiamo già incontrato sul nostro cammino: le celebri

---

[12] Per gettare uno sguardo sulle creature cambriane e apprezzare le loro interazioni, consiglio i bei libri di Douglas H. Erwin e James W. Valentine (2013) e di Stephen J. Gould (1990).

[13] Ecco qualche opera sui trilobiti: Levi-Setti (1995), Fortey (2000), Lebrun (1995), Bonino and Kier (2010). Se vi piace navigare sul Web, potete cercare la voce "Trilobita" dell'enciclopedia digitale Wikipedia.

[14] Le nome trilobite significa "a tre lobi". Quest'appellazione fa riferimento alla divisione longitudinale dell'animale (testa, cephalon; torace, thorax; parte terminale, pygidium) e a quella longitudinale, con due espansioni laterali, una per lato, intorno all'asse centrale. Per la definizione della parola artropode, si veda la nota 6 di questo paragrafo.

stromatoliti. Queste strutture ci stanno accompagnando sin da quando abbiamo scorto le prime tracce di Vita sulla Terra. Naturalmente ci accompagnano anche durante il Paleozoico. In effetti, le campagne del dipartimento dell'Allier (dove risiedo e dove ho redatto queste pagine), soprattutto nei pressi della città di Souvigny, permettono di raccogliere, ogni tanto, terminati i lavori nei campi, delle rocce particolari, che presentano, in sezione, le ondulazioni tipiche di queste biocostruzioni. Si tratta di stromatoliti carbo-permiane, formatesi in ambienti di acqua dolce, quando la Francia si situava all'altezza dell'Equatore.

4.2 Echinodermi di oggi e di ieri

A causa della differenziazione (vera o presunta) degli animali e dall'abbondanza dei gruppi maggiori attraverso tutto il Primario, mari e oceani rigurgitano di Vita. La biodiversità marina registra un picco rispetto all'epoca precedente. Grazie alla differenziazione ecologica, le acque paleozoiche hanno un aspetto differente da quelle del Precambriano. Ormai i predatori vagano nelle acque alla ricerca delle prede, oppure tendono agguati alle loro vittime nascosti sul fondo. Creature mobili pattugliano i sedimenti brucando il tappeto formato dalle alghe o dai batteri. Altre, più o meno attive percorrono i fondi alla ricerca di particelle alimentari, nascoste nella sabbia o nel fango. Altre ancora, meno schizzinose, ingoiano tutto, per estrarre i minuscoli alimenti sfuggiti agli altri. Né mancano gli organismi che attendo passivamente che il cibo gli piova sopra degli stati superiori, tipo manna, restando ancorati al substrato, ma a distanza variabile dal fondo marino.

Potrei parlarsi più in dettaglio dei trilobiti, animali fossili che si sono rivelati incapaci di superare la frontiera temporale del Paleozoico, o dei priapulidi,[15] curiosi vermi marini, che esistono ancora ai nostri giorni, infossati nei fondi marini. Tuttavia, ho scelto di parlarvi degli echinodermi: ricci e stelle di mare, più tutte le forme apparentate.

Trilobiti a parte, questo phylum si presta in modo particolare per rappresentare la diversità marina durante il Paleozoico. In effetti, se nei mari e negli oceani attuali si contano cinque divisioni maggiori[16] (classi) di echinodermi, durante l'Era Primaria, il loro numero era pari a 21 (Ubaghs 1967)!

---

[15] I priapulidi sono vermi marini caratterizzati dal possesso di una proboscide spinosa estensibile. Tutte le specie moderne sono carnivore: nascoste sul fondo del mare, catturano le loro prede, principalmente anellidi. Si tratta di un gruppo minore, di qualche decina di specie attuali. Tuttavia, i loro rappresentanti fossili sono conosciuti sin dal Cambriano.

[16] Le cinque classi di echinodermi attuali comprendono gli echinoidi (Echinoidea; i ricci di mare), le oloturie (Holothuroidea; i cetrioli di mare), gli asteroidi (Asteroidea; le stelle marine), gli ofiuroidei (Ophiuroidea; ofiure o stelle serpentine) e i crinoidi (Crinoidea; i gigli di mare). Qualche tempo fa, era riconosciuto anche un sesto gruppo, quello dei Concentricycloidea, comprendente il genere *Xyloplax*, una piccola creatura enigmatica di forma circolare. Tuttavia, recentemente, tali animali sono stati riconosciuti come appartenenti alla classe degli asteroidi.

Ma prima di occuparci della loro biodiversità durante il passato, cerchiamo di presentare il gruppo degli echinodermi e di capire quali sono i caratteri che gli sono propri. Infatti, se noi tutti conosciamo le stelle o i ricci di mare, gli ofiuroidei, le oloturie (i cetrioli di mare) e i crinoidi sono meno popolari.

Le ofiure sono animali che ricordano le stelle marine, ma le loro braccia sono più esili e sprovviste, al loro interno, di ghiandole o organi (che sono invece presenti in quelle delle stelle di mare). Tutti questi sono contenuti nella parte centrale circolare dell'ofiura, relativamente piccola, dove si attaccano le braccia.

Le oloturie, invece, come indica il loro nome comune, hanno un aspetto che ricorda quello dei cetrioli. Le pareti del loro corpo non sono rigide ma costituite da tessuti molli (in modo da permettere agli animali di contorcersi) e rugosi. In effetti, la loro pelle è rinforzata da piccole spicule calcaree, placchette di forma e dimensione varia. La bocca è circondata da tentacoli ramificati che posso afferrare gli alimenti, prelevati dal fondo, per portarli alla bocca. Questi animali frequentano i fondi sabbiosi o fangosi. Esistono persino alcune forme abissali che hanno abbandonato la vita strettamente bentonica; non strisciano più sul fondo marino, ma hanno appreso a nuotare ben al di sopra di esso. I cetrioli di mare sono relativamente abbondanti nelle acque tropicali oppure nelle grandi profondità, dove la temperatura è nettamente più bassa. Questo breve scorcio ci dà un'idea della diversità moderna delle oloturie che, per lo meno, in termini ecologici, è ben lungi da essere trascurabile!

I crinoidi sono ancora più strani. Nonostante assomiglino superficialmente a delle piante (da cui il nome comune, gigli di mare), le specie attuali presentano due forme distinte. Tutte queste creature possiedono cinque braccia, che possono però dividersi ulteriormente più volte, in maniera da realizzare vere e proprie corone con un numero molto elevato di elementi (sino a 200!), che dipende dalla specie. Le forme che sono tipiche delle acque profonde possiedono un lungo peduncolo per ancorarsi al substrato. Invece, quelle che vivono in prossimità delle coste, sono prive di stelo; possiedono semplicemente un sistema di "radici" direttamente attaccate al calice, utilizzate per ancorarsi quando l'animale si posa su una roccia. Possono nuotare agitando le loro braccia in maniera sincrona.

Gli echinodermi sono dunque assai differenziati sia sul piano morfologico che su quello ecologico. Ma cosa hanno in comune, per classificarli tutti insieme? Quali son le caratteristiche proprie al gruppo?

Tutti gli echinodermi possiedono uno scheletro sottocutaneo (appena al di sotto della pelle), costituito da placche in calcite, che può essere diversamente sviluppato (per esempio, nei cetrioli di mare, tale struttura è ridotta a semplici spicole non giuntive, mentre nei ricci o nei crinoidi racchiude l'insieme del corpo). Possiedono anche un sistema riempito d'acqua (il sistema acquifero), sviluppato all'interno del corpo che serve ad assicurare varie funzioni; tra queste, la locomozione, l'aderenza al substrato, la cattura delle prede e il trasporto del cibo verso la bocca. Il sistema acquifero può anche assicurare certe funzioni legate alla respirazione. L'acqua entra nell'animale grazie ad apposite aperture, dei pori situati sulla piastra madreporica, presente in tutti gli echinodermi. I pori permettono la comunicazione tra il dispositivo interno e l'ambiente esterno. Permettono dunque la regolazione della pressione idrostatica dell'animale.

All'età adulta, molte forme attuali (ma anche fossili) possiedono una simmetria pentaradiata (una simmetria radiante di ordine cinque). Cioè, l'animale può essere diviso in cinque "fette" uguali tra di loro. Questa simmetria, anche se diffusa, non è presente universalmente in tutti gli echinodermi. Tale particolarità ha spesso posto problemi agli specialisti interessati a comprendere le relazioni filogenetiche dei diversi gruppi del phylum. Alcuni autori affermano che la simmetria pentaradiata non deve essere considerata come caratteristica del gruppo,[17] perché può essere acquisita secondariamente in certe linee evolutive. Invece, gli attributi realmente essenziali sarebbero lo scheletro calcareo e, soprattutto, il sistema acquifero. Tutti gli animali che ne possiedono uno sarebbero, per definizione, degli echinodermi. Quindi per indentificare correttamente una forma fossile, basta assicurarsi della presenza di tale apparato.

Nonostante la rigidità della definizione, abbiamo potuto constatare che le specie moderne presentano una morfologia assai variabile. Se adesso vi aggiungiamo anche quella delle forme fossili, andiamo incontro a grandi sorprese. Ma procediamo con ordine.

Cominciamo col situare nel tempo l'apparizione degli echinodermi. Si tratta di un gruppo veramente anziano. I primi rappresentanti[18] datano del Cambriano inferiore. Sono apparsi durante un'epoca che non ha ancora un nome "ufficiale" nella scala cronologica internazionale (è indicata come "Serie 2"), che si situa approssimativamente tra 521 e 509 Ma. A titolo di confronto, i più antichi trilobiti conosciuti hanno, più o meno, la stessa età!

Gli edrioasteroidi fanno parte di questi antichi echinodermi. Sono un gruppo esclusivamente paleozoico. Questi organismi erano formati da una teca[19] più o meno rigida, posata sul fondo o attaccata al substrato. La parte orale, dove si trova la bocca, possedeva cinque superfici, più o meno curve, a seconda della specie, che formavano una struttura simile al corpo di una stella marina (Fig. 4.3).

---

[17] La teoria legata al modello EAT (Extraxial-axial theory) permette di spiegare la morfologia di diversi echinodermi, moderni e fossili, e di spiegare le relazioni filogenetiche tra di loro (David and Mooi 1999).

[18] L'attribuzione agli echinodermi di *Arkarua adami*, forma ediacariana d'Australia, è molto contestata. In effetti, gli argomenti utilizzati per avvicinarla a questo phylum si basano più sulla sua simmetria pentaradiata che su caratteri anatomici precisi. D'altra parte, nessuno ha ancora messo in evidenza la presenza di un sistema acquifero su *Arkarua* o su altri fossili ediacariani!

[19] La teca degli echinodermi è una struttura a forma di ricettacolo che corrisponde al loro corpo, dove sono conservati gli organi principali. È protetta da placche calcaree più o meno imbricate. La rigidità dell'insieme dipende dal grado di mineralizzazione delle placche e dalla loro imbricazione.

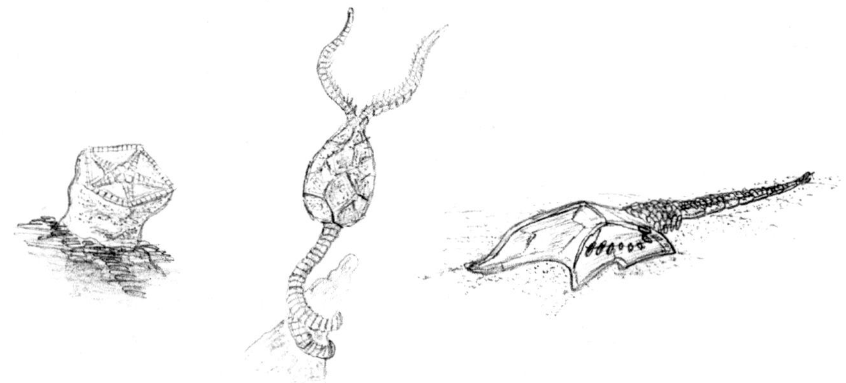

Fig. 4.3 Ricostruzione di tre echinodermi paleozoici. A sinistra, l'edrioasteroide *Cyathocystis plautinae* (Ordoviciano medio) fissato su una roccia (diametro, mezzo centimetro circa); al centro, il "rombifero" *Pleurocystites filitextus* (Ordoviciano medio), ancorato a un'asperità del fondo (altezza, 10 centimetri circa); a destra, lo stloforo (Stylophora) *Ceratocystites perneri* (Cambriano medio) posato sul fondo sabbioso con la sua appendice distesa contro correte (lunghezza totale, cinque centimetri circa)

Le superfici in questione sono dette "ambulacrali" e costituiscono il sistema che permette il trasferimento del cibo verso la bocca, situata nel punto di giunzione. Questi animali sembrano privi di spine, a differenza dei ricci, o di vere e proprie braccia, come quelli dei crinoidi. Malgrado la loro morfologia apparentemente semplice, prosperarono dal Cambriano sino alla fine del Carbonifero, (quasi quanto l'intera durata del Paleozoico), con almeno una quarantina di specie, differenziate dalla struttura della teca a dalla forma e dalle proporzioni delle superfici ambulacrali.

I rombiferi (Rhombifera), appaiono un po' più tardi. Nonostante i fossili più antichi possano risalire al Cambriano (anche se non siamo ancora sicuri della loro attribuzione) questi animali sono meglio conosciuti durante l'Ordoviciano. Il loro nome deriva dal fatto che i pori del sistema acquifero sono disposti lungo un perimetro romboidale. Il corpo era costituito da una teca globulare o a forma di sacco, costituita da placche (Fig. 4.3). Alcune potevano avere delle appendici, ma tutte le specie erano dotate di pinnule, una sorta di minuscoli tentacoli la cui funzione era quella di captare gli alimenti e di farli arrivare alla bocca, come avviene oggi nei gigli di mare. I rombiferi disponevano anche di un peduncolo per ancorarsi al fondo, restando eretti al di sopra di questo, per poter approfittare delle correnti marine. Insomma, potrebbero sembrare dei crinoidi, ma la struttura della teca è differente, così come lo sono le braccia, quando presenti. I loro rappresentanti vissero durante tutto l'Ordoviciano e il Siluriano, scomparendo durante il Devoniano. Avendo durato la bellezza di almeno 65 milioni di anni, il gruppo non può certo essere considerato come marginale.

Ma se dovessimo assegnare un premio al gruppo che possiede la morfologia più bizzarra, la vittoria andrebbe, senza dubbio, agli stilofori (Stylophora).[20] Questa classe comprende echinodermi dotati di un'appendice articolata flessibile inserita in una teca appiattita, dalla morfologia variabile secondo la specie. Spesso, la teca presentava un'asimmetria, anche molto pronunciata, tra il lato destro e il sinistro. L'appendice che, a prima vista sembra essere la coda, si situava, in realtà, nella parte anteriore. Là si trovava anche la bocca, localizzata alla base dell'appendice, verso l'innesto con la teca, e con l'apertura diretta verso il basso. L'appendice, nella parte più lontana dal corpo dell'animale, era più flessibile che non verso la sua base. Dotata di movimenti a destra e a sinistra, spazzava il fondo marino alla ricerca del cibo, il quale, grazie a un solco presente nella superficie inferiore dell'appendice, era trasportato sino alla bocca. In realtà, l'appendice degli stilofori è equivalente in tutto e per tutto al braccio di un echinoderma peduncolato. A differenza di quest'ultimo, però, lo stiloforo non viveva drizzato al di sopra del substrato per filtrare il plancton. Era invece sdraiato sul fondo (Fig. 4.3), con il "braccio" disteso contro le correnti dominanti, come uno strano verme corazzato, dotato di proboscide. Almeno a partire dalla fine del Cambriano, questi animali sono stati rinvenuti in sedimenti considerati tipici di ambienti marini relativamente profondi e freddi. In questi ambienti confinati, hanno potuto limitare la concorrenza degli altri organismi deposivori[21] presenti negli ambienti più superficiali e prosperare.

Ma l'aspetto più sbalorditivo della loro morfologia era senza dubbio l'asimmetria destra/sinistra mostrata da varie specie. Che io sappia, nessuno è ancora mai riuscito a spiegare come mai una tale morfologia abbia potuto affermarsi (ammesso che sia necessario spiegarlo!).

Gli stilofori, a causa della loro anatomia bizzarra e inabituale, sono stati oggetto di varie diatribe tassonomiche: chi ha considerato questi organismi come echinodermi, chi ne ha fatto animali completamente differenti ... Sono stati anche considerati come prossimi ai cordati, il gruppo che comprende i vertebrati, a causa della loro appendice, che fungeva da (una specie di) notocorda.[22] Inoltre le aperture visibili sulla teca di alcune forme sono state considerate come omologhe di quelle dei più antichi cordati. Alla fine, la scoperta del sistema acquifero ha permesso di considerarli come echinodermi veri e propri!

---

[20] Per informazioni sugli Stylophora, a proposito della loro diversità e ecologia, si vedano i lavori di Bertrand Lefebvre (2003, 2022).

[21] Le creature a regime alimentarie deposivoro sono quelle che si nutrono di materia organica (organizzata in piccole particelle) accumulata sul fondo dei mari e degli oceani.

[22] La notocorda è una struttura cartilaginosa situata nella parte dorsale dell'embrione di certi animali. Tutti coloro che la possiedono appartengono al gruppo dei cordati. In un suo sottogruppo, i vertebrati, questa si trasforma nella colonna vertebrale.

Nonostante il loro aspetto sgraziato, queste creature hanno prodotto una decina di specie diverse su più di 70 milioni di anni, dal Cambriano medio sino, almeno, al Devoniano inferiore.

Avendo passato in rassegna un po' della morfologia degli echinodermi paleozoici, che dire della loro diversità durante l'intera era? Se il numero delle specie conosciute durante il Cambriano si eleva a 188, provenienti da 65 località diverse, al corso dell'Ordoviciano tale valore aumenta; sono state indentificate non meno di 1 938 forme da più di 300 siti attraverso il mondo.[23]

Naturalmente, Questi valori ci sembrano derisori a confronto del totale delle forme moderne; circa 7 000 specie descritte (ma, probabilmente, ne mancano molte altre ...). Tuttavia, non bisogna dimenticare che i dati fossili non sono che parziali! Per ogni determinato periodo di tempo, solo una frazione delle specie presenti hanno potuto fossilizzarsi e arrivare sino a noi. Alcuni reperti sono semplicemente incompleti e ci impediscono di valutare correttamente la biodiversità dell'epoca. In più, non tutti gli ambienti sono in grado di fossilizzare i resti. Non dimentichiamoci che gli echinodermi non hanno tutti la stessa probabilità di conservarsi; alcuni, a causa della composizione particolare dei loro tessuti[24] o degli ambienti frequentati, sono più rari degli altri, allo stato fossile. Per finire, gran parte degli strati geologici non ci sono più accessibili, perché a causa della tettonica delle placche, sarebbero stati distrutti, trascinati nelle viscere della Terra.

I valori degli echinodermi ordoviciani sono impressionanti. É infatti durante questo periodo che appaiono tutti i gruppi attuali, i ricci di mare, i crinoidi, e anche le oloturie, le stelle marine e le ofiure. Ma le cinque classi moderne non erano sole; dividevano gli ambienti con tutta una schiera di gruppi esclusivamente fossili, alcuni dei quali più anziani di loro. In alcune località dell'Ordoviciano superiore potevano vivere sino a 14 classi differenti di echinodermi, l'una accanto all'altra! Ricordo che ai nostri giorni, possiamo trovarne solamente cinque al massimo, presenti tutte nello stesso luogo.

Le comunità di echinodermi non sono rimaste statiche durante il Primario. La loro struttura è evoluta durante il tempo. Alcuni gruppi, esclusivamente paleozoici, hanno cominciato a perdere importanza a favore di faune di composizione differente. Altre, al contrario, si sono moltiplicate. Per esempio, durante l'Ordoviciano superiore, i crinoidi diventano, in varie località, gli echinodermi più comuni in termini di numero di specie e/o d'individui. Immaginate una distesa

---

[23] Le mie informazioni sulla biodiversità degli echinodermi, durante il Cambriano, derivano dall'articolo di Samuel Zamora e collaboratori (2013). Quelle relative all'Ordoviciano provengono da Bertrand Lefebvre (Lefebvre et al. 2013).

[24] Per esempio, le oloturie hanno trasformato le placche calcaree in semplici spicole, più discrete. Hanno perduto in protezione ma hanno guadagnato in mobilità. Si conoscono circa 900 specie fossili, dall'apparizione del gruppo, sino al Pleistocene. Le forme moderne, invece, non sono meno di 1 430. Una delle ragioni per cui i resti di oloturie sono relativamente rari e che i loro fossili sono costituiti, in genere, da spicole isolate e che, spesso, sono necessari metodi di raccolta particolari per trovarle.

di organismi, stagliandosi come fiori, più o meno compatti, a partire dal fondo marino, tutti intenti a filtrare dall'acqua le particelle alimentari in sospensione. Non è che un'immagine di una "prateria" composta da crinoidi paleozoici. Oltre ai gigli di mare, l'ambiente è frequentato anche da altri echinodermi peduncolati (par esempio, i rombiferi).

I crinoidi continuano a costituire una parte consistente delle faune a echinodermi anche durante i periodi successivi. A Hunsrück Slate (Devoniano inferiore, ~390 Ma), nel Massiccio Renano (Germania), è possibile indentificare una sessantina di specie differenti di gigli di mare,[25] numero comparabile, o meglio, superiore, a quello della maggior parte delle località attuali. Le forme fossili potevano essere differenziate a partire dalla morfologia e dal numero delle braccia e dalle caratteristiche particolari del calice e del peduncolo. Dividevano l'ambiente con numerose stelle marine, oloturie e altri echinodermi conosciuti solamente nell'Era Primaria.

Ma gli echinodermi paleozoici non c'interessano soltanto in quanto elementi della biodiversità dell'epoca. I loro fossili ci forniscono prove irrefutabili d'interazioni tra specie diverse in più di quelle fornite dalla predazione. Tralasciando il caso degli organismi che utilizzavano gli steli degli echinodermi sessili come supporto per incrostarsi e innalzarsi al di sopra del fondo del mare (o semplicemente per trovare un substrato rigido a cui aderire), è possibile osservare testimonianze ben più probanti. Per esempio, sui peduncoli di alcuni crinoidi rinvenuti nei sedimenti ordoviciani nei pressi di Cincinnati (Ohio, Stati Uniti) è possibile notare dei rigonfiamenti simili a "galle".[26] Strutture analoghe si trovano anche sugli steli dei crinoidi peduncolati moderni. Normalmente, sono prodotte da vermi mizostomidi, creature marine che sono spesso considerate prossime degli anellidi.[27] Questi animali s'introducono nei tessuti degli echinodermi per trovare riparo e nutrizione. Malgrado qualche differenza riscontrata tra le strutture moderne e quelle fossili, non mancano specialisti che attribuiscono le "galle" ordoviciane all'opera di mizostomidi paleozoici.

Queste non solo le sole interazioni strette tra i gigli di mare e le altre creature. Conosciamo infatti vari crinoidi fossili con un piccolo gasteropode istallato sul

---

[25] Un libro eccellente sui crinoidi fossili, paleozoici e mesozoici, e della loro diversità è quello di Hans Hess e i suoi collaboratori (2003). A coloro che sono in grado di leggere il francese, consiglio anche Lebrun (2011) e Mirantsev (2012). Nonostante le loro opere siano limitate al Carbonifero, i due articoli offrono buoni esempi della diversità dei crinoidi paleozoici.

[26] Le galle, in botanica, sono escrescenze prodotte sugli steli, sulle foglie o sui frutti di certi vegetali, a causa di punture di animali parassiti (soprattutto insetti). Per analogia, il termine viene utilizzato per indicare tutta une serie di rigonfiamenti trovati nel mondo animale. Riguardo le testimonianze fossile di tali "accidenti" sui crinoidi paleozoici, si veda, per esempio, Meyer et al. (2009, capitolo 12).

[27] Gli anellidi sono animali vermiformi il cui corpo è costituito da un numero più o meno elevato di segmenti tutti simili tra loro. La maggior parte degli anellidi vive in mare. Tuttavia, il gruppo comprende anche forme terrestri, come i lombrichi.

Fig. 4.4 Ricostruzione del crinoide ordoviciano *Glyptocrinus decadactylus* con un gasteropodo del genere *Cyclonema* installato sul calice

calice dell'echinoderma. Il mollusco è istallato proprio sopra alla piramide anale del giglio di mare (Fig. 4.4). Non sappiamo se il gasteropode era un parassita (come i molluschi appartenenti ai generi *Thyca* e *Ophyotrix*, che parassitano prevalentemente gli echinodermi) o se si tratta di una semplice relazione di commensalismo.[28]

Da quanto detto, è chiaro che gli echinodermi, sin dalla loro prima apparizione, hanno cominciato a instaurare con gli organismi contemporanei una serie di relazioni simili a quelle che sono ancora in vigore tra le forme moderne. Gli echinodermi paleozoici erano dei protagonisti veri e propri della biodiversità del loro tempo. Ma non erano soli …

4.3   Storie "terrestri" e interazioni piante/insetti

Dopo essersi interessati all'ambiente acquatico sottomarino, sportiamoci adesso sui continenti per ammirarne la biodiversità. Lungo il filo della nostra storia, abbiamo già incontrato organismi che avevano abbandonato l'ambiente marino. Alcuni vivevano in acqua dolce[29] (quindi continentale), mentre si pensa che altri fossero capaci di privarsi, praticamente, dell'elemento liquido.[30] Nondimeno,

---

[28] Il commensalismo è un'interazione biologica tra due specie differenti. Una, l'ospite, fornisce cibo (oppure protezione) all'altra, il commensale, senza ottenere nessun risarcimento evidente da quest'ultimo. Si tratta di uno "sfruttamento" non parassita tra due specie, in cui una offre all'altra un beneficio che non è reciproco.

[29] Si veda il § 3.3.

[30] Si pensa che alcuni vendobionti, quegli organismi tipici delle faune eudiacariani, possano aver vissuto negli ambienti terrestri come i licheni. Tuttavia, non tutti gli specialisti sono d'accordo su questo punto. Si veda la fine del § 3.5 e la nota 47.

vari indici ci permettono di stabilire che, durante il Paleozoico, il tenore d'ossigeno era sufficientemente elevato da permettere agli esseri viventi di abbandonare l'ambiente acquatico.

Cominciamo col dare un'occhiata al mondo vegetale. Le più antiche tracce di piante terrestri (almeno di quelle che supponiamo essere piante terrestri) sono delle spore che sono state raccolte in sedimenti ordoviciani; hanno più di 470 Ma. Se invece consideriamo i macroresti vegetali, cioè le vestigia di tronchi, radici o foglie, i fossili più antichi datano dell'epoca seguente, il Siluriano, che inizia verso 440 Ma.[31] È solamente a partire da questo periodo che, se facciamo fede ai fossili, le piante cominciano a differenziarsi nel nuovo ambiente, tanto che, verso la fine del seguente, il Devoniano (e, più precisamente, intorno ai 475 Ma), troviamo già delle foreste lussureggianti ai bordi delle paludi dell'epoca (Taylor et al. 2009, capitolo 12; Steyer, 2009).[32]

Sempre durante il Paleozoico, le piante realizzano uno dei loro exploit più importanti per stabilirsi definitivamente sulle terre emerse: "inventano" il seme. Questa nuova struttura facilita la dispersione dei vegetali e permette alle piante di germinare anche in luoghi assai distanti da quelli dei loro genitori. Rispetto alla spora, il seme protegge meglio l'embrione della pianta e, avendo accumulato riserve prima della maturazione, ne permette lo sviluppo anche se l'ambiente non è inizialmente ideale per la crescita.[33] Tutti i gruppi principali di vegetali terrestri sono apparsi durante il Paleozoico. Tutti tranne quello delle piante a fiori!

E gli animali? Quando abbandonano l'ambiente acquatico? Le evidenze più antiche sono date da una serie d'impronte lasciate su una superficie terrestre, formatasi verso 485 Ma, al limite Cambriano/Ordoviciano (MacNaughton et al. 2002), che oggi fa parte del territorio canadese.

Quali sono gli animali che hanno lasciato queste impronte? Apparentemente, sono coinvolti vari individui, appartenenti a diverse specie di artropodi. Hanno tutti marciato su una superficie esposta all'aria. La cuticola, lo scheletro esterno che ricopriva il corpo degli animali, doveva costituire una protezione

---

[31] Per i le più antiche tracce di vegetali terrestri conosciute, si veda Taylor et al. (2009, capitoli 6 e 8).

[32] Queste opere riguardano le forme fossili. Tutti quelli che sono appassionati di alberi e piante possono leggere con diletto il libro di Peter Wohlleben (2016).

[33] Naturalmente, presto o tardi, le condizioni devo diventare compatibili con lo sviluppo dell'embrione prima che tutte le risorse di cui il seme dispone si siano esaurite, altrimenti la crescita si arresta e l'organismo deperisce. Il seme, per la pianta, è un rivestimento di protezione che comprende un kit di sopravvivenza, il quale può essere utilizzato in caso di condizioni difficili. Non si tratta di un atout capace di risolvere magicamente tutte le situazioni critiche. D'altro canto, se il vegetale scommette sulla stabilità dell'ambiente e sulle sue capacità a permettere la germinazione in tutte le situazioni, il seme non è indispensabile, come lo prova l'esistenza, oggigiorno, di piante che ancora affidano la loro riproduzione alle spore (per esempio, le felci). Tuttavia, che il seme sia stato una delle chiavi per favorire la colonizzazione delle terre emerse è provato dalla stragrande maggioranza di vegetali terrestri che se ne serve. È il caso di tutte le conifere e delle piante a fiore.

sufficiente contro le radiazioni nocive che potevano ancora raggiungere il suolo terrestre.

Ma erano animali acquatici (o, per o lo meno, anfibi), attirati occasionalmente a passeggiare fuori dall'acqua, o si trattava di organismi terrestri veri e propri, capaci di vivere stabilmente in questo nuovo ambiente? Ancora non lo sappiamo con certezza. Dovremmo prima indentificare i "passeggiatori" con precisione, dopo aver trovato i loro resti completi, in maniera da poter analizzare in dettaglio la loro anatomia. Tuttavia, sappiamo che almeno a partire da 480 Ma alcuni artropodi erano in grado di uscire dall'acqua, almeno per poco tempo.

Tale data precede tutte le altre testimonianze conosciute, persino quelle che riguardano i vegetali. Ma non dobbiamo dimenticare che gli animali possono uscire dall'acqua temporaneamente, e poi ritornarvi se lo necessitano. Le piante, invece, non hanno questa possibilità![34]

Dopo questi primi passi, le conquiste del nuovo ambiente diventano sempre più numerose. Al Devoniano inferiore, verso 410 Ma, si sviluppò, in Scozia, in prossimità del villaggio di Rhynie, uno dei più antichi ecosistemi fossili conosciuti. Il sito, sfruttato per i suoi scisti, permise il rinvenimento di una comunità costituita di piante, animali, funghi e, naturalmente, microbi. Gli esempi d'interazione tra vegetali e funghi non mancano, con associazioni interpretate come benefiche per i due partner e altre che, invece, testimoniano veri e propri casi di parassitismo nei riguardi della pianta.[35] Insomma, l'ecosistema di Rhynie, ci presenta esempio fossili di quelle stesse interazioni che vengono contratte, attualmente, tra questi due tipi di esseri viventi. Non solo, ci mostrano anche che l'interdipendenza tra le piante e i funghi sembra essere stata essenziale per facilitare l'insediamento delle prime negli ambienti terrestri.

Ma perché animali, piante e funghi, per non parlare dei microorganismi, avrebbero dovuto di lasciare l'ambiente acquatico per avventurarsi in uno completamente nuovo e ostile? Quali motivazioni possono averli spinti? La domanda sembra retorica: è dalla loro apparizione che gli esseri viventi s'istallano in ogni ambiente non appena questo diventa "abitabile"! Per scappare ai predatori, per trovarvi nuove risorse, per evitare la competizione con altre creature. Le ragioni sono varie e diverse.

---

[34] Naturalmente, non è sempre possibile differenziare le tracce animali lasciate da creature anfibie, che si spostano sulla terra ferma solo occasionalmente, da quelle degli organismi che, invece, ci risiedono stabilmente. Con le piante, fisse al loro posto, il dubbio si pone più raramente. Detto questo, il progresso della ricerca (nuove scoperte, nuovi mezzi d'indagine per interpretare dati già noti) potrà riservarci delle sorprese, nel futuro, riguardo i tempi esatti della "conquista" delle terre emerse da parte dei diversi organismi.

[35] Riguardo i funghi e i licheni fossili degli scisti Rynie si vedano, rispettivamente, Taylor et al. (1999) e Taylor et al. (1995). Riguardo le interazioni tra piante e funghi, si vedano Taylor et al. (2009, capitolo 3), e Selosse (2017, capitolo 3).

Una volta che le specie dette "pioniere" hanno conquistato il nuovo ambiente, altre s'installano a loro turno, per sfruttare le condizioni messe in atto dalle prime.[36] Ben presto, dunque, tutto un insieme di animali (artropodi e vertebrati)[37] s'istalla sui continenti.[38]

Nel resto del paragrafo, desidero focalizzarmi sul gruppo degl'insetti, semplicemente per darvi qualche informazione a loro proposito e per descriversi le interazioni con le piante dell'epoca.

Oggigiorno, gl'insetti costituiscono il gruppo di organismi viventi più numeroso. Gl'insetti vivono praticamente in ogni ambiente terrestre e d'acqua dolce. In ambiente marino, invece, sono piuttosto rari e il loro ruolo è tenuto dai crostacei. Le prime testimonianze fossili datano del Devoniano, ma la classe si diversifica soprattutto nel corso del Carbonifero e del Permiano. Nondimeno, prima della fine del Paleozoico, i quattro grandi gruppi d'insetti avevano già fatto la loro apparizione.[39]

Gl'insetti più comuni durante il Carbo-Permiano sono i paleodittiotteri (Palaeodictyoptera). Con il loro apparato boccale disegnato per perforare i tessuti vegetali, costituivano il principale gruppo di animali vegetariani dell'epoca. Alcuni di loro possedevano delle espansioni laterali sul primo segmento del torace (Fig. 4.5). Questi lobi erano talmente simili a piccole ali (avevano persino un sistema di nervature del tutto analogo a quello di queste strutture) che hanno ottenuto il soprannome d'insetti a "tre paia di ali". Ma l'insetto più conosciuto del Paleozoico è senza dubbio la libellula gigante *Meganeura* (Fig. 4.6). Con un'apertura alare di quasi 70 centimetri, aveva la taglia di un falco.[40] Ma *Meganeura* non era l'unico ar-

---

[36] È classica, per esempio, la colonizzazione di un'isola novella, sorta dal mare a causa del vulcanismo. I primi a stanziarsi sono le piante i cui semi sono arrivati trasportati sul luogo, insieme agli uccelli marini che vi nidificano e che si nutrono nelle acque tutt'intorno. In seguito, possono giungere gli artropodi, portati dal vento, o che hanno utilizzato altri mezzi di trasporto. Arrivano, infine, altri organismi. Insomma, alcune specie giungono prima perché più adattabili. Queste modificano l'ambiente in modo da renderlo più "confortevole" ai nuovi venuti.

[37] Quando si parla di quegli animali che hanno invaso le terre emerse, la gente pensa invariabilmente agli artropodi (insetti, ragni, scorpioni, millepiedi) e ai vertebrati. Tuttavia, molti altri gruppi son stati capaci di abbandonare l'ambiente liquido. I molluschi gasteropodi, per esempio, che, tra lumache, chiocciole e compagnia, contano qualcosa come 25 000–30 000 specie moderne differenti; quasi quanto quelle dei pesci ossei (32 000 specie moderne circa)! Tuttavia, la storia della loro colonizzazione delle terre emerse non è così ben conosciuta come quella degli artropodi o dei vertebrati (oppure, è assai meno pubblicizzata). Qualche informazione può essere reperita in Stworzewicz et al. (2009) e Mordan and Wade (2008). Invece, confesso di non essere riuscito a scovare nulla sulla storia evolutiva dei lombrichi e di tutti quei parassiti che infestano gli organismi terrestri.

[38] Un buon testo di divulgazione sulle "conquiste" degli ambienti terrestri da parte degli animali è quello pubblicato sotto la direzione di Stephen J. Gould (Gould et al. 1993). La storia delle adattazioni che hanno permesso ai vertebrati d'istallarsi sulle terre emerse e quella dell'evoluzione degli arti dei tetrapodi (è il nome dato al gruppo al quale appartengono i vertebrati terrestri, attuali e fossili) è raccontata magistralmente da Sébastien Steyer (2009).

[39] I quattro gruppi sono i seguenti: gl'insetti apteri (senz'ali), i paleotteri e i neotteri (rispettivamente, gli insetti incapaci, a riposo, di ripiegare la ali sul loro addome e quelli che possono farlo), gli olometaboli (gl'insetti che passano attraverso una metamorfosi completa tra lo stadio larvale e l'adulto – e in cui la larva è assai differente, morfologicamente, dall'individuo adulto). Per i più antichi fossili d'insetti conosciuti e per la storia evolutiva del gruppo, si veda l'articolo Garrouste et al. (2012) e il libro scritto da Grimaldi e Engel (2005).

[40] *Meganeura monyi*, del Carbonifère di Commentry (Allier, Francia), è stato considerato, durante un certo tempo, come il grande insetto conosciuto. Tuttavia, attualmente, il record sembra tenuto dalla specie americana *Meganeuropsis permiana*, la cui apertura alare misura circa 710 millimetri! *Meganeuropsis* apparteneva allo stesso gruppo di *Meganeura* (Grimaldi and Engel 2005).

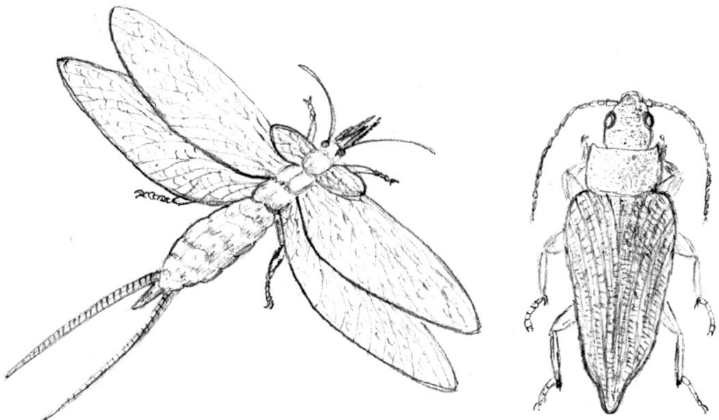

Fig. 4.5 Ricostruzioni d'insetti paleozoici: a sinistra, il paleodittiottero *Stenodictya lobata*, rinvenuto negli strati del Carbonifero superiore di Commentry (Allier, Francia); a destra, il protocoleottero *Permocupoides sojanensis*, che visse durante il Permiano. I due insetti non sono rappresentati alla stessa scala

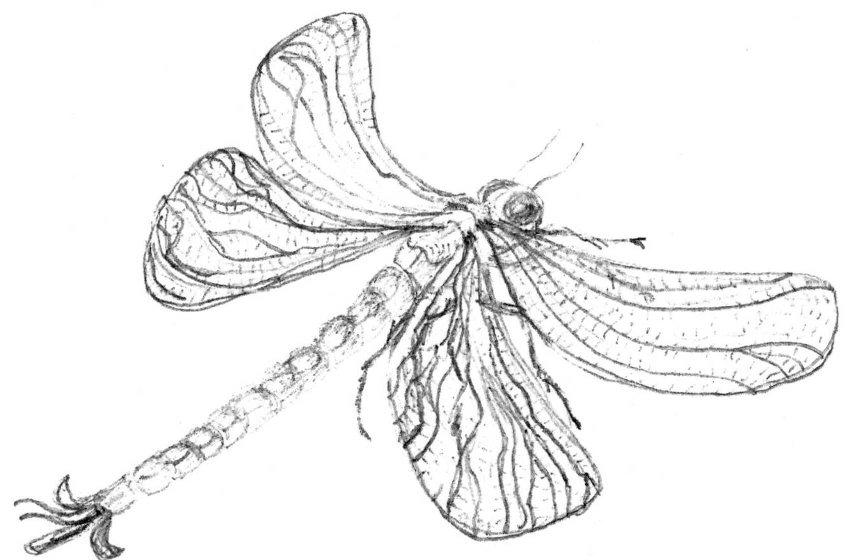

Fig. 4.6 *Meganeura monyi*, la libellula gigante del Carbonifero con un'apertura alare di circa 70 centimetri (Commentry, Allier, Francia)

tropode gigante dell'epoca. *Arthropleura*, per esempio, era una specie di millepiedi preistorico lungo quasi come una mucca (Grimaldi and Engel 2005; Schneider and Werneburg 2000)! Un certo numero di paleodittiotteri, senza essere colossali, avevano dimensioni rispettabili, situandosi nella metà superiore di quelle degl'insetti ordinari. Il Carbo-Permiano era dunque un'epoca di artropodi giganti? E perché gl'insetti (per fare un esempio) potevano crescere talmente? La spiegazione la più comunemente adottata ci spiega che, all'epoca, il tenore di ossigeno nell'atmosfera era superiore all'attuale.

Gl'insetti respirano tramite la diffusione dell'aria attraverso il loro corpo. Il gas penetra da aperture nel torace e nell'addome; in seguito si diffonde nel corpo dell'animale grazie a un sistema di trachee. Queste ultime sono formate da semplici tubi vuoti che permettono all'aria (e, quindi, all'ossigeno) di riversarsi in ogni organo e in ogni parte del corpo. I movimenti dell'ossigeno si effettuano principalmente per semplice diffusione, anche se, in certi casi, possono essere presenti delle sacche aventi la funzione di "pompare l'aria". Tale sistema risulta nettamente meno efficiente di quello di cui dispongono i vertebrati. La diffusione è efficace in piccoli volumi e questo spiega perché gl'insetti non abbiano, generalmente, dimensioni gigantesche, soprattutto i più attivi.[41] Provate a immaginare i bisogni di ossigeno di una mosca della taglia di una mucca! Il sistema delle trachee, senza altre "astuzie" anatomiche è semplicemente insufficiente per fornire all'animale tutto l'ossigeno di cui ha bisogno per volare.

Un tenore più elevato in ossigeno, rispetto al valore moderno, sembra dunque in grado di spiegare il fenomeno. Ma abbiamo prove supplementari, a parte gl'insetti giganti, per valutare la quantità di O_2 presente nell'atmosfera dell'epoca? Cosa ci dicono, a questo proposito, le piante carbo-permiane? In effetti, la quantità di ossigeno presente nell'aria lascia traccia sul funzionamento processi vegetali, soprattutto sul frazionamento degl'isotopi stabili del carbonio.[42] Quindi, l'analisi chimica dei resti organici fossili delle piante carbo-permiane può aiutarci a valutare il tenore di ossigeno dell'epoca.[43] I risultati ottenuti sarebbero in accordo con una quantità di ossigeno nell'aria, verso la fine del Primario, che poteva raggiungere il 35% (contro il 21% attuale).

---

[41] Bisogna essere prudenti con le generalizzazioni; anche oggi esistono insetti di grande taglia. L'insetto attuale che ha la massa più importante è un coleottero africano, lo scarabeo Goliath (genere *Goliathus*). Pesa all'incirca 100 grammi. Un altro gigante è il fasmide della Malesia (*Heteropteryx dilatata*). La femmina (le femmine di quest'insetti sono più grandi dei maschi) possono superare i 15 centimetri di lunghezza e pesare sino a 70 grammi. Tuttavia, questi animali sono verosimilmente molto meno attivi delle libellule giganti del Carbo-Permiano e i dispositivi anatomici descritti nel testo sono pienamente sufficienti per permettere loro di compiere le varie attività quotidiane.

[42] Vi ricordate degli isotopi del carbonio? Ne abbiamo già parlato nel § 2.1.

[43] In effetti, un enzima chiave che interviene nelle fasi fotosintetiche di fissazione della CO_2 e della produzione di glucosio (vi ricordate che la fotosintesi permette alle piante di prodursi il cibo [lo zucchero glucosio] da sole?) è sensibile al tenore di ossigeno presente nell'aria. Tale molecola si chiama RubisCO e nelle piante è formata da quattro monomeri (sotto-unità), come l'emoglobina del nostro sangue. Esattamente come l'emoglobina, l'enzima RubisCO può legarsi tanto con la CO_2 che con l'ossigeno. Il tenore di questo gas nell'aria può alterare la funzione dell'enzima cosi come il frazionamento isotopico del carbonio fissato durante la fotosintesi. Ecco perché le analisi chimiche del carbonio organico delle piante possono informarci sulla quantità di ossigeno presente nell'atmosfera mentre queste erano attive. Per la storia completa del tenore d'ossigeno durante il Carbonifero e il Permiano si vedano Beerling (2008, capitolo 3) e McGhee (2018).

L'idea è seria, ma le cose potrebbero essere state ancora più complesse! Infatti, i nostri dati sugl'insetti carbo-permiani non sembrano essere esaustivi. Il registro fossile dell'ultima parte del Paleozoico non offre soltanto specie giganti, ma anche forme di taglia ridotta. Gl'insetti non erano tutti di grandi dimensioni. Le domande da porci sono dunque altre. Durante il Carbonifero e il Permiano, il rapporto tra "grandi" e "piccoli" insetti era nettamente superiore di quello dei nostri giorni o no? Il risultato del valore paleozoico è il frutto di un artefatto della fossilizzazione (gl'insetti più grandi potrebbero preservarsi meglio nei sedimenti di quelli più piccoli, oppure i loro fossili potrebbero, semplicemente, essere più facili da trovare) oppure si tratta di un fenomeno reale? Nonostante i dati accumulati sino a oggi, non siamo ancora in grado di rispondere definitivamente alle domande. Per esempio, recentemente, un'equipe internazionale di paleontologi ha scoperto una fauna francese d'insetti paleozoici di piccole dimensioni, nettamente inferiori a quelle degli animali evocati precedentemente. Le nuove specie descritte non appartengono a gruppi esclusivamente fossili, come le "libelle" giganti e i paleo-dittiotteri. Si tratta di alcuni tra i più antichi rappresentanti dei gruppi che comprendono, tra gli altri, le coccinelle, le mosche, le api e le farfalle (Nel et al. 2013).

Queste nuove specie si oppongono forse a un tenore di ossigeno, durante il Carbonifero e il Permiano, superiore all'attuale? Assolutamente no, perché se un alto tenore di ossigeno è importante per assicurare l'esistenza d'insetti colossali non impedisce affatto quella d'artropodi dalle dimensioni ridotte. Tuttavia, la loro presenza ci fa riconsiderare le cause del gigantismo degl'insetti, perché questo sembra ormai limitato a gruppi particolari. Le cause del fenomeno potrebbero essere dunque più complesse di quelle invocate sino a oggi. Potrebbe trattarsi di una serie di fattori paleoecologici, fisiologici e ambientali, in cui la quantità di ossigeno presente nell'atmosfera costituisce solamente una parte della risposta (magari neanche la più importante!). La *suspence* continua ...

Nonostante tutti i discorsi imbastiti sulle dimensioni degl'insetti paleozoici, resta il fatto che questo gruppo ebbe un impatto profondo sugli altri organismi del periodo, specialmente sulle piante. E viceversa. Vediamo qualche esempio.

Blazyopteris praedentata era una "felce" che produceva veri e propri semi[44] e cresceva, simile a una liana, nelle foreste europee del Carbonifero superiore. La superficie inferiore delle sue fronde fossili presenta escrescenze (chiamate, in termini tecnici, "tricomi") dell'epidermide vegetale con varie configurazioni. Queste possono essere diritte o ricurve, in forma di uncino. Questi tricomi, nelle piante moderne, funzionano come deterrente contro gli artropodi vegetariani. Altri tricomi, di forma differente, sono interpretati come ghiandole capaci di procurare difese più

---

[44] Le "felci a seme" sono un gruppo di piante simili, per morfologia, alle felci ma che si riproducevano grazie a semi. Al giorno d'oggi, non ne esiste più alcun rappresentante.

Fig. 4.7 Cycas giapponese (*Cycas revoluta*), pianta originaria delle isole Ryūkyū e Nausei, situate tra il Giappone e Taiwan

efficaci contro gli erbivori (odori o altre sostanze chimiche repulsive), sempre in linea con le difese sviluppate dalle piante moderne (Krings et al. 2003). La nostra felce a semi non era una vittima passiva agli attacchi degli erbivori dell'epoca!

Anche gl'insetti si sono ispirati alle piante per la loro evoluzione. Conosciamo bene i casi di mimetismo tra le ali di certi insetti (scarafaggi) e le foglie paleozoiche. Questi fossili sono stati rinvenuti in sedimenti carboniferi e permiani. Gli specialisti pensano che gl'insetti risiedenti su fronde specifiche erano diventati capaci d'imitare, grazie al disegno delle vene sulle loro ali, le decorazioni delle foglie (Taylor et al. 2009, capitolo 23). Probabilmente, per non farsi reperire dai predatori (per esempio, dalle libellule giganti).

Tuttavia, le interazioni più celebri tra insetti e piante sono, naturalmente, quelle relative all'impollinazione. Ma, attenzione, le piante a fiore non esistevano ancora. Secondo le testimonianze fossili, questi vegetali faranno la loro comparsa soltanto nel Mesozoici (ce ne occuperemo nel prossimo capitolo, che sarà giustamente consacrato a quest'era). Ma le piante a fiore non sono le sole a essere fecondate con l'aiuto degl'insetti.

Le cycas[45] formano un insieme di piante moderne (Fig. 4.7) e fossili, i cui rappresentanti più antichi conosciuti risalgono al Carbonifero superiore, a partire da 320 Ma circa. L'impollinazione di molte specie moderne (probabilmente di tutte) è assicurata da insetti (Taylor et al. 2009, capitolo 17), soprattutto da coleotteri e anche da qualche tisanottero. Questi ultimi[46] sono ben conosciuti

---

[45] Le cycas sono delle gimnosperme (piante in cui il seme è nudo – come il pino, l'abete e il cipresso – all'opposto delle angiosperme, le piante a fiore) a forma di palma. La loro morfologia si sarebbe modifica molto poco nel corso dell'evoluzione del gruppo. Le strutture riproduttrici sono costituite da coni situati in cima alla pianta. Le cycas hanno i sessi differenziati: esistono individui maschi, che producono il polline, e individui femmine, che producono gli ovuli.

[46] I tisanotteri sono insetti molto piccoli (le loro dimensioni sono spesso inferiori a 2 millimetri) caratterizzati dalla morfologia delle ali. Il loro sistema di venature è ridotto e, soprattutto, possiedono lunghe frange di seta sul bordo delle ali. Questi "filamenti" contribuiscono ad aumentare la superficie portante dell'ala. Fossili del gruppo sono stati rinvenuti nel Carbonifero superiore della Francia (Nel et al. 2012).

Fig. 4.8 Tisanottero del genere *Cycadothrips* che funge da pollinizzatore per le cycas australiane

per interagire con le cycas. Tra l'altro, si nutrono del loro polline. Comunque, in Australia, quattro specie di cycas, appartenenti al genere *Macrozamia*, dipendono dai tisanotteri del genere *Cycadothrips* (Fig. 4.8) per la riproduzione (Terry 2002).

È ipotizzabile che le cycas fossili fossero impollinate da insetti? Abbiamo una prova indiretta di tale possibilità. Infatti, su un cono pollinico di un esemplare di *Delemaya spinulosa* rinvenuto in Antartico, in sedimenti del Triassico medio (tra 247 e 237 Ma, quindi posteriori al Paleozoico), sono stati identificati dei coproliti (escrementi fossili) contenenti esclusivamente grani di polline della specie vegetale in questione (Klavins et al. 2005). Questa scoperta, se interpretata correttamente, sarebbe la più antica evidenza d'impollinazione di una pianta da parte di un insetto (tale è, infatti, l'animale supposto aver evacuato i suoi escrementi sui resti vegetali), che precede di più di 100 Ma il più antico fossile conosciuto di una pianta a fiore! Sarebbe dunque concepibile che l'impollinazione delle cycas avvenisse già durante l'Era Primaria? La cosa non sarebbe affatto impossibile, dal momento che queste piante erano già apparse all'epoca. Riguardo gl'insetti, il gruppo al quale appartengono i tisanotteri è conosciuto a partire dal Carbonifero superiore e i primi coleotteri datano della fine del Paleozoico[47] (Fig. 4.5). Ciò che è certo e che le interazioni tra piante e insetti erano già ben stabilite sin nell'ultima parte dell'Era Primaria, durante il Carbonifero e il Permiano. In seguito, queste non hanno fatto che rinforzarsi e diventare sempre più complesse.

---

[47] Per i più antichi tisanotteri fossili conosciuti si veda Nel et al. (2012). Per i coleotteri, consiglio di consultare Grimaldi and Engel (2005) e Nel et al. (2013).

4.4   La fine d'un mondo

L'Era Primaria termina introno ai 252 Ma. Se il suo inizio è caratterizzato da un'esplosione di Vita,[48] traduzione della quantità eccezionale di fossili rinvenuti nei sedimenti paleozoici rispetto a quelli precambriani, la sua fine, invece, e segnata dall'estinzione di massa più importante di cui abbiamo traccia!

Cos'è un'estinzione di massa? Questo concetto era già stato introdotto durante il § 3.4, per parlare di una crisi possibile scatenata dalla diffusione dell'ossigeno prodotto per fotosintesi dai microorganismi precambriani. Riprendiamo il concetto per spiegarlo con più precisione. Un'estinzione di massa, o crisi biologica, può essere definita come una diminuzione drastica della biodiversità (una perdita importante nel numero delle specie) su un periodo temporale assai ristretto sulla scala geologica.[49] Tale riduzione deve riguardare un gran numero di organismi viventi, diversi per dimensioni, morfologia, tassonomia[50] e anche per ambiente di vita. Il fenomeno di estinzione deve interessare una vasta area geografica, includendo diversi continenti e zone marine. Stiamo parlando di un'ecatombe a livello mondiale! E più la riduzione della biodiversità è grande, più l'estinzione di massa sarà severa.

Se la crisi evocata nel § 3.4 è ancora speculativa, perché priva di prove formali, quelle che saranno citate in seguito, al contrario, sono ben documentate da una serie di dati irrefutabili. Durante il corso della storia del nostro pianeta sonno riconosciute cinque crisi maggiori (Raup 1994). Non si tratta dei soli episodi d'estinzione che hanno luogo sulla Terra, ma di quelli che hanno fatto il maggior numero di vittime, tra tutti quelli conosciuti. Ecco la lista, in ordine cronologico:

* il primo si situa verso la fine dell'Ordoviciano (~444 Ma);
* il secondo, nella fase terminale del Devoniano (soprattutto tra le età Frasniano e Famenniano, ~372 Ma, nonostante si sia trattato, probabilmente, di un fenomeno complesso, durato sino alla fine dell'epoca);
* il terzo, alla fine del Permiano (~252 Ma);
* il quarto, al momento della transizione Triassico/Giurassico (~201 Ma);
* Il quinto, Cretaceo/Terziario (~66 Ma), si colloca al passaggio dal Mesozoico all'era seguente, il Cenozoico.

---

[48] In realtà, l'inizio del Paleozoico potrebbe aver coinciso con una crisi biologica vera e propria. In effetti, se è vero che appaiono diverse forme di vita prima sconosciute, si assiste anche all'estinzione di tutte (o quasi) le creature ediacariane. A questo proposito, si veda Gould (1990).

[49] Quando si parla di crisi biologiche, l'intervallo temporale della crisi non è mai (o raramente) definito. In effetti, tale tempo è difficile da valutare. Si tratta di lasso di tempo trascurabile sulla porzione della scala cronologica che c'interessa. Per esempio, per le crisi paleozoiche, può durare sino a qualche milione di anni (o anche più). Per i periodi più recenti, come l'insieme delle estinzioni alla fine del Pleistocene, è nettamente più corto: al massimo qualche migliaio di anni.

[50] La tassonomia è la scienza che identifica e descrive gli esseri viventi per classificarli in gruppi sistematici in funzione delle loro relazioni.

L'ultimo episodio è il più celebre, perché segna l'estinzione dei dinosauri. Il terzo è il più mortale.

La prima grande estinzione, in ordine cronologico, segna, tra le altre cose, la drastica riduzione dei trilobiti, che perdono i due terzi delle loro famiglie, e del gruppo dei conodonti[51] che perdono l'80% delle loro specie. Altre comunità animali, come quella dei molluschi, resistono meglio alla crisi.

Al limite Frasniano/Famenniano spariscono completamente tutti i vertebrati corazzati privi di mandibola,[52] più un gran numero di trilobiti (che si erano in parte ripresi dalla crisi precedente) e molti altri organismi marini, soprattutto quelli che vivevano nelle acque poco profonde.

Durante la crisi alla fine del Permiano spariscono circa il 90% delle forme marine. Sui continenti, le cose vanno un po' meglio. La percentuale delle perdite si limita allo 70% solamente!

Al limite Triassico/Giurassico si estinguono molti vertebrati terrestri e anche il 50% e più degli organismi marini.

Al passaggio Cretaceo/Terziario (spesso abbreviato come K/T), il tasso globale delle specie estinte (terrestri e marine) è del 70% circa. È a quest'epoca che sui continenti, spariscono tutti i dinosauri non aviani,[53] i rettili volanti, diversi mammiferi (soprattutto marsupiali) e anche vari uccelli.

Al passaggio tra Permiano e Triassico, il 90% della villa Vita marina sparisce per sempre. Ma cosa significa esattamente questa percentuale? Cosa rappresenta esattamente? Per poterla calcolare, bisogna dapprima repertoriare tutti gli esseri viventi che hanno vissuto appena prima del limite sancito dalla crisi e appena dopo, e poi confrontare i due valori. Il solo modo per contabilizzare questi organismi è quello di farlo a partire dalle loro tracce fossili. La frase "il 90% delle forme di vita si è estinto" deve essere tradotta in "il 90% delle forme di vita, CONOSCIUTE GRAZIE AI FOSSILI, si è estinto".

Ma le testimonianze lasciate dalle tracce fossili sono necessariamente incomplete. Tutti gli organismi dai tessuti fortemente biomineralizzati o viventi in ambienti che favoriscono la fossilizzazione (ambienti dove i resti organici sono sotterrati rapidamente e/o gli ambienti privi d'ossigeno) saranno conservati più facilmente. All'opposto, quelli che hanno un corpo molle, senza tessuti rigidi, o che frequentano ambienti a baso tasso di fossilizzazione, rischiano di non venir

---

[51] Il termine "conodonte" indica minuscoli fossili, costituiti da fosfati, aventi la forma di piccoli denti. Il nome, per estensione, è passato attualmente a designare anche gli animali che possedevano queste strutture. Queste sono state localizzate nella parte anteriore del corpo dell'organismo, che aveva una sagoma vermiforme. A proposito di questi organismi si veda Blieck (2012).

[52] I vertebrati senza mandibola sono chiamati "agnati". A questo gruppo appartengono le lamprede e le missine attuali, più diversi gruppi fossili, esclusivamente paleozoici. Per ulteriori informazioni a proposito degli agnati, si vedano Janvier (1996) e Long (2011).

[53] Siccome ormai è accertato che gli uccelli sono i discendenti legittimi dei grandi rettili mesozoici, s'impone sempre più l'uso del termine "dinosauri non-aviani" per differenziare i primi dai dinosauri veri e propri.

mai conosciuti dai paleontologhi. I lombrichi, per esempio, sono praticamente sconosciuti nel registro fossile, mentre avrebbero dovuto essere presenti da tempi remoti …

A dispetto di tutte queste obbiezioni, la grande quantità di dati accumulati sino ad oggi (e sempre in aumento) permette ormai agli specialisti di emettere conclusioni affidabili. Le percentuali fornite qui sopra potranno essere modificate, in seguito a nuovi dati, ma il quadro generale resterà invariato. Le crisi biologiche continueranno a significare delle ecatombi reali e la crisi Permiano/Triassico difficilmente perderà il suo stato di estinzione più mortale tra quelle registrate.

Detto questo, ritorniamo alla crisi che c'interessa per esaminare, più in dettaglio, le vittime, i sopravvissuti e le cause della moria. Le vittime più celebri sono senza dubbio i trilobiti. Questo gruppo la cui diversità era, in realtà, già indebolita da due episodi di estinzione differenti, si estinguono completamente alla fine del Paleozoico. Ma non sono i soli a subire tale destino. Nei mari, dei quattro gruppi di pesci presenti (i pesci corazzati, o placodermi; gli "squali" spinosi, o acantodi, i pesci cartilaginei [= squali e specie apparentate] e i pesci ossei) solamente due passano il limite Permiano/Triassico,[54] e non senza aver subito un certo numero di perdite. Dai sopravvissuti avranno origine, attraverso un'evoluzione che durerà tutto il Mesozoico, le forme moderne. Anche tutti i gruppi di coralli tipici del Primario svaniscono. Tra gli echinodermi, solamente cinque classi vedono levarsi l'alba della nuova era; cinque classi i cui ranghi sono stati comunque decimati. E lo stesso dicasi per la maggior parte degli altri gruppi di animali marini. Ma la crisi non colpisce solo gli animali; persino al livello dei microorganismi si registrano perdite importanti. Prendiamo per esempio un gruppo di foraminiferi,[55] i fusulinidi. Non ci sarà più traccia di queste creature a partire dal Triassico!

E sui continenti? L'estinzione di massa colpì gl'insetti, che perdettero almeno otto gruppi (due terzi circa delle forme conosciute all'epoca), tra cui le libellule giganti e i paleodittiotteri, evocati nel § 4.3. E se le piante furono capaci di superare la crisi con perdite limitate, non si può affermare lo stesso per i vertebrati terrestri; due terzi dei loro effettivi furono eradicati definitivamente dalla biodiversità dell'epoca. Tra questi, i rettili detti "mammaliani" (perché è all'interno di questo gruppo che devono cercarsi gli antenati dei mammiferi), erano in piena espansione; ma furono colpiti duramente. Tuttavia, due diverse linee evolutive furono in grado di sopravvivere e continuarono la loro evoluzione durante il Triassico.

---

[54] Bisogna precisare, tuttavia, che i pesci corazzati si erano già estinti alla fine del Devoniano, più o meno 359 Ma fa. Questi vertebrati superano l'inizio della crisi Frasniano/Famenniano, che si era prodotta qualche milione di anno prima, ma nessuno di loro sembra aver raggiunto il Carbonifero. Quindi, il solo gruppo di pesci a estinguersi realmente, alla fine del Permiano, è quello degli acantodi.

[55] I foraminiferi sono un gruppo di microorganismi marini capaci di secernere una specie di conchiglia minuscola intorno al loro corpo, la cui forma è tipica di ogni specie. La conchiglia dei foraminiferi (tranne quella di qualche specie) è fatta di calcare; l'organismo vi vive all'interno ma può fare uscire le espansioni del corpo per catturare gli alimenti di cui si nutre (Decrouez et al. 1996). I foraminiferi sono un gruppo anziano, apparso nella prima parte del Paleozoico.

Il risultato che emerge da quadro descritto è che le vittime sono tutte differenti per appartenenza tassonomica, per ambiente frequentato e per provenienza geografica. E anche se consideriamo che la crisi, per lo meno nei mari, abbia potuto prodursi in due ondate di estinzioni successive, separate da almeno 200 000 anni,[56] questo non toglie niente alla gravità dell'evento, né alla sua rapidità.

Quale causa o, più precisamente, quali cause, hanno provocato una tale catastrofe? Il dibattito è ancora aperto, ma varie piste sono state indentificate.[57] Per prima cosa, bisogna precisare che, all'epoca, le masse continentale erano riunite in un solo super-continente: la celebre Pangea. Tale configurazione ha avuto l'effetto di ridurre considerabilmente gli ambienti marini di piattaforma continentale (gli ambienti costieri di debole profondità) dell'epoca. Questi sono, in effetti, tutti quei differenti ambienti che si trovano davanti alle coste, appena prima dei rapidi pendii sottomarini che sovrastano i fondi abissali. Se la lunghezza delle coste diminuisce, tali ambienti si riducono a loro volta!

Naturalmente la riunione di continenti non è avvenuta in un giorno. Gli organismi tipici di tali ambienti hanno avuto, in questo caso, il tempo di adattarsi alla nuova situazione. Ma se aggiungiamo a questo stress altre perturbazioni (per esempio, cambiamenti del livello del mare), ecco che gli abitanti dei bacini poco profondi vengono a trovarsi sottomessi a vincoli tali da mettere in pericolo la loro esistenza (è il caso di ricordare che le estinzioni al limite Permiano/Triassico implicarono soprattutto creature marine?).

Ma c'è di più; la riunione dei continenti in una sola grande massa ha degli effetti profondi anche a livello climatico. Infatti, favorisce la formazione di vaste distese desertiche, nella parte centrale del blocco continentale, con un aumento dell'aridità e, di conseguenza, una diminuzione della copertura vegetale. Gli organismi vegetariani devono allora concentrarsi sulle coste dove l'umidità permette la crescita delle piante. Tuttavia, la rarefazione di questi ambienti esacerba la concorrenza e può causare estinzioni. Tutto ciò si è puntualmente verificato durante il Permiano superiore!

Tuttavia, tra le possibili cause di questa crisi, una più delle altre ha ritenuto l'attenzione degli specialisti, almeno in tempi recenti: quella di una incrementata attività vulcanica. Secondo questa ipotesi, i vulcani avrebbero emesso un'enorme quantità di gas nocivi sotto forma di nubi alla fine del Permiano. Uno degli effetti sarebbe stato quello di provocare una diminuzione della luce solare sulla Terra, con conseguenze nefaste per i vegetali, ma causando anche perdite considerabili a tutti i livelli della Vita animale. Per corroborare tali ipotesi, gli scienziati citano

---

[56] Un'equipe internazionale, grazie ai suoi lavori, avrebbe messo in evidenza che, per lo meno nella regione cinese dove sono state concentrate le raccolte di fossili, l'estinzione Permiano-Triassico non è stata un evento puntuale. I ricercatori hanno messo in evidenza almeno due differenti picchi di sparizioni: il primo a ~100 000 anni prima della fine del Permiano, il secondo a ~100 000 anni dopo l'inizio del Triassico (Song et al. 2013).

[57] Per maggiori dettagli sull'estinzione di massa Permiano-Triassico e sulle sue cause possibili, si vedano Steyer (2009, capitolo 4, p. 159–162), e l'articolo di Crasquin et al. (1989).

i trappi (traps) siberiani, colate di lava che si stendono su superfici immense (circa $200\,000\ km^2$) e che corrispondono a episodi vulcanici massivi concentrati alla fine del Permiani.

E cosa dire della caduta di un meteorite? Se un corpo celeste che ha percosso il nostro pianeta è stato implicato nella crisi K/T, perché un evento analogo non potrebbe aver segnato la fine del Paleozoico? Questa eventualità potrebbe anche spiegare la regolarità (presunta?) dei fenomeni di estinzioni segnalati da alcuni scienziati (Raup 1994).

L'ipotesi del meteorite è dunque seducente, ma quali sono le prove? Per ora, esse non sono molto numerose. Nessuno ha ancora mai trovato il cratere d'impatto. Tuttavia, le ricerche non fanno che cominciare e non è impossibile che un'area con le caratteristiche richieste non possa essere, un giorno, messa in evidenza. Inoltre, la caduta di meteoriti o di asteroidi non deve essere stata rara nel passato, si si giudica, per esempio, alla superficie lunare.

Allora, chi è il colpevole della crisi Permiano/Triassico? La caduta di un meteorite? L'attività vulcanica? La riunione dei continenti in una sola massa? Visto la complessità dell'evento (un massacro di esseri viventi disparati, in terra e in mare), è molto probabile che varie cause ne siano implicate. È possibile che movimenti eustatici[58] marini, in un contesto di riduzione degli ambienti costieri poco profondi, si sia fatta sentire sugli organismi tipici di tali ambienti. Se a questo ci aggiungiamo l'inquinamento dovuto a importanti emissioni di CO_2, un gas che è assorbito preferenzialmente dai mari e dagli oceani, è chiaro che le comunità marine sono state provate duramente.

Sulle terre emerse le cose non sono andate poi molto meglio, visto le modificazioni climatiche provocate dai fenomeni vulcanici e quelle legate alla posizione dei continenti, senza parlare dei gas nocivi diffusi nell'atmosfera. E se ci aggiungiamo anche la caduta di uno o più meteoriti (che possono essersi finiti indifferentemente sulla terra o nei mari) ecco che il quadro diventa realmente apocalittico. La sparizione di un gran numero di animali non dovrebbe più fare alcun mistero!

Tuttavia, questo quadro non è che una supposizione. Altri dati sono necessari, soprattutto quelli relativi a uno o più crateri d'impatto meteoritici, per produrre ipotesi realmente soddisfacenti sulle cause della crisi permo-triassica. Soltanto i progressi della ricerca scientifica potranno darci, un giorno, la risposta.

Voglio terminare il paragrafo facendovi notare che, malgrado tutto quello che è appena stato detto, le crisi biologiche non devono essere considerate soltanto come eventi catastrofici. L'aspetto negativo costituisce solo una faccia della medaglia; l'altra è più costruttiva per l'evoluzione. Se è vero che queste crisi provocano lo sterminio di gruppi fiorenti o possono dare il colpo di grazia a linee evolutive

---

[58] Un movimento eustatico è un aumento o un abbassamento generalizzato (registrato su tutto il globo terrestre) del livello del mare rispetto alla linea di costa dei continenti.

già in declino, d'altra parte, esse offrono una possibilità ad altri organismi. Dopo che le estinzioni di massa hanno fatto piazza pulita, questi hanno la passibilità di differenziarsi, di legare associazioni con altri organismi, di mostrarsi non meno efficienti di tutti quegli esseri appena scomparsi.

Facciamo un esempio. L'avvocato X è molto celebre, un vero principe del foro. Il suo carattere risoluto e aggressivo, gli fa vincere numerose cause nei tribunali e lo rende assai richiesto; è considerato il migliore avvocato sulla piazza! Tuttavia una notte, in seguito a una festicciola in cui ha bevuto un po' troppo, ha un incidente automobilistico che gli è fatale.

La sua assistente, l'avvocatessa Y, molto più timida e introversa del suo principale, è costretta a riprendere tutte le cause lasciate in sospeso. La sua competenza e la sua tenacia, tuttavia, gli consentono di svolgere positivamente tutti i compiti. Non essendo più nell'ombra dell'avvocato X, è il suo metodo che s'impone nei tribunali. La nostra avvocatessa Y diventa la nuova "regina" del foro, ancora più richiesta ed efficace del suo predecessore.

Ecco come un accidente perfettamente fortuito (chi avrebbe mai detto che l'avvocato sarebbe deceduto quella notte?) ha fatto emergere un'alta personalità, non meno valida di quella che l'ha preceduta, capace di "prendere il testimone" (come in una staffetta) e di portarlo più lontano!

Le crisi biologiche possono dunque favorire la varietà; dopo il dominio di uno o più gruppi, che monopolizzano la biodiversità, arriva un'estinzione di massa che rimette a zero il cursore e offre una *chance* ad altri organismi, spesso ben differenti dai primi, che altrimenti, non avrebbero avuto la possibilità di differenziarsi ulteriormente.

In questo modo, i vuoti lasciati dalle estinzioni della fine del Permiano, vengono riempiti dagli organismi triassici (animali, piante e anche microorganismi) che, a poco a poco, occupano le nicchie ecologiche vacanti e si moltiplicano differenziandosi, a beneficio della biodiversità.

4.5   Riassunto del quarto capitolo

Il primo periodo del Paleozoico è caratterizzato dal fenomeno conosciuto sotto il nome di "esplosione di Vita al Cambriano". Quest'espressione traduce l'apparizione improvvisa di un gran numero di organismi, soprattutto gli animali a simmetria bilaterale (riuniti tutti nel gruppo dei "bilaterali"). L'avvenimento è reso evidente per la grande quantità di fossili rinvenuti nei sedimenti paleozoici, nettamente superiore a quella dei resti esumati negli strati precambriani. Tutto ciò, comunque, potrebbe semplicemente essere la manifestazione di un fenomeno differente. In effetti, dal momento che la maggior parte dei resti sono costituiti da strutture biomineralizzate (quindi, più facili a fossilizzarsi che non i tessuti molli), l'abbondanza dei resti paleozoici potrebbe derivare, più banalmente, dall'acquisizione, da parte degli organismi, della capacità di produrre questo tipo di sostanze, piuttosto che non da una reale diversificazione degli esseri viventi.

Le cause del fenomeno sarebbero multiple. Da un lato, il cambiamento della chimica degli oceani, soprattutto un nuovo aumento del tenore di ossigeno che, controbilanciando l'acidità delle acque dovuta alla CO_2, favorisce la precipitazione del carbonato di calcio e, quindi, dei tessuti mineralizzati. Dall'altro, possono essere anche implicati l'evoluzione di organi più efficienti (come gli occhi) e/o di complessi genici capaci d'influenzare lo sviluppo dell'embrione.

In ogni caso, la differenza con le faune più anziane è palpabile; i mari e gli oceani del Paleozoico danno riparo a un'abbondanza di forme animali sconosciuti in precedenza (gli echinodermi, per esempio, si differenziano in 21 classi, di cui 14 potevano essere presenti allo stesso tempo nella stessa località, contro le cinque attuali), compresi i primi grandi predatori.

I continenti sono invasi dagli organismi diventati capaci di liberarsi dal giogo dell'elemento liquido, tra cui gli artropodi, i gasteropodi, i vertebrati e le piante. Queste ultime realizzano tutte le loro principali conquiste evolutive legate alla permanenza terrestre, all'eccezione della produzione del fiore. Nelle foreste carbo-permiane, si stabiliscono le prime interazioni tra gl'insetti, in piena espansione, e i vegetali.

La fine del Paleozoico è segnata par la più grande crisi biologica documentata subita dal nostro pianeta: all'incirca il 90% degli organismi marini appartenenti a diversi gruppi sistematici e sparsi su tutta la superfice del globo spariscono per sempre. Sui continenti, la crisi è un po' meno grave. Nonostante questo, il 70% delle forme di vita si estingue. Le cause evocate per spiegare questo funesto avvenimento sono varie: dalla riunione di tutte le terre emerse in una sola massa continentale, la Pangea (il cui effetto è la riduzione degli ambienti acquatici di acqua poco profonda, davanti alle coste, e la desertificazione di vaste distese terrestri), a quella di un'attività vulcanica accresciuta, sino alla possibilità di caduta di un meteorite (il cui cratere d'impatto resta, tuttavia, ancora da trovare). Allo stato attuale delle nostre conoscenze, nessuna causa particolare è privilegiata. È tuttavia possibile che diverse cause si siano combinate per provocare la crisi che segna il passaggio con l'era successiva, il Mesozoico.

4.6   Appendice: per qualche informazione in più …

4.6.1   Variazione della biomineralizzazione in ambiente marino

In biologia marina, ma anche in geologia e in geochimica, il lisoclino è definito come il livello superiore al di sotto del quale aumenta in modo importante la solubilità del calcare. Questo significa che alla morte degli organismi, tutti i rivestimenti in carbonato di calcio, come le conchiglie, hanno la tendenza a dissolversi, sino a consumarsi completamente. Invece, al di sopra del lisoclino, possono fossilizzarsi e conservarsi all'interno dei sedimenti (naturalmente se non sono già stati distrutti da altri tipi di accidenti, come urti dovuti a correnti o ad altre forme di trasporto). Al lisoclino è spessi associata la profondità di compensazione dei carbonati, abbreviata con m'acronimo inglese CCD (*Carbonate Compensation Depth*). Si tratta di una profondità superiore a quelle del lisoclino che segna il limite d'instabilità dei carbonati. Al di sotto del suo livello, nessun tipo di carbonato può sopravvivere. La CCD non è costante, né nel tempo né nello spazio. Varia da una regione marina all'altra, in funzione della pressione, della temperatura e della composizione chimica delle acque. L'acidità dell'acqua è un fattore importante che influenza la solubilità dei carbonati: più le acque sono acide, più i carbonati saranno disciolti. La CO_2 aumenta l'acidità e favorisce la dissoluzione dei calcari. L'ossigeno, invece, agisce in maniera opposta, contrastando l'azione della CO_2. La presenza di ossigeno e il suo aumento favoriscono la formazione dei depositi di carbonato di calcio e quindi la produzione di esoscheletri (scheletri esterni) da parte degli organismi marini. Da questo punto di vista, l'ossigenazione di strati marini sempre più profondi è stata essenziale per favorire la capacità degli animali acquatici a secernere tessuti rigidi.

5

Il Mesozoico, l'era dei dinosauri

Sommario

5.1   E ora ... largo ai dinosauri!

Il Paleozoico terminato, comincia una nuova era: il Mesozoico. A differenza della precedente, questa comprende solo tre periodi: il Triassico ($\sim$252–201 Ma), il Giurassico ($\sim$201–145 Ma) e il Cretaceo ($\sim$145–66 Ma). Il Mesozoico è anche noto con il nome di Era Secondaria o, semplicemente, Secondario. Ma la sua appellazione più celebre è, senza dubbio, quella che commemora gli animali estinti più famosi di tutto il Fanerozoico. Nell'immaginario collettivo, questo intervallo temporale è diventato l'"Era dei Dinosauri".[1]

Questi grandi rettili sono gli animali preistorici che ci affascinato di più. Chi non ha mai sognato a occhi aperti davanti la massa imponente del *Tyrannosaurus rex*?

---

[1]   Tengo a precisare che, in questo volume, il termine "dinosauri" indica quelli che sono chiamati "dinosauri non aviani" dagli specialisti, cioè gli animali comunemente indicati sotto quest'etichetta. Tuttavia, la precisazione si rende ormai necessaria, perché adesso sappiamo che gli uccelli moderni non sono che un ramo particolare dei grandi rettili: tecnicamente, sono dei dinosauri anche loro!

© The Author(s), under exclusive license to Springer Nature Switzerland AG 2025
A.M.F. Valli, *Batteri, dinosauri e canguri*, https://doi.org/10.1007/978-3-032-04925-4_5

Questo capitolo è consacrato parzialmente a loro. Solo parzialmente, però; infatti non dobbiamo dimenticarci che moltissime altre fantastiche creature sono apparse allo stesso momento dei dinosauri. Condannarle all'oblio sarebbe ancora più grave che trascurare i grandi rettili, in questo capitolo, visto l'importanza che costituiscono per la biodiversità attuale. Nonostante i dinosauri abbiano conquistato il posto preponderante in tutti i trattati sul Mesozoico (senza dubbio, grazie alla loro popolarità), bisogna sottolineare che non erano soli.

Ma procediamo con ordine. Cominciamo con i dinosauri!

Quest'opera non è il luogo più appropriato per trattare l'argomento in maniera esaustiva; sarebbe fare un torto alle opere eccellenti che esistono già in letteratura.[2] In questa sede, desidero presentare semplicemente qualche concetto che considero importante a proposito di questi animali.

Per prima cosa, quando sono apparsi? I più antichi fossili attribuiti ai dinosauri datano, all'incirca, a 230 Ma (Allain 2012) (nella prima parte del Triassico superiore). I loro resti provengono dall'America del Sud. Siccome, all'epoca, le terre erano ancora tutte riunite nella Pangea, questi animali hanno potuto spostarsi e conquistare altre terre. Infatti, durante il corso del Secondario, li ritroviamo dappertutto: dalle Americhe all'Africa, dalla Cina alla Tailandia, dall'Australia al Madagascar, passando per l'India. Naturalmente, fossili di dinosauri (non solo resti ossei ma anche vestigia di uova) sono stati rinvenuti anche in Europa, specialmente in Francia.[3]

I dinosauri, naturalmente, non erano soli. Dividevano l'habitat con molti altri animali, in particolare altri rettili. All'inizio, non erano ancora quegli esseri spettacolari che abbiamo l'abitudine di ammirare nei musei. Le prime specie di dinosauro erano di dimensioni relativamente modeste (malgrado una delle più antiche conosciute, *Herrerasaurus ischigualastensis*, misurasse 5 metri circa), in balia di altri predatori rettiliani più potenti di loro.

Ma come si possono riconoscere? Come facciamo a distinguerli dagli altri rettili contemporanei? Tra i caratteri anatomici che li caratterizzano (Benton 2005) ce n'è uno che merita di essere sottolineato: la loro stazione eretta. Il femore dei dinosauri e la sua articolazione alla anca, in effetti, sono tali che gli arti posteriori erano posizionati diritti, sotto il corpo dell'animale.[4] È questa la chiave del

---

[2]   La letteratura consacrata ai grandi rettili mesozoici è molto vasta, segno dell'interesse che hanno saputo suscitare non solo presso gli specialisti, ma anche nel cuore della gente comune. Vi indico una semplice lista di opere, separando quelle per professionisti da quelle realizzate per un pubblico più vasto. Le prime includono: Glut (1997), Sereno (1999), Weishampel et al. (2007). Il grande pubblico, invece, può consultare: Czerkas and Czerkas (1993), Norman (2000), Buffetau (2005), Allain (2012). Per quel che riguarda l'iconografia, segnalo il libro di Dougal Dixon (2006) che presenta ricostruzioni artistiche dei grandi rettili (non solo dei dinosauri). Infine, per i più giovani (sotto i 10 anni), Romain Amiot ha realizzato un piccolo volume (Amiot, 2005), che è venduto con un CD-ROM.

[3]   Quando si evocano i dinosauri, pensiamo sempre ai resti spettacolari rinvenuti in America del Nord o in Cina. Tuttavia, vari resti sono stati esumati anche in Francia. A questo proposito segnalo il libro di Eric Buffetaut (1995), dedicato agli esemplari francesi. Si tratta di una lettura per specialisti e profani.

[4]   Tutti i primi dinosauri erano delle creature bipedi, agili e snelli, in grado di correre ritti sulle zampe posteriori. Solo in seguito sono diventati quadrupedi, quando le forme vegetariane hanno aumentato le loro dimensioni e hanno dovuto appoggiarsi sugli arti anteriori, a causa del loro peso.

Fig. 5.1   Ricostruzioni di dinosauri erbivori: in alto a sinistra, l'adrosauro *Charonosaurus jiayinensis*, del Cretaceo terminale cinese (lunghezza totale, 13 metri); in alto à destra, il nodosauro *Edmontonia longiceps*, che visse in America del Nord, durante il Cetaceo superiore (le specie del genere *Edmontonia* potevano misurare sino a 7 metri di lunghezza); in basso a sinistra, il ceratopside *Eionosaurus procurvicornis*, del Cetaceo superiore del Montana (Stati Uniti ; 6 metri di lunghezza totale); in basso a destra, il sauropode *Amargasaurus cazaui*, del Cetaceo inferiore argentino (12 metri di lunghezza)

successo dei dinosauri, durante il Mesozoico? Non lo sappiamo ancora. Quello che è certo è che, in seguito alla crisi della fine del Triassico, i dinosauri (che comprendono già forme carnivore e erbivore – queste ultime potevano superare gli otto metri) diventano i padroni del campo, in seguito all'estinzione dei loro concorrenti diretti. Fortuna o superiorità evolutiva?

Dopo la crisi, i dinosauri cominciano a diversificarsi in maniera spettacolare, durante tutta la loro esistenza. Le forme classiche che conosciamo di più, si affermano a partire dal Giurassico: i grandi sauropodi vegetariani, con collo e coda smisurati (*Diplodocus*, *Apatosaurus* [= il brontosauro o "lucertola tonante"], *Mamenchisaurus*, *Amargasaurus*; Fig. 5.1), o più alti di un palazzo a quattro piani (*Brachiosaurus*), e i carnivori bipedi, con testa massiccia e denti affilati (*Allosaurus*, *Megalosaurus*, *Cryolophosaurus*; Fig. 5.2). I carnivori e gli erbivori citati appartengono allo stesso gruppo sistematico, uno dei due in cui i dinosauri sono classificati.[5] Il secondo gruppo si differenzia in maniera ancora più spettacolare durante il Cretaceo, pro-

---

[5]   Questi due gruppi formano gli ordini dei saurischi e degli ornitischi. La differenza si situa, tra l'altro, a livello della morfologia delle pelvi. Nei saurischi (che significa letteralmente "pelvi da sauro") la testa del pube è diretta verso l'avanti. Negli ornitischi (il cui nome significa "pelvi da uccello"), invece, la testa del pube è parallela all'ischio (anche se varie forme svilupparono un pre-pube, diretto anteriormente). Questa divisione è stata istituita molto presto, nella storia della paleontologia; si deve all'inglese Harry Govier Seeley, che la stabilì nel 1887 (Allain 2012). Malgrado l'antichità è ancora utilizzata (ma si veda anche Baron et al. [2017], un articolo che cominciano a mettere in dubbio la sistematica basata su questa dicotomia). Ironicamente, gli uccelli non derivano dai dinosauri ornitischi: i loro antenati vanno ricercati nel gruppo dei saurischi!

Fig. 5.2   Ricostruzioni di dinosauri carnivori: in alto a sinistra, *Cryolophosaurus ellioti*, i cui resti sono stati esumati nei sedimenti giurassici inferiori dell'Antartico (lunghezza totale, 6 metri); in alto à destra, il celebre *Velociraptor mongoliensis*, del Cretaceo superiore di Cina, Mongolia e Russia, rappresentato con le piume, come le altre forme della famiglia (questo piccolo carnivoro raggiungeva i due metri di lunghezza); in basso in mezzo, lo strano *Masiakasaurus knopfleri*, del Madagascar, che visse alla fine del Cretaceo (lunghezza; 1,8 metri circa)

ducendo specie corrazzate, dal "becco d'anatra"[6] e simili a rinoceronti con grandi corna (Fig. 5.1). Una grande varietà: al giorno d'oggi sono repertoriate non meno di 870 specie, che vissero durante un intervallo temporale di più di 160 Ma, più del doppio del tempo che ci separa dalla loro estinzione!

Un aspetto dei dinosauri che ha intrigato gli specialisti riguarda la loro fisiologia. Erano vertebrati a "sangue caldo", come i mammiferi e gli uccelli, o a "sangue freddo", come i rettili e gli anfibi moderni? In altre parole, erano capaci di produrre calore all'interno del proprio corpo o la loro temperatura dipendeva da quello dell'ambiente nel quale vivevano?

Il grande pubblico fu portato a conoscenza del problema, per la prima volta, a seguito di un libro pubblicato dal paleontologo americano Robert Bakker (1988) dove si sosteneva che i dinosauri erano vertebrati endotermi, cioè che erano capaci di produrre il calore del proprio corpo e di mantenere la temperatura corporale elevata indipendentemente da quelle dell'ambiente esterno. L'aggettivo "endotermo", i cui ho appena data la definizione, si oppone a "ectotermo", proprio degli organismi la cui temperatura corporale dipende da quella dell'ambiente, come nel caso dei rettili attuali.

---

[6]   Una delle caratteristiche di questo gruppo di dinosauri è che potevano realmente "masticare" i loro alimenti vegetali. Infatti, possedevano un dispositivo anatomico del cranio che permetteva loro una specie di masticazione. Un'articolazione particolare a livello delle mascelle superiori, permetteva a queste di separarsi un poco durante la chiusura della bocca. Allora, i denti superiori e inferiori in opposizione, la cui superficie era obliqua, potevano scivolare gli uni sugli altri, producendo una frizione che contribuiva a schiacciare i vegetali nella cavità orale.

Tuttavia, la risposta non è semplice come Bakker pretendeva. Sotto il nome di "dinosauri", raggruppiamo animali dalla taglia a dal comportamento molto diversi; dal grande brachiosauro, la cui massa è stimata tra 30 e 50 tonnellate (pari a quella di una decina di elefanti; si veda, nell'appendice al capitolo, la sezione "Dinosauri grandi e piccoli"), al piccolo *Velociraptor*, carnivoro agile e snello (Fig. 5.2). Bisogna aver presente, in effetti, che ogni dinosauro poteva aver necessità differenti, ciascuna legata alle attività che gli erano proprie. Più la temperatura interna dell'organismo è elevata, più è attivo il suo metabolismo (inteso come l'insieme dei processi biologici interni all'organismo che lo mantengono in vita). Quindi quello che è importante è che il metabolismo funzioni in modo tale da permettere a ogni animale (= dinosauro) di compiere tutte le attività necessarie alla sua sopravvivenza. Le attività di un *Velociraptor*, che deve atterrare le prede grazie a un artiglio posto sul dito interno delle zampe posteriori saranno senz'altro differenti da quelle di un grande sauropode che bruca pacificamente le piante!

È chiaro che vivere in un ambiente caldo, senza variazioni termiche particolari poteva convenire ad animali delle dimensioni di un brachiosauro o di un diplodoco, anche se la loro fisiologia non permetteva loro la regolazione interna della temperatura, indipendentemente da quella dell'ambiente esterno. Bestie di tale taglia non avevano bisogno di essere a "sangue caldo". La loro inerzia termica sarebbe bastata per sopportare le piccole variazioni termiche tra giorno e notte.

Sul lato opposto, le attività dei raptor (*Velociraptor*, *Deinonychus*) necessitavano più energia. I loro metodi di caccia, in termini di dispendio energetico, erano simili a quelli di un rapace o di un altro predatore attivo; dovevano scovare la preda, acchiapparla e soggiogarla. La fisiologia di questi dinosauri doveva dunque assomigliare a quella degli animali citati qui sopra.

Tuttavia, il possesso di un metabolismo elevato ha un costo: cibo più frequente e capacità di isolare il corpo per evitare di disperdere il calore prodotto.

Le analisi istologiche eseguite sui resti fossili ci permettono di fare un po' di luce sull'argomento. Gli studi effettuati sugli arcosauri[7] dal Triassico superiore al Giurassico inferiore hanno mostrato che questi animali avevano una crescita rapida compatibile con un metabolismo elevato. Ma c'è un'eccezione: i coccodrilli. Questi rettili, a differenza degli altri arcosauri hanno conservato un metabolismo ectodermico (Allain 2012, capitolo 4). Alcuni dinosauri potrebbero dunque aver migliorato le caratteristiche fisiologiche dei loro antenati, mentre altri avrebbero potuto seguire un cammino evolutivo opposto.

---

[7]   Gli Archosauria (i "rettili dominanti") formano un gruppo che comprende, tra gli altri, i dinosauri, i rettili volanti e i coccodrilli. Tra i caratteri particolari che definiscono il gruppo, si segnala la presenza di una finestra ante-orbitale (Benton 2005). Il loro cranio, su ogni lato, possiede un'apertura supplementare tra l'orbita e la narice. Quest'orifizio, comunque, può chiudersi secondariamente in alcune linee evolutive (come quella dei coccodrilli) o anche fondersi con la finestra orbitale (come nel caso degli uccelli).

Abbiamo evocato la capacità di dotarsi di un ricoprimento isolante per evitare di disperdere il calore corporeo. Per i vertebrati attuali, tale soluzione si traduce in una copertura di peli o in uno strato di grasso (come fanno cetacei e pinnipedi) nel caso dei mammiferi, oppure in una copertura di piume nel caso degli uccelli. Questi ultimi, grazie alla forma asimmetrica caratteristica delle loro penne possono anche volare.[8]

E i dinosauri? Quali tipo di copertura isolante potevano avere? I fossili di dinosauri che hanno conservato tracce di pelle non sono frequenti, ma ne conosciamo qualcuno. Senza entrare nei dettagli, limitiamoci al caso dell'isolamento termico. Oggi sappiamo, grazie alle scoperte effettuate negli ultimi anni (come i rinvenimenti eccezionali nei sedimenti cinesi di età Giurassico medio/Cretaceo inferiore) che alcune categorie di dinosauri possedevano "mantelli" di tipo diverso: chi aveva una copertura rudimentaria costituita da semplici filamenti, chi una specie di "piumino" più elaborato e chi infine, poteva vantare delle piume vere e proprie, benché, in generale, sprovviste dell'asimmetria tipica di quelle degli uccelli.[9] Tali strutture si sono evolute, durante gli anni, a partire dalle scaglie dei rettili. Nonostante nel passato fossero considerate appannaggio degli uccelli, ecco che i paleontologi scoprono, oggi, che la piuma era già stata "inventata" dai dinosauri.

Analisi anatomiche avanzate hanno permesso di mettere in evidenza, in alcuni dinosauri, un'anatomia complessa a livello delle vertebre, sconosciuta precedentemente. Gli specialisti si sono accorti che il corpo vertebrale presentava profonde cavità. Si tratta di una particolarità ben conosciuta negli uccelli, dove è associata alla presenza di tessuti respiratori, i sacchi d'aria. Questi consentono di aumentare la quantità d'aria, ricca in ossigeno, che l'animale può immagazzinare nel corpo. Quest'accorgimento permette all'uccello di "arricchire" d'ossigeno il proprio sangue, elemento prezioso per un organismo volante che dispende un grande quantità di energia. Tale eccedenza può rivelarsi particolarmente importante quando l'uccello vola ad altezza vertiginose, dove l'ossigeno è più raro.

Quel vantaggio poteva portare ai dinosauri questa disposizione anatomica, loro che non devo mai raggiungere tali altezze? Un carattere non deve sempre conferire un vantaggio al suo proprietario. Basta, semplicemente, che non ne comprometta l'efficienza nell'ambiente di vita. D'altra parte, la presenza di sacchi d'aria nelle vertebre dei dinosauri poteva arricchire il tenore di ossigeno nel loro

---

[8] Le piume degli uccelli si dividono in due grandi categorie: le piume interne e le penne del rivestimento esterno. Le prime sono soprattutto importanti per l'isolazione termica, le seconde sono essenziali per il volo e sono asimmetriche. L'asse centrale delle penne è costituito dalla rachide, un tubo di cheratina. Sui suoi lati, a destra e a sinistra, sono inserite le barbe (disposte un po' come i rami di un albero, ma molto più serrate), che, a loro volta si ramificano in barbule. Le barbe di un lato sono sviluppate differentemente di quelle dell'altro; questa disposizione consente alle penne di formare una superficie portante e di permettere il volo (Prum and Brush 2005; Buffetaut 2005). Le penne degli uccelli che hanno perduto definitivamente la capacità di volare (gli struzzi e gli atri ratiti, i pinguini) sono diventate simmetriche.

[9] Tra gli articoli scientifici che trattano l'argomento, segnalo i seguenti: Ji et al. (1998), Xu et al. (2004), Xu et al. (2010). Il lettore interessato potrà consultare con profitto anche Cang (2008).

sangue, esattamente come nel caso degli uccelli. Questa capacità poteva rivelarsi vantaggiosa per quelle specie necessitanti di un metabolismo elevato, a causa delle loro attività.

Ecco che scopriamo che i dinosauri (per lo meno, alcuni tra di loro) possedevano caratteristiche tipiche degli uccelli moderni. Questo particolare si rivela importante per la capacità di questi animali di produrre energia (attitudine intimamente legata alla capacità di volare) e di conservare il calore corporeo.

Non c'è niente di strano, dunque, se un dinosauro dotato di tutte queste caratteristiche a un certo punto abbia compiuto un passo ulteriore e si sia messo a volare (Buffetaut 2005, p. 57–59). Ecco come gli uccelli hanno fatto il loro ingresso sulla scena, durante il Mesozoico!

Ma quando? E, soprattutto, dove? I resti del più antico uccello conosciuto, *Archaeopteryx lithographica*, provengono dagli strati del Giurassico superiore (~150 Ma) della località tedesca di Solnhofen, in Bavera. L'animale, di cui si conoscono vari scheletri completi, possedeva una lunga coda da rettile, mascelle dotate di denti e dita artigliate agli arti anteriori. Sarebbe stato classificato tra i dinosauri se i bordi del fossile non avessero presentato chiare impronte di piume lungo i lati dell'animale.[10] A quest'epoca (la scoperta del primo fossile è del 1860), che diceva "piume" diceva "uccelli" e, nonostante i caratteri tipici di un rettile, l'esemplare fu classificato come un uccello. Questa determinazione non è stata praticamente mai messa in questione e *Archaeopteryx* continua a essere considerato il più antico uccello conosciuto.

Tuttavia, vista la quantità di fossili eccezionali,[11] tra cui diverse specie di uccelli mesozoici, provenienti dalla provincia cinese di Liaoning, è praticamente certo che, presto o tardi, forme più antiche possano essere scoperte.[12]

In tutti i casi, due sono i fatti importanti da ritenere, per la nostra storia:

1. per prima cosa, gli uccelli fanno la loro apparizione durante l'Era Secondaria;
2. infine, non si tratta d'altro che di dinosauri particolari, ricoperti di piume, che hanno acquisito la capacità di volare.

---

[10] In più, analisi successive hanno messo inevidenza che le penne del rivestimento esterno dell'*Archaeopteryx* erano asimmetriche. L'animale era dunque in grado di volare. Considero importante questo dettaglio perché, per me, un uccello non è che un dinosauro in grado di volare (anche se alcuni uccelli hanno perduto secondariamente tala capacità). Sottolineo, tuttavia, che si tratta di una definizione strettamente personale. Per differenziare uccelli e dinosauri si utilizzano particolari caratteristiche anatomiche, soprattutto craniali. Tuttavia, per quello che so, non è stato ancora scoperto nessun dinosauro capace di volare veramente.

[11] Tra questi fossili eccezionali, segnalo un esemplare di *Anchiornis huxleyi*, un dinosauro a piume del Giurassico, sul quale i paleontologi hanno recentemente trovato tracce di pigmenti fossili. Il colore del piumaggio è stato dunque parzialmente ricostruito (Li et al. 2010).

[12] Di recente, una comunicazione scientifica ha proclamato la scoperta di possibile uccello, *Aurornis xui*, ancora più antico di *Archaeopteryx* (Godefroit et al. 2013). Tuttavia, l'antichità del rinvenimento è stata rimessa in questione: lo strato da cui proviene il fossile potrebbe essere più giovane di 35 Ma (Balter 2013) di quanto acclamato. Sono dunque necessarie ulteriori analisi dei sedimenti in cui i resti sono stati rinvenuti, per precisarne l'età. Tuttavia, nessuno ha ancora provato che *Aurornis* potesse volare. Quindi, sino a prossima conferma, per me *Archaeopteryx* continua a essere il più anziano uccello conosciuto!

Il gruppo si differenzierà durante tutto il Mesozoico. Vari esemplari sono stati rinvenuti nei sedimenti cetacei cinesi, ma resti più frammentari e meno spettacolari sono stati esumati anche in America (nel Nord come del Sud) e in Europa. Durante la loro evoluzione, gli uccelli hanno perso la lunga coda da rettile, così come i denti (hanno acquisito un becco vero e proprio al loro posto) e le dita artigliate sulle mani. La crisi K/T con cui termina il Cretaceo (e tutto il Secondario), colpisce gli uccelli come gli altri gruppi tassonomici. Questi, in effetti, perdono un gruppo completo, quello degli enantiorniti,[13] che fu il più caratteristico del Secondario.

Nonostante la crisi, gli uccelli si riprendono dal colpo e continuano e evolvere nuove forme, sino all'apparizione di tutte le specie moderne. Dal momento che gli uccelli sono i soli discendenti dei dinosauri e che il numero delle specie attuali è valutano intorno a 10 000, non sarebbe più corretto attribuire l'epiteto "Era dei Dinosauri" all'attuale, piuttosto che al Mesozoico?

5.2 Non solo dinosauri!

Come era stato annunciato all'inizio del paragrafo precedente, i Dinosauri non sono le sole novità evolutive del Mesozoico. Molti altri organismi fanno la loro apparizione, prima, durante o dopo quella dei grandi rettili.

Per esempio, restando tra i vertebrati, appena qualche milione di anni dopo i dinosauri, appaiono i rettili volanti, gli pterosauri (Wellnhofer 1991; Unwin 2005; Witton 2013). Sono i primi vertebrati capaci di volo attivo. Solcarono i cieli ben prima dell'evoluzione degli uccelli, che si situerebbe (secondo le nostre conoscenze attuali) nell'ultima parte del Giurassico, tra 160 e 145 Ma.

Nei mari, troviamo i rettili marini (Callway and Nicholls 1997; Ellis 2003; Everhart 2005; Paul 2022): ittiosauri, plesiosauri e pliosauri. I primi, gli ittiosauri, sono ancora più antichi dei dinosauri, poiché sono apparsi almeno 10 milioni di anni prima di questi ultimi. Insieme a questi animali, si afferma un gruppo di molluschi cefalopodi (si tratta del gruppo tassonomico delle piovre, dei calamari e dei nautili) che è talmente tipico dei mari mesozoici da diventare strumento indispensabile alla biocronologia dell'epoca.[14] Sto parlando, naturalmente, delle

---

[13] Gli enantiorniti differiscono agli uccelli moderni per caratteri anatomici particolari, soprattutto a livello delle vertebre del torace e della cintura scapolare. Tipica era anche la fusione delle ossa metatarsali (quelle dei piedi) che si sarebbe effettuata dall'estremità prossimale (dalla gamba) verso quella distale (verso i piedi), la direzione opposta rispetto a quella caratteristica degli uccelli moderni. Questo gruppo, conosciuto esclusivamente durante il Cretaceo, comprendeva molte specie differenti, tra 40 e 50 (nonostante una revisione sia necessaria, perché molti esemplari sono conosciuti solo in maniera frammentaria), con dimensioni e forme assai varie. Per saperne di più sull'evoluzione aviaria, dal Mesozoico sino ad oggi, consiglio la lettura dell'Opera collettiva 2014.

[14] La biocronologia è la disciplina che ci permette di attribuire un'età relativa (cioè chi è più vecchio di chi) alle rocce e ai sedimenti antichi in funzione dei fossili che includono al loro interno.

ammoniti.[15] Questi cefalopodi, dotati di conchiglia esterna, discendono da un gruppo molto più anziano, di origine paleozoica, di cui sono i soli discendenti.

Nessuno degli organismi citati qui sopra supera il limite Cretaceo/Terziario. Si estinguono tutti verso i 66 Ma, se non prima (è il caso degli ittiosauri, per esempio, che spariscono verso la fine del Cretaceo inferiore).

Ma durante il Mesozoico, non fanno la loro apparizione soltanto organismi destinati a estinguersi alla fine dell'era. Molti altri costituiscono i primi rappresentanti dei gruppi che continueranno a esseri i protagonisti della biodiversità sino ai nostri giorni.

Per esempio, sempre nei mari, a partire dal Triassico medio, appaiono i primi rappresentanti dei coralli moderni che, a poco a poco, prendono il posto delle forme paleozoiche sparite per sempre durante la crisi permiana. Sempre al corso della stessa epoca, appaiono anche vari gruppi di foraminiferi,[16] di cui la maggior parte arriva sino ai nostri giorni.

Anche gli ostracodi moderni sembrano essersi evoluti durante il Secondario. Questi animali, sono piccoli crostacei (la loro taglia non eccede mai pochi centimetri; anzi, nella maggioranza dei casi è nettamente inferiore) protetti da un carapace bivalve, cioè composto da due elementi simmetrici articolati tra di loro. Queste creature sembrano assolutamente banali. Tuttavia, sono molto utilizzati in paleoecologia, perché molte forme post-paleozoiche sembrano strettamente legate ad ambienti particolari (caratterizzati da parametri fisici assai precisi, come la profondità, la salinità dell'acqua, la qualità e la quantità di luce ricevuta, e via dicendo) esattamente come le specie moderne con le quali sono apparentate. Quando uno specialista identifica una specie e questa risulta filogeneticamente prossima a una forma contemporanea particolare, si possono attribuirle lo stesso stile di vita e lo stesso habitat. In questo modo, grazie agli ostracodi, è possibile ricostruire le caratteristiche di molti ambienti acquatici preistorici, abitati da altre comunità animali e vegetali. Siccome si conoscono sia ostracodi marini che d'acqua dolce (con tutti gl'intermediari), le ricostruzioni possono essere fatte tanto in ambiente strettamente marino che terrestre.

Rimaniamo nei mari. Volgiamoci adesso verso animali più familiari; i pescecani. I gruppi moderni, i cui rappresentanti più antichi potrebbero esseri apparsi già verso la fine del Paleozoico, evolvono e si differenziano durante il corso di tutto il Mesozoico (Maisey 2000; Cuny and Beneteau 2013; Long 2025). La maggior parte delle moderne famiglie di squali e razze erano già presenti alla fine dell'era, con rappresentanti che, per forma e stile di vita, ricordano le specie attuali.

---

[15] Per generalità su questo gruppo, si vedano Lebrun (2008a, 2008b). A tutti coloro che sono interessati alla tassonomia degli esemplari della regione lionese, segnalo l'opera di Louis Rulleau, (2006). Lo stesso autore ha pubblicato vari volumi consacrati alle ammoniti, presso Dédale Éditions. Infine, vi consiglio il libro di Kate LoMedico Marriott (2024).

[16] Vi ricordate dei foraminiferi? Altrimenti si consiglio di rivedere la nota 55 del capitolo 4.

Mari e oceani sono anche testimoni dell'evoluzione dei pesci ossei. Anche in questo caso, molti dei gruppi moderni fanno la loro prima apparizione durante l'Era Secondaria.

Il Libano, durante una gran parte del Cretaceo, era quasi completamente sommerso. Si trovava su una piattaforma continentale dell'antico Oceano Tetide, una vasta distesa marina compresa tra il Nord Atlantico (che stava ancora aprendosi) e il Giappone. Il Libano costituisce una vera e propria mina d'informazioni sull'evoluzione delle faune ittiche (faune a pesci), tra i 95 e i 80 Ma, perché sul suo territorio sono stati rinvenuti giacimenti eccezionali tanto per la qualità che per la quantità dei fossili rinvenuti (Gayet et al. 2012). Un'insospettata varietà di pesci ossei, come pure di altri organismi, è stata esumata da un pugno di località. Dai celacanti alle anguille (le più antiche conosciute), dai primi pesci spada ai più antichi tetraodontiformi, i giacimenti libanesi sembrano inesauribili per quel che riguarda la novità fossili scoperte. Un buon numero di famiglie moderne è segnalato per la prima volta, proprio in questi siti.

Se ci volgiamo a occidente, scopriamo un'altra distesa d'acqua salata, oggi scomparsa. Si tratta del Mare Interno che tagliava longitudinalmente l'America del Nord, dalla parte settentrionale del Canada sino al Golfo del Messico. Anche qui le scoperte fossili sono state eccezionali: rettili marini, squali e invertebrati. In più, molti resti di pesci ossei, tutti vissuti durante il Cretaceo superiore. Come nel Libano, le famiglie moderne vivevano accanto a forme che si sono poi estinte completamente (Everhart 2004).

Terminiamo la nostra escursione marina con un gruppo tassonomico ingiustamente trascurato nella letteratura di divulgazione; quello dei molluschi gasteropodi, che annovera le chiocciole e le lumache terrestri, più innumerevoli altre specie marine. All'interno dei gasteropodi, il gruppo dei Cænogastropoda[17] comprende, da solo, il 60% delle specie conosciute, tra cui i murici, i coni, le porcellane, i buccini. Sebbene i primi rappresentanti fossero già apparsi durante il Paleozoico, il vero differenziamento del gruppo avviene solo durante l'Era Secondaria, a partire dal Giurassico, con l'apparizione di molte famiglie moderne. Molti di questi animali sono dei formidabili predatori che cacciano gli altri organismi acquatici (molluschi, echinodermi). Tra i suoi ranghi troviamo il tritone gigante (*Charonia tritonis*), uno dei rari predatori capaci di cacciare la stella marina "corona di spine" (*Acanthasters planci*), vero e proprio flagello delle barriere coralline moderne. Questo gruppo, dunque, gioca un ruolo importante all'interno della biodiversità di tutti gli ecosistemi marini attuali, non solo per il numero delle specie ma anche per il suo impatto ecologico. Come in molti altri casi, le basi della sua diversificazione sono state poste durante il Mesozoico.

---

[17] A proposito dell'evoluzione dei molluschi Cænogastropoda e della loro diversità, si veda Ponder et al. (2008).

Adesso spostiamoci sulle terre emerse, e esploriamo i continenti dell'epoca. Cosa avremo potuto ammirare nei cieli della prima metà di questa era? Sono solcati da insetti e pterosauri. Neanche un uccello; non ancora. Ma non tarderanno; appariranno prima dell'inizio del Cretaceo, prima di 145 Ma, derivando dai dinosauri. Sulla terra, i grandi rettili sono, senza dubbio, gli animali più appariscenti. Ma non sono soli! Guardiamo meglio; ecco apparire, all'ombra dei dinosauri, creature che ci sembrano più familiari.

Con un po' di fortuna, si possono intravedere i primi batraci, tra cui alcuni senza più coda apparente, che hanno forma e dimensioni di rospi (Rage and Rocek 1989; Milner 1994; Evans and Borsuk-Białynica 2009). Appaiono durante il Triassico superiore e cominciano a evolversi verso le forme contemporanee. Durante il Cretaceo possiamo già riconoscere delle famiglie moderne. Ed è proprio in questo periodo che troviamo anche la più grande rana conosciuta.[18]

I batraci non sono le sole novità mesozoiche. Accanto alle rane preistoriche, possiamo scorgere i primi mammiferi!

Quando si pensa ai mammiferi, li si oppone subito ai dinosauri: questi ultimi sono stati i dominatori del Mesozoico e sono stati sostituiti, durante il Cenozoico, dai primi! In realtà, i mammiferi sono quasi anziani come i dinosauri (sono appena più giovani di qualche milione di anni), essendo apparsi, anche loro, durante il Triassico superiore (per le caratteristiche con cui i paleontologi riconoscono i mammiferi, si veda la sezione "Mammiferi e mammaliaformi", nell'appendice del capitolo). I mammiferi possono rivendica una storia evolutiva molto lunga, avendo convissuto con i dinosauri, durante il Mesozoico, e con altri organismi, durante l'era seguente.

I fossili dei mammiferi mesozoici ci presentano una diversificazione importante all'interno del gruppo, che contrasta che le idee di un tempo, in cui queste creature erano considerate semplici insettivori. In realtà, erano capaci di sfruttare diverse nicchie ecologiche differenti. Alcuni avevano abitudini sotterranee, come *Fruitafossor windscheffeli* (un piccolo animale del Giurassico superiore del Nord America), altri erano nuotatori provetti, proprio come i castori. *Castorocauda lutrasimilis* era un docodonte[19] cinese, lungo una quarantina di centimetri, che, esattamente come il castoro, aveva una coda appiattita per nuotare più facilmente (la ricostituzione dei due animali fossili citati è presentata nella Fig. 5.3). Altri ancora vivevano sugli alberi (una specie contemporanea di *Castorocauda*, era persino in grado di planare da un ramo all'altro grazie a una membrana di

---

[18] *Beelzebufo ampinga* è la più grande rana conosciuta. I suoi resti sono stati rinvenuti in Madagascar, in sedimenti del Cretaceo superiore (Evans 2006).

[19] I docodonti, caratterizzati dalla morfologia dei loro denti, fanno ancora parte dei "mammaliaformi", di cui costituiscono le specie più recenti. Tuttavia, la loro morfologia esterna non doveva essere troppo diversa da quella dei mammiferi veri e propri.

Fig. 5.3 Ricostruzioni di "mammiferi" mesozoici: a sinistra, *Castorocauda lutrasimilis*, del Giurassico superiore; al centro, *Fruitafossor windscheffeli*, dalle dimensioni di uno scoiattolo terrestre; a destra, *Repenomamus robustus*, del Cretaceo inferiore (Cina)

Fig. 5.4 *Volaticotherium antiquum*, mammifero capace di planare grazia al suo patagio teso tra gli arti (Giurassico, Cina); l'animale misurava 35 centimetri circa

pelle [patagio] tesa tra gli arti e la coda; Fig. 5.4) e c'erano anche quelli capaci di "rodere" gli alimenti. Per finire, abbiamo anche trovato i resti di un mammifero della taglia di un tasso (*Repenomamus robustus*; Fig. 5.3), un vero e proprio carnivoro, che si era nutrito di un dinosauro neonato. Il giovane rettile era ancora vivo quando il predatore se ne è cibato o è stato divorato quando era già un cadavere? Non lo sappiamo, ma questo è il solo caso conosciuto, sinora, di un dinosauro che è stato mangiato da un mammifero mesozoico.

Dal quadro presentato sopra emerge chiaramente che i mammiferi dell'Era Secondaria era molto diversificati.[20] La loro sola limitazione riguardava le dimensioni: il più grande non superava la taglia di un tasso! I mammiferi, comunque, non erano affatto rari durante il Mesozoico, soprattutto verso la fine dell'era, nel

---

[20] Riguardo l'evoluzione dei mammiferi durante il Mesozoico, suggerisco la consultazione di Sigogneau-Russell (1991) e Kemp (2005). Per informazioni più particolari, il lettore può consultare con profitto le opere seguenti: Hartenberger (2005), Hu et al. (2005), Martin (2006), Ji et al. (2006), Meng et al. (2006).

Fig. 5.5 *Proganochelys*, una delle più antiche tartarughe conosciute (Triassico superiore europeo, 1 metro di lunghezza circa)

Cretaceo superiore. In America del Nord, per esempio, i denti e i frammenti di mandibola dei mammiferi si contano a migliaia. In Mongolia, negli strati sedimentari contemporanei a quelli americani, i fossili non si limitano a resti incompleti, ma sono stati rinvenuti crani e/o scheletri completi. Almeno 150 esemplari di questo tipo sono stati esumati, ai nostri giorni (Opera collettiva 1992).

Andiamo adesso a dare un'occhiata ai rettili. Le più antiche tartarughe (Li et al. 2008) sembrano essere un po' più giovani dei primi dinosauri, perché i loro più anziani resti conosciuti sono stati rinvenuti nei sedimenti di 210 Ma di età circa (ma magari nuove scoperte ci permetteranno di scoprire tartarughe ancora più antiche!). Nonostante avessero ancora dei denti, a differenza delle forme moderne (i denti saranno perduti ben presto – durante il Giurassico – rimpiazzati da una specie di "becco" corneo), già erano ricoperte da un carapace, il carattere più tipico del gruppo (Fig. 5.5).

E cosa dire delle lucertole? Rettili a morfologia simile sono conosciuti sin dal Carbonifero. Tuttavia, non si trattava di specie apparentate alle lucertole moderne. Il gruppo a cui appartengono le "vere lucertole", gli "squamati", apparirà solamente più tardi,[21] quando i dinosauri avevano già raggiunto taglie più che consistenti e stavano completamente rimpiazzando gli arcosauri ancora esistenti. Durante il Mesozoico, il gruppo degli squamati non solo si diversifica, ma evolvono anche alcune particolarità biologiche particolari (che, un tempo, erano

---

[21] I più antichi rappresentanti degli squamati fanno la loro apparizione durante il Giurassico (si veda, per esempio, Evans et al. [2002]). Nella letteratura si trova anche traccia di presunti squamati triassici, ma la loro tassonomia e la loro età sono stati rimessi in questione (Evans 2001; Hutchinson et al. 2012). Gli squamati sono dei lepidosauri. Questo gruppo, oltre alle vere lucertole, comprende anche il gruppo dei rincocefali che, attualmente, conta solo due specie (*Sphenodon punctatus* et *S. guntheri*), confinate a qualche isolotto al largo della Nuova Zelanda. Tuttavia, durante il Mesozoico, l'ordine era molto più florido. Si veda, per esempio, Philippe et al. (2004, p. 1–11).

considerate di acquisizione molto più recente) come la viviparità, attestata, nelle lucertole, dal Cretaceo inferiore![22]

I serpenti costituiscono un sottogruppo delle lucertole. Se ne differenziano per la forma delle loro vertebre e per alcune particolarità del cranio (caratteristiche legate alla mobilità delle ossa delle mascelle e della scatola cranica). Tuttavia, l'aspetto più evidente di questi animali è la forte riduzione degli arti e delle cinture, che finiscono per sparire del tutto. Cominciano a essere conosciuti a partire dalla metà del Cretaceo, verso i 100 Ma (Rage and Escuillié 2003; Rage 2005; Apesteguia and Zaher 2006; Longrich et al. 2012). È stato detto, sulla base di alcuni fossili rinvenuti in ambiente marino, che gli antenati dei serpenti dovessero essere acquatici. Tuttavia, vestigia della stessa età (almeno) di quelle trovate nei sedimenti marini, sono state esumate in ambienti continentali. Il prototipo del precursore dei serpenti, allo stato attuale delle conoscenze, avrebbe potuto essere tanto un rettile fossorio che un animale acquatico.

Mi sono tenuto per ultimo un gruppo di rettili particolare, facenti parte degli arcosauri, proprio come i dinosauri. Come i loro "cugini", hanno avuto una differenziazione spettacolare, durante il Mesozoico. Si tratta dei coccodrilli (Buffetaut 1982, 1983). Entrano in scena più o meno nello stesso tempo che i dinosauri e i mammiferi.

Quando si evocano i coccodrilli, la gente pensa invariabilmente ai grossi rettili che frequentano i bordi dei fiumi, delle paludi e delle distese d'acqua, in genere nei paesi caldi. Malgrado esistano, ai nostri giorni, tre specie di taglia ridotta,[23] le righe che precedevano hanno presentato il ritratto esatto del coccodrillo moderno. Ma durante il Mesozoico, questi animali avevano un'ecologia (e una morfologia) molto più varia.

Le prime forme, del Triassico superiore, erano rettili generalmente banali. Ma già a partire dal Giurassico, cominciano a differenziarsi e ad allontanarsi dal cliché moderno. Per esempio, durante questo periodo, cominciano ad apparire coccodrilli marini, all'inizio con una morfologia non troppo dissimile dalla attuale, in seguito, cambiando completamente "look". *Metriorynchus*, del Giurassico superiore, era perfettamente adattato alla vita acquatica (Fig. 5.6): aveva perduto la sua pesante corazza e i suoi arti si erano trasformati in pinne. Perfettamente a suo agio nell'elemento liquido, si doveva nutrire di pesci, di calamari e di altre creature acquatiche.

Durante il Cretaceo, questi animali si differenziano ancora di più. Nella seconda metà di questo periodo, in Argentina e in Brasile, si trovavano coccodrilli

---

[22] Gli animali vivipari partoriscono la loro prole senza deporre le uova. Per informazioni sui casi di viviparità delle lucertole mesozoiche si veda Wang and Evans (2011).

[23] Il coccodrillo nano (*Osteolaemus tetraspis*), che vive in Africa, non supera i due metri di lunghezza. In America del Sud, il caimano nano di Cuvier (*Paleosuchus palpebrosus*) è ancora più piccolo. Un'altra specie appartenente allo stesso genere, il caimano nano di Schneider (*Paleosuchus trigonatus*), è appena un po' più grande.

Fig. 5.6   A sinistra, coccodrillo marino *Metriorhyncus superciliosus*, del Giurassico europeo. A destra, *Simosuchus clarki*, del Cretaceo superiore del Madagascar, considerato erbivoro. I due animali non sono in scala

di tutte le forme e di tutte le taglie. In termini di alimentazione, c'erano specie piscivore, carnivore, onnivore e, sembrerebbe, persino erbivore (Candeiro and Martinelli 2006; Marinho and Carvalho 2009; Fig. 5.6)!

Anche in Afrique, durante il Cretaceo, il gruppo contava rappresentanti eccezionali, sia per dimensioni, che per morfologia. Durante l'Aptiano-Albiano (~120–100 Ma) viveva in Niger un crocodilo colossale: *Sarcosuchus imperator*, la cui lunghezza è valutata a più di 10 metri (tra 11 e 14, per essere più precisi) con una massa di 10 tonnellate! Come i coccodrilli moderni che, nascosti nelle acque dei fiumi aspettano il passaggio delle grandi antilopi per cibarsene, questo gigante doveva attaccare gli "erbivori" del suo tempo, i dinosauri, non trascurando, ogni tanto, di mangiarsi qualche bel pesce o altri vertebrati più minuti. Insomma, si trattava del predatore all'apice della catena alimentare della sua epoca!

Un suo contemporaneo, che viveva pressappoco negli stessi luoghi, aveva un aspetto più curioso: era una specie di coccodrillo a "becco d'anatra" (Fig. 5.7). Confrontato a *Sarcosuchus*, non era che un lillipuziano, perché non superava il metro di lunghezza, dalla punta del naso a quella della coda. La sua originalità deriva dalla

Fig. 5.7   A sinistra, *Anatosuchus minor*, dell'Aptiano-Albiano (Niger); a destra, ricostruzione della testa di *Kaprosuchus saharicus* (i resti post-craniali sono attualmente sconosciuti). I due animali non sono in scala

forma della testa e dalla sua estrema specializzazione. *Anatosuchus minor* (eccone il nome completo, che è stato scelto bene a giudicare dall'anatomia!) aveva il muso allargato che formava un becco. La struttura ossea ospitava un sistema olfattivo molto sviluppato. Inoltre, aveva una dentatura tipica di un carnivoro e unghie assai lunghe, rispetto a quelle degli altri coccodrilli. L'analisi dell'insieme delle particolarità scheletriche ci permette di stabilire un quadro ecologico probabile per il nostro *Anatosuchus*. Quest'animale doveva frequentare gli ambienti umidi e fangosi, dove cacciava piccoli vertebrati a corpo molle, come le rane e i pesci. Doveva fiutare le prede nelle acque basse, tra la vegetazione, grazie all'odorato. Poi le acchiappava colle unghie e le portava alla bocca.

Di un altro genere, *Araripesuschus*, si conoscono diverse specie, tra l'Africa e l'America del Sud. Possedeva un muso assai corto per un coccodrillo. Questo carattere, insieme alla dentatura ci fanno pensare a un'alimentazione piuttosto onnivora. L'analisi dettagliata dei suoi resti, combinando anatomia comparata e tomografia,[24] ha mostrato che gli stadi di crescita, dalle forme giovanili a quelle adulte, erano paragonabili a quelli dei moderni coccodrilli. Tuttavia, i suoi arti dovevano essere proporzionalmente più lunghi negli individui giovani. Quando il coccodrillo raggiungeva l'età adulta, le proporzioni ritornavano normali (per un coccodrillo).

Kaprosuchus saharicus è un po' più giovane di *Sarcosucus* e *Anatosuchus*. I suoi resti sono stati rinvenuti in sedimenti cenomaniani (~100–94 Ma), sempre nel Niger. Conosciamo soltanto il cranio di quest'animale (Fig. 5.7) ma ci basta per comprendere che si tratta di un esemplare eccezionale. La bocca è irta di denti robusti e massicci. *Kaprosuchus*, la cui traduzione significa "coccodrillo-cinghiale" porta bene il suo nome! Giudicando dalla dentatura, doveva trattarsi di un carnivoro. Tuttavia, non conosciamo affatto il suo habitat, dal momento che non abbiamo ritrovato nulla del suo scheletro post-craniale. Basandoci sulle dimensioni del capo, la lunghezza totale è valutata a circa cinque metri.[25]

I resti di *Kaprosuchus* sono stati trovati negli stessi strati che contenevano una fauna di dinosauri carnivori tipici dell'Africa (*Spinosaurus* sp., *Rugops primus*, *Carcharodontosaurus*) e vari erbivori (rebbachianosauridi e titanosauri).

Questa breve escursione alla scoperta delle specie più insolite tra i coccodrilli cretacei non deve farci dimenticare che, oltre alle forme viste sopra, esistevano animali con una morfologia più convenzionale (per un coccodrillo) e che vivevano negli ambienti fluviali, in agguato a pesci e prede di taglia maggiore, esattamente come le specie moderne.

---

[24] La tomografia è una tecnica d'*imagerie* che consente la ricostruzione di un oggetto tridimensionale a partire da una serie di misure realizzate su "fette" ottenute sull'oggetto stesso. È molto utilizzata in geofisica e anche in medicina perché permette di ottenere immagini degli organi senza operare il paziente.

[25] Per informazioni più dettagliate dei coccodrilli del Cretaceo africano, consultate Sereno and Larsson (2009).

Tuttavia, resta il fatto che il Mesozoico non era solo l'era dei dinosauri. Benché questi fossero più differenziati di quanto non si sapesse qualche anno fa (grazie a nuovi ritrovamenti), abbiamo anche mostrato che i dinosauri non erano affatto soli. I batraci, le lucertole, i coccodrilli e i mammiferi costituivano già una parte non trascurabile della biodiversità. Oggigiorno, rispetto all'Era Secondaria, gli ecosistemi terrestri hanno perso dinosauri e pterosauri, ma gli altri protagonisti sono ancora ben presenti, più o meno differenziati.

Come vi avevo annunciato la storia evolutiva della biodiversità del Fanerozoico è soprattutto il racconto di gruppi di organismi che si succedono gli uni agli altri, mentre i ruoli ecologici principali restano invariati.

5.3   I parassiti al tempo dei dinosauri

Quando si evocano le interazioni tra esseri viventi, pensiamo subito alle relazioni carnivori/prede (o, eventualmente, erbivori/vegetali): il leone caccia le antilopi e se ne nutre (la capra bruca l'erba). Il leone non può fare a meno delle sue vittime, mentre queste ultime vivrebbero tranquillamente senza predatori (lo stesso dicasi dei vegetali relativamente agli erbivori).

Un'altra situazione a senso unico, in cui una specie vive a detrimento di un'altra, si verifica nelle relazioni di parassitismo.

Abbiamo già incontrato possibili parassiti nel corso del § 4.3, quando abbiamo evocato l'ecosistema devoniano di Rhynie (Scozia). Saltiamo adesso varie decine di milioni di anni e focalizziamoci sul Secondario: cosa conosciamo dei parassiti al tempo dei dinosauri? E dei parassiti dei dinosauri?

Animali e piante attuali sono attaccati da legioni di parassiti che possono essere funghi, insetti, nematodi,[26] batteri, virus o altro ancora. Ogni essere vivente (anche i parassiti) è l'ospite di varie specie invasive tra cui alcune lo attaccano in maniera esclusiva (cioè, attaccano solamente tale essere vivente). Immaginate un organismo qualsiasi; il primo che vi viene in mente. Neanche lui, come tutti gli altri, è immune dall'attacco di un organismo nocivo capace di legarsi tramite una simbiosi[27] di tipi parassitico. Questo è vero anche per i parassiti. La pulce, che infesta il cane, a sua volta è il bersaglio di altri organismi, ancora più piccoli ma non meno fastidiosi. E così di seguito ...

Se questa è la regola attuale, perché durante l'Era Secondaria avrebbe dovuto essere differente? Cosa sappiamo di quelle piccole bestiole che infestano e disturbano gli altri organismi? Chi dice parassiti, dice pulci e pidocchi. Questi insetti esistevano già al tempo dei dinosauri?

---

[26]   I nematodi sono creature vermiformi. Alcune sono parassiti, altre menano una vita autonoma. Questi organismi sono anche conosciuti con il nome di "vermi rotondi", a causa della forma arrotondata che offre la sezione del loro corpo, una volta tagliata in senso trasversale.

[27]   La simbiosi è stata definita nella nota 6 del § 3.1.

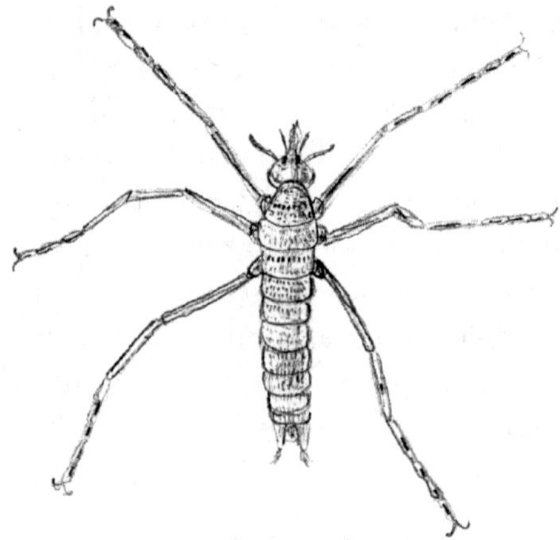

Fig. 5.8 *Saurophthirus longipes*, una "pulce" del Cretaceo inferiore della Russia. Probabile parassita di pterosauri e, magari, anche dei dinosauri dell'epoca

Le pulci, attualmente, contano circa 2 500 specie conosciute, che prendono di mira i vertebrati a sangue caldo: i mammiferi e gli uccelli. Nella seconda metà dell'Era Secondaria, questi due gruppi erano già presenti. Inoltre ne esistevano altri due: i dinosauri "piumati" e gli pterosauri, altri animali considerati a "sangue caldo". Malgrado la presenza di ospiti potenziali, questi parassiti non sono affatto comuni nel registro fossile del Mesozoico: se ne conoscono solo pochi esemplari del Giurassico medio e del Cretaceo inferiore della Cina, più qualche reperto isolato proveniente dal Cretaceo inferiore della Russia (Fig. 5.8) e dell'Australia (Huang et al. 2012).

Gli esemplari cinesi sono molto importanti per comprendere l'evoluzione di questi ectoparassiti.[28] Tutte queste forme mesozoiche erano dei "disturbatori" che infestavano i vertebrati a piume e a pelo. Alcune delle loro caratteristiche morfologiche sono perfettamente compatibili con tale comportamento: la presenza di setole corporali dirette verso la parte posteriore del corpo, pinze su alcuni elementi degli arti, tanto per fare due esempi. Tuttavia, le particolarità anatomiche caratteristiche di pulci e pidocchi devono essere diagnosticate attentamente, perché non è affatto difficile sbagliarsi, soprattutto quando gli esemplari sono poco numerosi o mal conservati.[29]

---

[28] Un ectoparassita è un parassita che resta all'esterno del corpo dell'ospite, come le pulci e i pidocchi. Invece gli endoparassiti, infestano l'interno del corpo delle loro vittime, tali i vermi intestinali, i batteri e i virus.

[29] Bisogna essere prudenti nelle supposizioni e nelle ricostruzioni dei presunti parassiti fossili. Qualche anno fa, per esempio, lo straordinario *Strashila incredibilis* era indicato come una possibile pulce mesozoica (Grimaldi and Engel 2005, p. 474). Tuttavia, recentemente, grazie anche alla scoperta di nuovo materiale fossile e alla descrizione di una nuova specie, è stato provato che quest'insetto era, in realtà, una mosca particolare, di abitudini acquatiche (Huang et al. 2013).

Detto questo, chi potevano essere gli ospiti di tali flagelli? Probabilmente i loro bersagli erano i mammiferi dell'epoca o gli pterosauri che, come i primi, avevano un rivestimento peloso (una pelliccia formata di peli assai corti). Anche i dinosauri piumati potevano figurare nella lista.

E i dinosauri? Quelli grandi, quelli veri, i classici il cui corpo era ricoperto semplicemente da scaglie (sebbene di morfologia variabile)? Che sappiamo noi dei loro parassiti? Possiamo ottenere alcune informazioni grazie all'analisi di resti "insoliti": il loro sterco fossilizzato (quello che, in termini tecnici, è chiamato "coprolite").

Il celebre sito belga di Bernissart (Cretaceo inferiore) non ha fornito solamente centinaia di ossa del dinosauro *Iguanodon bernissartensis*, ma anche escrementi fossili, i celebri coproliti. Questi ultimi sono stati attribuiti all'iguanodonte, sia a causa della sua abbondanza, sia a cause della taglia degli escrementi. La loro analisi a permesso di stabilire che i dinosauri erano infestati da nematodi particolari, da trematodi (un altro gruppo di vermi parassiti, dal corpo piatto) e da protozoi. Questi ultimi erano presenti sotto forma di cisti di morfologia caratteristica; tali organismi erano evacuati periodicamente dai dinosauri tramite le feci. I lavori sugli esemplari belgi hanno permesso di descrivere varie forme parassite; vermi e protozoi (Poinar and Boucot 2006). Come si vede, le specie descritte dai paleontologi non sono sempre le più spettacolari, ma anche le più insolite!

Se volgiamo continuare la nostra rassegna di parassiti mesozoici, non dobbiamo trascurare un'altra fonte di fossili particolare: l'ambra.

Questa sostanza è una resina che è prodotta dalle piante, soprattutto dalle conifere. Quando la pianta è ferita e la sua scorza viene danneggiata, la parte deteriorata trasuda questa sostanza allo stato più o meno liquido. Tuttavia, si solidifica rapidamente all'aria. Durante il cambiamento di stato, può "catturare" un insetto o un'altra piccola creatura (o anche solamente una parte di questa) che resterà, imprigionata per sempre, all'interno della resina.

In questo modo sono giunti sino a noi stupendi esemplari d'insetti, di aracnidi, e di altri artropodi, perfettamente conservati in tre dimensioni e in tutti i loro dettagli, rivestiti dalla resina che gli ha rinchiusi in una specie di scatola magica, resistente e semitrasparente.

Si possono anche trovare resti che non appartengono a invertebrati. Si conoscono infatti frammenti vegetali imprigionati nell'ambra, anche se sono relativamente rari. Più spettacolari sono i fossili dei vertebrati. Un'esemplare d'ambra della Birmania (fine del Cretaceo inferiore) contiene una zampa di geco, mentre un altro, rinvenuto in Canada (Cretaceo superiore) racchiude qualche piuma. In ogni caso, questo tipo di fossili è estremamente raro nell'ambra. In genere, le scoperte più comuni riguardano gli artropodi (insetti, ragni, scorpioni, millepiedi).

La maggior parte dei depositi di ambra fossile mesozoica che ci hanno fornito i loro segreti, i termini di organismi intrappolati, sono di origine cretacea.[30] I tre più importanti, di cui sarà questione nel seguito del paragrafo, sono sfasati nel tempo e nello spazio. Ci offrono tre "finestre" temporali, rispettivamente su tre divisioni cronologiche del Cretaceo: Hauteriviano, Albiano e Campaniano.[31] Il deposito più antico è libanese, il seguente è birmano (Myanmar) mentre il più recente si trova in Canada.

Quali furono le piante che hanno prodotto la resina per catturare gli esemplari cretacei? Le conifere erano tra le piante più comuni durante il Secondario, quindi i candidati non mancano. In particolare gli specialisti pensano che l'ambra cretacea sia stata secreta da piante appartenenti alla famiglia delle araucariacee e delle cheirolepiadacee.[32] All'epoca, tali vegetali erano particolarmente comuni nelle regioni tropicali e subtropicali umide.

Quali "segreti" ci ha rivelato l'ambra cretacea?[33] Andiamo a scoprirli sempre sulle tracce dei parassiti fossili dell'epoca.

Cominciamo per quelli che infestano le piante. Nell'ambra, gli afidi sono ben rappresentati. Tali insetti sono conosciuti per essere vettori di numerosi virus delle piante, trasmessi quando gli animali perforano i tessuti vegetali con il loro apparato boccale. Le cocciniglie sono anch'esse nel novero delle specie fossili dell'ambra libanese e di Myanmar. Questi animali sono in grado di danneggiare i vegetali a causa delle secrezioni tossiche. Inoltre veicolano un buon numero di agenti patogeni per le piante.

La presenza di tutti quest'insetti, che vivono a spese delle piante, costituisce solamente una testimonianza indiretta della possibile esistenza di endoparassiti. Quali sono le prove dirette della loro presenza? Anche i funghi vanno annoverati nella lista dei parassiti delle piante. E, tra di loro, ci sono anche quelli che

---

[30] Il fatto di parlare, in questa sezione, dell'ambra cretacica, non ci deve far dimenticare che esistono anche altri depositi fossiliferi mesozoici di questa resina. Ricordo quello triassico scoperto nei pressi di Cortina d'Ampezzo, nelle Alpi italiane. L'eccezionalità del sito non risiede solo nell'età (~220 Ma), ma anche a causa degli esemplari trovati all'interno della resina. Un intero universo di microorganismi è stato svelato agli occhi degli specialisti: alghe, batteri, protozoi (questi ultimi si cibavano, verosimilmente, degli altri organismi). Un esemplare fossile è talmente simile all'ameba attuale, *Centropyxis hirsuta*, che gli autori che l'hanno studiato l'hanno identificato con la specie moderna. Si tratta della più antica testimonianza di una specie ancora esistente ai nostri giorni. E si tratta di un organismo unicellulare! (Schmidt et al. 2006). Si tratta anche di una prova evidente che la biodiversità del Secondario comprendeva un ricco corteo di microorganismi!

[31] Hauteriviano, Albiano e Campaniano sono tre divisioni cronologiche (età) del Cretaceo. La loro estensione temporale rispettiva era: tra 133 e 129 Ma, tra 113 e 100 Ma e tra 84 e 72 Ma.

[32] Le Araucariacee costituivano una famiglia di conifere che, attualmente, ha una distribuzione limitata a qualche regione dell'emisfero meridionale. Durante il Mesozoico, invece, era diffusa mondialmente, soprattutto nel Giurassico. Le cheirolepiadacee, invece, sono un gruppo esclusivamente fossile. Sono piante attribuite alle conifere e hanno costituito una parte importante della flora tra i 250 e i 70 Ma. La famiglia raggruppa vegetali differenti: alberi imponenti e piante erbacee. Il loro tratto distintivo è il possesso di un polline di tipo particolare, con caratteri specifici che lo distinguono da quelli degli altri vegetali (Taylor et al. 2009, capitolo 22).

[33] La maggior parte delle informazioni riguardo i fossili inclusi nell'ambra cretacica previene dal libro di George O. Poinar junior e Roberta Poinar (2008). In seguito, espliciterò solamente le note bibliografiche riguardanti altre opere, in grado di fornire informazioni non presenti nel volume appena citato.

non si fanno scrupoli di parassitare altri funghi. Gli esemplari fossili non sono abbondanti, tuttavia, qualcosa è stato trovato! Nell'ambra di Myanmar, è stato rinvenuto un fungo fossile invaso dalle ife di un altro fungo, una specie parassita che ha invaso i tessuti del primo (Poinar and Buckley 2007). Ma le sorprese non si arrestano a questo punto. L'invasore, a sua volta, è stato attaccato da un iper-parassita (termine utilizzato per indicare i parassiti dei parassiti), una terza specie di fungo che attacca la seconda. Tutto ciò è perfettamente visibile (naturalmente se si dispongono delle tecniche adeguate) in una goccia di ambra mesozoica. In questo caso, si tratta realmente di una testimonianza diretta!

Ce ne sono altre? L'ambra è veramente un materiale eccezionale, che permette la conservazione non solamente dei dettagli più minuziosi, ma anche delle strutture più delicate, come quelle delle cellule e dei suoi componenti. È grazie a queste qualità che, nella proboscide del dittero *Palaeomyia burmitis*, insetto affine a mosche e zanzare, imprigionato nell'ambra birmana, è stato identificato un protozoo tripanosoma.[34] Nelle viscere dell'insetto, è stato trovato del sangue. Chi è stata la vittima? I ditteri moderni del genere *Sergentomyia* (che appartengono allo stesso gruppo della mosca fossile), si nutrono del sangue dei rettili. Sono anche il veicolo del tripanosoma *Leishmania*. Quando uno di quest'insetti morde un vertebrato per nutrirsi del sangue, aspira anche il protozoo (nel caso la sua vittima ne sia infestata). All'interno del corpo del dittero, l'agente patogeno si trasforma per adattarsi al nuovo ambiente, stabilendosi nel tratto alimentare dell'ospite. Infine, durante l'ultimo stadio del ciclo larvale, si muta in una cellula grassoccia, dotata di flagello, che migra nella testa dell'ospite per essere trasferita in un vertebrato, durante il nuovo pasto dell'insetto. Là, infine, potrà compiere le ultime fasi del suo ciclo.

Quello che è interessante è che TUTTE le fasi conosciute del protozoo attuale *Leishmania* nel dittero *Sergentomyia* sono state identificate nell'esemplare fossile! Durante il Cretaceo, alcuni protozoi possedevano già cicli di esistenza complessi e comparabili a quelli delle forme moderne.

Ma gli specialisti sono riusciti a fare ancora meglio. In un altro esemplare di ambra birmana, hanno isolato un insetto ceratopogonide.[35] La sua cavità corporea era ben conservata e ci ha fornito dei "tesori" insospettati: corpuscoli simili alle cisti del protozoo patogene *Heamoproteus*. Non solo, ma all'interno della parete dell'intestino dell'insetto, hanno identificato alcuni minuscoli oggetti molto simili ai virioni citoplasmatici poliedrici. Questi sono tipici di virus appartenenti a ceppi particolari, capaci d'infettare vari tipi di ditteri mordaci (ecco spiegata la

---

[34] I tripanosomi sono organismi unicellulari eucarioti che possono essere agenti di numerose malattie. Il tripanosoma del Gambia (*Trypanosoma brucei gambiense*), per esempio, è il responsabile della malattia del sonno, trasmessa all'uomo dal morso della mosca tse-tse (genere *Glossina*).

[35] I ceratopogonidi sono dei piccoli ditteri che pungono, come le zanzare e i tafani. Gli anglofoni li chiamano "biting midges".

sua presenza nell'esemplare fossile) i quali, a loro volta, possono trasmetterli nei vertebrati che mordono normalmente.

La prova diretta di un virione è notevole, visto anche le condizioni nella quali è stata trovata. Ci manca solo di trovare l'ospite vertebrato. E se fosse stato un dinosauro?

5.4   Fiori e società animali

La maggior parte delle conquiste del mondo vegetale si sono prodotte durante il Primario. Durante il Secondario, si registra una sola novità, ma d'importanza capitale per l'evoluzione del gruppo! È infatti durante quest'era che le piante a fiori, le angiosperme, fanno la loro apparizione. Al giorno d'oggi, con un numero di specie conosciute comprese tra 200 000 e 250 000, costituiscono il gruppo più importante di tutto il regno vegetale.

Quando sono apparse, precisamente, le piante a fiori? Le tracce più antiche di cui disponiamo risalgono al Cretaceo inferiore. Non mancano, però, gli specialisti che sostengono che il gruppo sia apparso ben prima, nel Giurassico o addirittura precedentemente.[36] Comunque, per il momento, ci mancano ancora le prove formali. Quindi, in questa sede, conservo la data del Cretaceo inferiore.

Tra i fossili più antichi di piante a fiori *Archaefructus sinensis* (Fig. 5.9) occupa una posizione di spicco, perché lo conosciamo integralmente: dalle radici alle fronde (Sun et al. 1998; Taylor et al. 2009). Gli organi di riproduzione femminili si trovano alle estremità dei rami, quelli maschili appena sotto. Le foglie sono piccole e si trovano in posizione ancora più bassa. Nonostante non ci siano tracce di petali, né di strutture simili, *Archaefructus* è considerata un'angiosperma vera e propria. Tuttavia la sua esatta posizione tassonomica, all'interno del gruppo, è ancora oggetto di discussione. È stata descritta come una pianta acquatica, il cui sistema riproduttivo doveva trovarsi sott'acqua.

I fossili d'*Archaefructus* provengono da una regione cinese che è celebre per la scoperta di diversi resti di uccelli estinti mesozoici, dinosauri a "piume", e mammiferi. L'insieme della flora e della fauna è conosciuto col nome di Jehol Biota. Da questa località derivano anche altre vestigia vegetali che sono incluse nel gruppo delle piante a fiori (Cang 2008). I loro fossili sono stati attribuiti ai generi *Sinocarpus* et *Orchidites*[37] e non è escluso che ricerche future non permettano di rinvenirne anche altre, nascoste nei sedimenti mesozoici della regione.

---

[36] Il fatto che le angiosperme, a partire dal Cretaceo inferiore, si diversifichino rapidamente, lascia pensare che il gruppo abbia un'origine ancora più antica. Alcuni rinvenimenti di foglie e pollini, risalenti al Triassico o al Giurassico, sembrerebbero rafforzare quest'ipotesi (Taylor et al. 2009). Tuttavia, i primi resti fossili considerati come veri rappresentati delle angiosperme, almeno dalla maggioranza dei paleobotanici, risalgono al Cretaceo inferiore.

[37] Tuttavia, la Cina non ha l'esclusività delle angiosperme antiche. Recentemente un fossile contemporaneo di *Archaefructus*, rinvenuto nei Pirenei è già conosciuto da tempo, è stato interpretato come un'anziana pianta a fiori. Si tratta di *Montsechia vidalii* (Gomez et al. 2016).

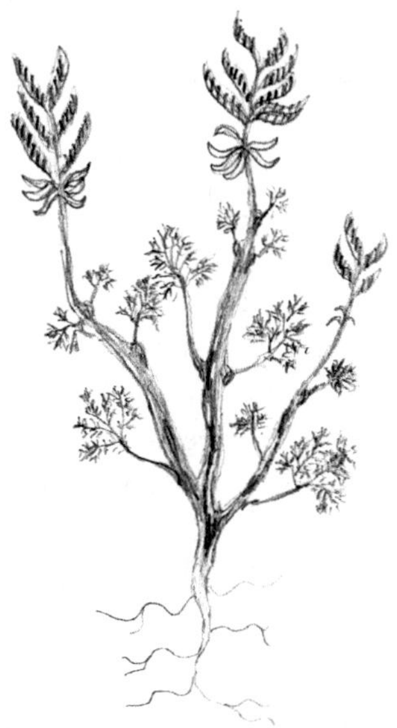

Fig. 5.9 Ricostruzione di *Archaefructus siniensis*: la pianta misura in tutto qualche decina di centimetri, dalla base alla sommità dei rami. Gli organi di riproduzione femminili si trovano sulla cima dei rami e sono stati rappresentati in colore più scuro; gli organi maschili, al di sotto di quelli femminili, sono chiari. Le foglie, piccole, formano dei mazzetti al di sotto del sistema di riproduzione

Chi dice "fiore", dice "impollinazione", soprattutto tramite insetti particolari, come le api e le farfalle.[38] Ma perché si è formata questa associazione? Quali vantaggi acquisiscono le piante a utilizzare un vettore biologico piuttosto che un altro agente, come l'acqua o il vento, per effettuare la fecondazione?

Per fecondare una pianta, il polline, che contiene gli spermatozoi, deve passare dagli organi maschili a quelli femminili. Nelle piante a fiori, gli organi maschili si trovano sugli stami mentre i femminili sono localizzati nei pistilli. Sugli altri vegetali, gli organi sessuali possono essere trovarsi sui coni o su altre strutture. Il polline viene trasportato da un agente che può essere biologico (un insetto o un altro organismo) o abiologico (il vento, l'acqua, o anche la gravità).

---

[38] In realtà, le modalità d'impollinazione delle piante a fiori sono molte e diverse. Innanzitutto, non tutte le angiosperme si riproducono tramite vettori biologici. Alcune utilizzano il vento, esattamente come le conifere e gli altri vegetali a semi (ma non dobbiamo dimenticare che le cycas, sebbene sprovviste di fiori, utilizzano gl'insetti per trasportare il loro polline). Tra gl'impollinatori biologici delle angiosperme bisogna contare, api e farfalle, naturalmente, vari ditteri (si tratta dell'ordine delle mosche, dei mosconi e delle zanzare, che include varie specie che si nutrono di polline) più altri insetti (coleotteri, tisanotteri, e via dicendo). Altri agenti biologici conosciuti sono gli uccelli (i colibrì nelle Americhe, i nettarinidi in Africa, Asia e Australasia, i melifagidi in Australasia) e i mammiferi, soprattutto i pipistrelli e alcuni marsupiali australiani (una specie, l'opossum del miele, *Tarsipes rostratus* possiede una dentizione ridotta e si nutre in prevalenza, non di miele – come lascerebbe pensare il nome – ma di nettare e polline).

Nonostante sia un problema più complesso di quello che sto sviluppando in questa sede e che va affrontato caso per caso, si può dire il metodo basato sull'uso di un vettore biologico è ben più efficace della dispersione a opera di un altro tipo di agente. Infatti, in questo ultimo caso, bisogna produrre una grande quantità di polline, di cui la maggior parte va sprecata, perché non raggiunge il bersaglio. Invece, al fiore ne basta una quantità più limitata. Nonostante debba anche produrre, in più, un'esca efficace, il nettare, ci pensa poi il vettore a condurre il polline a buon fine. Spesso (ma, attenzione, non è sempre vero) gli organismi impollinatori si specializzano su un numero limitato di specie vegetali. Grazie all'esca, le piante a fiori possono attirare un vettore adeguato. Mentre questo si pasce di nettare, gli attaccano il polline sul corpo. Se il vettore è stato soddisfatto della visita a una certa pianta, ne cercherà un'altra della stessa specie, con lo stesso tipo di fiore. In questo modo il polline arriverà a buon fine e un nuovo fiore sarà fecondato.

Grazie all'utilizzo di un buon agente di dispersione e al sistema dell'esca, la pianta a fiori è sicura che il suo polline, prima o poi, arriverà a destinazione. Tra l'altro, l'efficacia del sistema è provata dal fatto che le angiosperme sono, al giorno d'oggi, le forme vegetali dominanti sul pianeta.

Da quello che abbiamo visto nel capitolo precedente, l'impollinazione realizzata grazie agl'insetti sarebbe ancora più antica delle piante a fiori (vi ricordate dei tisanotteri e delle cycas?). Tuttavia, le angiosperme sembrano riprendere il sistema e migliorarlo al massimo. Guarda caso, i più antichi fossili d'insetti impollinatori "per eccellenza", farfalle e api,[39] sono stati rinvenuti a partire dal Cretaceo (Grimaldi and Engel 2005, capitoli 11 e 13).

L'insieme degli strumenti predisposti dalle angiosperme per attirare i vettori della fecondazione si rivelano altamente efficaci. Tra questi, il fiore che è una vera e propria pista di atterraggio, con molti tipi di segnalazione per trovare il nettare (ma anche molte trappole e "astuzie" per incollargli sopra il polline). È proprio grazie a tutto quest'insieme di accorgimenti che le angiosperme si diversificano rapidamente dopo la loro apparizione.

Ma non bisogna dimenticare che, durante la maggior parte del Mesozoico, le piante più diffuse sul nostro pianeta restano le conifere (araucariacee, pini, sequoie e altre ancora; Taylor et al. 2009). Queste furono in grado di tener testa ai concorrenti per un certo tempo, ma poi furono surclassate dalle angiosperme. Il "matrimonio" (per utilizzare il titolo di un libro francese consacrato alle interazioni tra le orchidee e gl'insetti impollinatori)[40] tra fiore e insetto fu un successo: durante il Cenozoico (l'era che seguì al Secondario), le angiosperme divennero le piante dominanti.

---

[39] Per informazioni sulle api (e solo per quest'insetti), si veda anche Opera collettiva (2013c).
[40] Il libro d'Albert Roguenant, Aline Raynal-Roques e Yves Sell (2005) è un'eccellente opera per tutti coloro che cercano le informazioni sulle relazioni orchidee/insetti impollinatori.

L'esempio più affascinante di questo matrimonio è, senza dubbio, la relazione che si stabilisce tra l'orchidea e il suo agente di fecondazione d'eccellenza (almeno alle nostre latitudini): l'ape. Quando è nata quest'interazione? È possibile che si sia stabilita sin dal Mesozoico? I fossili di api mesozoiche non sono affatto abbondanti. Tuttavia, ne conosciamo qualcuno; comprendono, tra l'altro, degli esemplari cretacei rinvenuti nell'ambra birmana, baltica e nordamericana.[41]

Se invece passiamo alle orchidee, nonostante la famiglia costituisca una delle più numerose all'interno delle angiosperme (più di 18 000 specie), i loro fossili sono estremamente rari e tutti post-mesozoici.[42] Nonostante le analisi genetiche affermino che il gruppo si è dovuto differenziare prima della fine del Cretaceo, nessun fossile è venuto a corroborare tale ipotesi.

La diversificazione delle piante a fiori ebbe, naturalmente, ripercussioni sull'evoluzione degl'insetti. Per esempio, favorì i gruppi specializzati nell'impollinazione. Tra questi abbiamo citato le api. Ma quest'insetti hanno anche altre caratteristiche che non le loro relazioni con le angiosperme. Possiedono infatti un'altra particolarità che ha sempre affascinato gli uomini, una caratteristica che dividono con altri insetti: la loro vita sociale.

Le api sono solo un esempio: anche le formiche sono famose per la socialità. Proprio come le api e altri insetti specializzati nell'impollinazione dei vegetali, appaiono nella prima metà del Cretaceo.[43]

Qual è la loro relazione con le piante a fiori? Siccome le formiche sono trascurabili come agenti d'impollinazione,[44] il legame è probabilmente indiretto. Le formiche sono delle vespe particolari, iper-specializzate nella vita sociale. Ora, la radiazione degl'imenotteri (api, vespe, formiche e forme apparentate) si produce come conseguenza alla differenziazione delle angiosperme.

In definitiva, resta il fatto che le più antiche tracce conosciute di insetti sociali sono state rinvenute nel Cretaceo inferiore,[45] come quelle delle prime piante a fiori.

Le formiche e le api, a causa dei loro costumi sociali, mi permettono d'introdurre l'ultima delle grandi novità inventate dagli esseri viventi: le società. Allo stato attuale delle nostre conoscenze, si tratta di un'esclusività degli animali. Le piante non si organizzano in società. E nemmeno gli altri organismi.

---

[41] Si veda la nota 39 di questo capitolo.

[42] I resti fossili delle orchidee sono assai rari, tanto a livello di vestigia florali che a quello di polline. Tutti i ritrovamenti sono posteriori al Cretaceo. Tra questi, cito un'ape miocenica, fossilizzatasi nell'ambra dominicana, mentre stava trasportando il polline di un'orchidea (Ramirez et al. 2007). È la prova definitiva delle relazioni già strette tra questa pianta e l'ape!

[43] I più antichi fossili di formica risalgono al Cretaceo medio, se non all'inferiore (Grimaldi and Engel 2005).

[44] La letteratura scientifica riporta il caso della specie australiana *Leporella fimbrata*, orchidea che è fecondata grazie alle formiche che la visitano (Roguenant et al. 2005).

[45] I gruppi più importanti d'insetti sociali sono quelli degl'imenotteri, che conta le formiche (tutte le specie conosciute sono sociali) le api e le vespe (esistono specie di api e vespe che non vivono in società) e degl'isotteri, o termiti (tutte sociali). Queste ultime, a partire dai dati paleontologici a nostra disposizione, appaiono durante il Cretaceo inferiore (Grimaldi and Engel 2005). In altri gruppi d'insetti, esistono specie che si organizzano in gruppi sociali (per esempio, alcuni tisanotteri). Tuttavia, non sappiamo se si tratta di conquiste recenti o antiche.

La vita sociale. Come possiamo definirla? Per una definizione precisa di questo concetto, vi rinvio ai testi specializzati (per esempio, l'opera di Edward O. Wilson [1979], consacrata alla sociobiologia). Tuttavia, sottolineo che implica il fatto che vari individui della stessa specie vivono insieme secondo alcune modalità particolari.

Se analizziamo più attentamente una società animale, possiamo ritrovare un sistema già incontrato. Vi ricordate della teoria della formazione della cellula eucariotica a partire di un'associazione simbiotica di procarioti differenti (A + A' = B)? E dell'associazione di varie cellule eucariote apparentate per dar forma a un individuo multicellulare (B + B + B + ... + B = C)? Adesso, assistiamo alla riunione d'individui della stessa specie per formare una nuova struttura che obbedisce alla formula seguente: C + C + ... + C = D. D è una società animale, una nuova entità di ordine superiore rispetto agli individui isolati, ottenuta, tuttavia, dalla somma di questi ultimi.

Dalle mie letture scientifiche del tempo dell'università, quando studiavo in Italia, ho appreso quattro tipologie di società, indicate come segue: gl'invertebrati coloniali, gl'insetti sociali, le società dei mammiferi e degli uccelli, le società umane (Ageno 1986). Passiamo adesso a vedere ciò che le caratterizza e che le differenzia.

A – Gli invertebrati coloniali

La maggior parte di noi conosce i coralli, che formano le celebri barriere coralline dei mari tropicali. Si tratta di centinaia, di migliaia d'individui, i polipi, che vivono insieme in edifici di carbonato di calcio che hanno costruito generazione dopo generazione. I briozoi sono altri organismi coloniali che vivono in esoscheletri da loro fabbricati.

Ma non è di queste colonie che voglio parlare in questa sede. Voglio raccontarvi di alcuni organismi imparentati con i coralli e le meduse, i sifonofori, che vivono in mare aperto. Una delle specie più tristemente conosciute è la fisalia (*Physalia physalis*) o "caravella portoghese" (Fig. 5.10). "Tristemente" perché si tratta di un organismo dotato di un potente veleno che può essere inoculato al solo contatto dei suoi tentacoli (i sifonofori, come tutti gli cnidari, possiedono cellule urticanti velenose).

Ho usato il termine "organismo". In realtà, se esaminiamo la nostra fisalia da più vicino ci accorgiamo che non si tratta di un solo individuo, ma di una colonia di esseri differenti, che possiedono tutti lo stesso patrimonio genetico. Si tratta di tanti gemelli omozigoti, che derivano tutti dalla stessa cellula fecondata. Ma gli embrioni che derivano dalle divisioni iniziali prendono tutti strade differenti in termini di sviluppo, esattamente come le diverse cellule di un essere multicellulare. Benché siano tutti geneticamente uguali, quest'individui sviluppano morfologie differenti, in modo da ripartirsi i compiti per tenere in vita l'intera colonia: c'è chi assicura la cattura delle prede, chi digerisce il cibo, chi produce le generazioni future. Così strutturata, la nostra fisalia si fa trasporta dalle correnti,

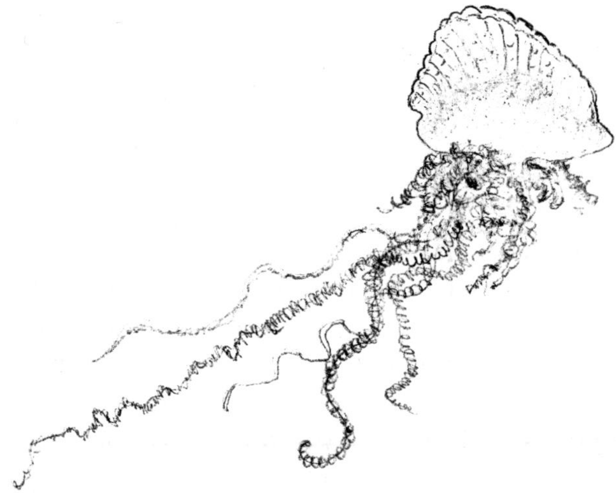

Fig. 5.10 La caravella portoghese (*Physalia physalis*) i cui tentacoli possono raggiungere vari metri di lunghezza

come tutti i sifonofori, lasciando fluttuare i suoi enormi tentacoli (le sue reti da pesca personali), come i capelli di una divinità marina, per catturare le prede.

B – Gl'insetti sociali

Le formiche, la maggior parte delle api, varie vespe, le termiti formano tutti società vere e proprie, composte da centinaia o addirittura migliaia d'individui.[46] Una delle loro caratteristiche è quella di possedere un sistema di caste, con operaie che si occupano delle mansioni giornaliere (la ricerca del cibo, la cura delle larve, la pulizia del nido) e soldati per difender la colonia. Negl'imenotteri (api, vespe e formiche) le caste delle operaie e dei soldati sono formati da individui di sesso femminile; nelle termiti sono costituite dai due sessi.

Su tutti regna una regina, una femmina il cui compito è quello di assicurare la riproduzione, grazie anche a qualche individuo maschio. Anche in questo caso, i compiti sono ripartiti tra i vari individui, come nella colonia dei sifonofori. In questo caso, tuttavia, gl'individui sono tutti isolati e, soprattutto, assistiamo alla coabitazione di diverse generazioni che interagiscono, soprattutto per le cure parentali. Prendiamo, per esempio, il caso delle formiche e delle api. Le larve e le ninfe sono accudite dalle loro sorelle,[47] figlie della stessa madre, anche se il padre può essere differente.

---

[46] Le formiche legionarie africane del genere *Dorylus* possono formare colonie che comprendono sino a venti milioni d'individui.

[47] Questo è importante. Le vere società animali si definiscono per il fatto che più di una generazione contribuisce alle cure dei giovani. Nel caso degl'imenotteri sociali e delle termiti la madre si limita ad assicurare la nascita dei giovani mentre le sorelle (e anche i fratelli, nel caso delle termiti) si occupano delle cure parentali post-nascita. Questo concetto delle due generazioni che assistono i giovani è anche essenziale per la definizione delle società dei mammiferi e degli uccelli.

L'efficacia del sistema può essere misurata dal numero e dalla diffusione degl'insetti sociali. Limitiamoci alle formiche[48] (gl'insetti forse più specializzati nella vita sociale): attualmente se ne conoscono più di 16 000 specie viventi differenti, tre volte di più di quelle dei mammiferi e almeno una volta e mezzo quelle degli uccelli! Le formiche vivono dappertutto, all'eccezione delle montagne, al di sopra del limite delle nevi, e delle regioni polari.

C – Le società degli uccelli e dei mammiferi

Consideriamo i primati. Gli animali vivono spesso in gruppo e le cure parentali sono praticate, quasi sempre, da due generazioni differenti; i genitori e le sorelle dei piccoli assistiti. Per quest'individui si tratta di fare pratica prima di diventare madri a loro volta. Tale "apprendistato" è molto importante, perché permette loro d'imparare come allevare la progenie (Cézilly et al. 2006).

Lo stesso tipo di comportamento si ritrova anche in molte specie di uccelli e caratterizza le vere società rispetto alle semplici colonie in cui gl'individui non fanno che vivere gli uni insieme agli altri, approfittando della presenza reciproca.

D – Le società umane

Queste ultime non sono che un caso particolare delle società dei mammiferi. Tuttavia, vale la pena segnalare il loro stato e differenziarlo dalle altre. Vedremo poi perché.

Avendo passato in rassegna le differenti associazioni all'interno della classe degli animali, consideriamo la domanda seguente: quali sono le differenze che ci permettono di stabilire questi quattro diversi livelli? Certo, qualche elemento è già stato segnalato, ma la differenza essenziale, a mio avviso, si situa su un piano differente. Riguarda il tipo di segnali che i diversi individui si trasmettono tra loro per mantenere la coesione e la efficacia della società (Ageno 1986).

Riprendiamo l'esame delle quattro tipologie. Gl'individui delle colonie di sifonofori comunicano tra di loro grazie a segnali tattili (sono fisicamente uniti) e chimici. Grazie a questa serie di "stimoli" sono tutti in grado di assicurare la coesione della colonia e la sua sopravvivenza. Se passiamo agl'insetti sociali, costatiamo la persistenza dei segnali tattili (strofinamenti, scambi di cibo), ma avvertiamo che i segnali chimici hanno aumentato la loro importanza (feromoni per riconoscere gli appartenenti alla stessa colonia e dei diversi gruppi sociali, tracce odoranti, ecc.). Dunque, benché siano costituiti sulle stesse basi, i segnali degl'insetti sociali diventano nettamente più complessi di quelli dei sifonofori.

Nel caso delle società dei mammiferi, nonostante l'importanza dei contatti fisici (pulizia reciproca, coccole) e delle stimolazioni fisiche (marcatura, odori personali) altre forme di comunicazione diventano essenziali: i segnali vocali

---

[48] Per conoscere i segreti delle formiche, consiglio la lettura di Hölldobler and Wilson (1997). Le informazioni riguardanti il numero di specie conosciute derivano dal sito Wikipedia dedicato alle formiche.

e visuali. Negli uccelli, per esempio, segnali chimici e tattili quasi spariscono o perdono molta importanza a profitto dei segnali visuali e vocali.

E se passiamo alle società umane, assistiamo a un cambiamento ancora più drastico. L'invenzione del linguaggio articolato, praticamente, assicura la totalità degli scambi d'informazione tra individui e rende le interazioni sempre più complesse e raffinate. A confronto, tutti gli altri "stimoli" passano in secondo piano.

Sono perfettamente cosciente dell'importanza di certi segnali odoriferi o visuali, soprattutto in circostanze particolari (profumi e capi di abbigliamento per favorire la seduzione; vestiti e cure corporee per affermare lo status sociale). Tuttavia, nessuno può negare che la formazione della società umane si basa sulla comunicazione che deriva dal nostro linguaggio. È talmente sofisticato che ci permette di esprimere concetti astratti. Dal linguaggio articolato emana la cultura, o per essere più esatti, le diverse tipologie di cultura che contribuiscono a differenziare le diverse società umane.

La possibilità di scambiarsi segnali tra le diverse unità che interagiscono e la qualità dei segnali si rivelano ancora una volta come gli elementi determinanti, vere e proprie pietre miliari capaci d'introdurre novità reali a livello evolutivo. L'abbiamo già costatato quando ci siamo occupati della formazione della cellula eucariotica e all'occasione dell'emergenza degli organismi multicellulari. La formazione delle società umane non fa che obbedire alla stessa logica. Il risultato è tanto più sorprendente quanto i segnali sono complessi e sofisticati: le nostre civiltà ne costituiscono la prova più evidente.

Prima di terminare il capitolo mi resta un'ultima precisazione. A l'esclusione delle colonie di coralli e briozoi paleozoici, non abbiamo nessuna traccia fossile delle prime colonie d'invertebrati del livello di quelle dei sifonofori. È possibile che si siano costituite nel Paleozoico, o anche nel Precambriano. Le basi esistevano già, soprattutto nell'Era Primaria. Tuttavia, le prove mancano. Ho approfittato della scoperta dei primi insetti sociali per introdurre l'argomento.

E se passiamo alle società dei vertebrati, quando fanno la loro apparizione? I mammiferi mesozoici e i primi uccelli erano solitari o coloniali? E i dinosauri?

Benché certi indizi lascino pensare che i grandi rettili avessero un comportamento gregario (soprattutto per proteggersi o per riprodursi) e nonostante il fatto che siano state messe in evidenza cure parentali in qualche dinosauro,[49] non sappiamo ancora si avevano raggiunto il livello delle vere società, in cui gl'individui più di una generazione si prendono cura dei più giovani. Tenuto conto del loro livello evolutivo, possiamo supporre che almeno qualche specie fosse in grado di farlo. Ma una semplice supposizione non costituisce una prova. Solamente il progresso della ricerca scientifica (e nuove scoperte) ci permetteranno si rispondere alla domanda.

---

[49] Le indicazioni più importanti in questo senso derivano dallo studio delle impronte che i dinosauri hanno lasciato durante i loro spostamenti o nei luoghi dove deponevano le uova (Lockley 1994). Tuttavia, non tutte le tracce sono facile a decifrare, soprattutto sulla contemporaneità di tutte le impronte della stessa località.

A quelli che pensano che sia impossibile provare lo stato sociale di una specie estinta voglio raccontare un piccolo aneddoto. I castori attuali formano delle "società familiari" costituite dai genitori e dai giovani di due generazioni differenti. Quelli della prima generazione restano nella tana dei parenti per molto tempo dopo la nascita dei loro fratelli (o sorelle), nell'anno seguente. Ebbene, durante gli anni 90, nei sedimenti oligo-miocenici (~23 Ma) del dipartimento dell'Allier (Francia) è stata esumata una tana con i suoi occupanti: una famiglia di castori della specie *Stenofiber eseri*, attestata da ossa di vari individui (Hugueney and Escuillié 1995, 1996). Lo studio dei fossili[50] ha permesso di scoprire che i resti dei giovani appartenevano a individui di due generazioni successive, presenti nella tana insieme ai genitori. Il risultato ha permesso di stabilire che questa specie formava delle vere società familiari come i castori moderni e che queste usanze si sarebbero mantenute per più di 20 milioni di anni!

Ciò dimostra che persino le usanze sociali possono lasciare tracce durature nella registrazione paleontologica. Certo, c'è voluta una scoperta eccezionale, ma queste sono meno rare di quanto non si pensi: bisogna però saperle riconoscere e interpretarle correttamente!

5.5   Riassunto del quinto capitolo

Il Mesozoico è spesso indicato come l'"era dei dinosauri" a causa dell'impatto che i grandi rettili, che vissero durante quest'epoca, hanno avuto nell'immaginario collettivo degli esperti e dei profani. Dalla loro apparizione (all'incirca verso i 230 Ma) sino alla loro improvvisa estinzione (verso i 66 Ma), questi animali fantastici si sono evoluti in maniera spettacolare, producendo centinaia di specie differenti per taglia e morfologia: da giganti di più di 24 metri di lunghezza e pesanti varie decine di tonnellate, a minuscoli animali di qualche centinaio di grammi di peso e lunghezza inferiore al metro. Alcuni erano dei pacifici erbivori, altri dei temibili carnivori.

Le nostre conoscenze a proposito di questo gruppo si sono accresciute, col procedere delle analisi effettuate e dei fossili rinvenuti. Reperti eccezionali ci hanno permesso di scoprire che alcuni di loro erano rivestiti di piume (o di pseudo-piume), soprattutto sulle braccia, sulla coda e anche, in certi casi, sugli arti posteriori. Ed è tra queste forme che bisogna cercare gli antenati degli uccelli, i soli "dinosauri" che sono riusciti a superare indenni la grande estinzione che ha segnato la fine del Secondario. Gli uccelli sono i veri "eredi" dei grandi rettili.

Ma i dinosauri non erano soli, al loro tempo! Altri gruppi fanno la loro apparizione durante questa era: alcuni supereranno l'estinzione alla fine dell'era, altri

---

[50] Tuttavia, recentemente, una nuova scoperta sembra far rimontare le società dei mammiferi al tempo dei dinosauri (Weaver et al. 2021).

subiranno la loro stessa sorte dei dinosauri (rettili volanti, ittiosauri e altri rettili marini, ammoniti, ecc.). I discendenti dei primi gruppi fanno parte dei protagonisti della biodiversità moderna. Nei mari, i coralli, i molluschi gasteropodi, gli squali e i pesci ossei moderni. Sui continenti, i mammiferi, le tartarughe, le lucertole, i serpenti e i coccodrilli. Questi ultimi, in particolare, erano nettamente più differenziati durante il Mesozoico che ai nostri giorni.

Tra i vegetali, le vestigia delle prime piante a fiore sono state rinvenute in sedimenti cretacei, l'ultimo periodo del Secondario. La loro apparizione provoca l'evoluzione dei gruppi d'insetti specializzati nel ruolo di impollinatori: farfalle, certi ditteri e le api. Anche le formiche fanno il loro ingresso in scena in questo periodo e con loro, gl'insetti sociali (tutte le formiche moderne sono sociali: si può dire che la socialità faccia parte delle loro caratteristiche).

Le nostre conoscenze del mondo mesozoico non si limitano solamente ai resti dei vertebrati o a quelle degl'insetti (che, nonostante quello che può credere il grande pubblico, non sono affatto fossili rari). La qualità di conservazione di alcuni esemplari (soprattutto di quelli imprigionati nell'ambra fossile) ha permesso agli specialisti di mettere in evidenza la presenza di funghi parassiti, di microorganismi eucariotici, di procarioti, e persino di un virus. Tutti risalenti all'Era Secondaria. Queste scoperte hanno permesso di provare l'esistenza di legami, prima considerati solamente ipotetici (soprattutto quelli riguardanti le relazioni di parassitismo) tra i diversi organismi del Mesozoico.

5.6   Appendice: per qualche informazione in più ...

5.6.1   Dinosauri grandi e piccoli

Con la sua massa enorme, 27 metri di lunghezza e 12 di altezza, il brachiosauro è, senza dubbio, il dinosauro più imponente conosciuto a partire da uno scheletro completo. È anche uno dei più grandi che conosciamo. Tuttavia, non il maggiore. Per esempio, *Argentinosaurus*, un sauropode che visse (come l'indica il nome), in Argentina, durante il Cretaceo medio, secondo alcune stime poteva pesare sino a 80 tonnellate e superare i 35 metri di lunghezza! Tuttavia, il fossile del più grande dinosauro conosciuto non è esotico. Si tratta di un femore immenso (2,2 metri di altezza) rinvenuto presso Angeac (Charente, Francia). Come si vede, non c'è bisogno di allontanarsi troppo per scoprire dinosauri eccezionali! Se invece diamo un'occhiata all'altra estremità della scala, tra le più piccole taglie, si situava, un tempo, *Compsognathus*, un piccolo dinosauro carnivoro di un metro circa di lunghezza, la cui massa era stimata tra 300 grammi e un chilo. *Compsognathus* visse in Europa. Uno esemplare è stato rinvenuto in Francia, a Canjuers, nel dipartimento del Var. Tuttavia, da qualche tempo sono state scoperte specie ancora più piccole. *Microraptor* è un dinosauro ben conosciuto del Cretaceo inferiore di Cina, celebre non solo per le piume che gli ricoprivano le braccia, ma anche per quelle che gli crescevano sugli arti posteriori. Una struttura perfetta (due paia d'"ali") per planare da un ramo all'altro. *Microraptor* pesava meno di un chilo e misurava 90 centimetri circa di lunghezza. Ancora più piccolo era *Epidexipteryx hui*, un po' più antico del precedente, ma sempre rinvenuto in Cina. Era un animale veramente minuscolo: solamente 165 grammi per una lunghezza non superiore a 25 centimetri (ai quali tuttavia, andrebbero aggiunti una ventina di centimetri dovuti a due strutture simili a lunghe piume – anche se la loro struttura ai lati della rachide era un po' differente – piantate sulla coda). Un'altra particolarità di questo strano dinosauro è che quella di essere una delle rare forme arboricole del gruppo.

5.6.2   Mammiferi e mammaliaformi

La classe dei mammiferi è stata definita in base a caratteri propri delle specie contemporanee, per esempio, la presenza di pelo e la prestazione di cure parentali particolari, come l'allattamento della prole. Tuttavia, queste caratteristiche non si fossilizzano (tranne in casi molto particolari). I paleontologi, dunque, hanno dovuto cercare altre caratteristiche sullo scheletro di questi animali. I mammiferi sono i soli vertebrati in cui l'articolazione tra il cranio e la mandibola avviene attraverso il contatto dell'osso squamosale (sul cranio) con l'osso dentale (sulla mandibola). L'articolazione rettiliana, presente sugli scheletri degli antenati dei mammiferi, se situa tra l'osso quadrato (sul cranio) e l'osso articolare (sulla mandibola). Un tempo, il possesso dell'articolazione squamosale/dentale era sufficiente per definire i mammiferi, anche in presenza della configurazione rettiliana (quindi, in presenza di una doppia articolazione cranio-mandibolare). Adesso, gli specialisti sonno divenuti più esigenti: le forme che hanno una doppia articolazione (rettiliana e mammaliana) sono classificati come "mammaliaformi"; i veri mammiferi sono solamente quelli che possiedono la sola articolazione squamosale/dentale. I "mammaliaformi" costituiscono le forme più antiche. Tuttavia, perdurano sino, almeno, il Giurassico superiore. Le ossa dell'articolazione rettiliana non spariscono completamente; semplicemente cambiano funzione. Sono stati integrati nella catena di ossicini che costituiscono l'anatomia del nostro orecchio medio. Si aggiungono alla staffa (la columella degli altri vertebrati); l'osso articolare si trasforma nel martello e il quadrato nell'incudine (Beaumont & Cassier 1994).

5.6.3   Le angiosperme

Queste piante sono caratterizzate dal loro ovulo protetto all'interno di una particolare struttura (il nome "angiosperme" deriva dal greco e significa "seme nascosto", per opposizione a "gimnosperme" o "seme nudo", perché l'ovulo non è chiuso nell'ovario) e dai fiori, dove si trovano gli apparati di riproduzione. Alcuni fiori possiedono solamente gli organi maschili o quelli femminili, ma in molte specie vegetali i due sessi sono presenti nello stesso insieme floreale. Dopo la fecondazione (nelle angiosperme c'è una doppia fecondazione – altra caratteristica del gruppo – che, da un lato, produce l'embrione, dall'altro, forma dei tessuti nutritivi per alimentarlo), il fiore si trasforma in frutto, corpo vegetale che deriva dalla trasformazione del pistillo, l'organo femminile. Il frutto contiene uno o più semi e il suo scopo è quelli di diffonderli. Per una definizione più precisa, si veda Taylor et al. (2009, capitolo 22).

6

Il Cenozoico, l'era della "vita recente"

Sommario

6.1   All'alba di una nuova era

La nuova era, di cui si parla in questo capitolo, l'ultima del Fanerozoico, è chiamata Cenozoico. Include l'intervallo di tempo compreso tra 66 Ma (data che segna la fine del Mesozoico) sino ai nostri giorni. Secondo la Scala Cronostratigrafica Internazionale comprende i periodi seguenti: il Paleogene, il Neogene e il Quaternario.[1]

---

[1]   Terziario e Quaternario non costituiscono più delle ere, ma sono diventati divisioni del Cenozoico. Il Terziario è l'intervallo cronologico che comprende il Paleogene (tra 66 e 23 Ma) e il Neogene (tra 23 e 2,6 Ma). Il Quaternario, invece, è il terzo periodo cenozoico. Recentemente è stato popolarizzato un termine per indicare una nuova era, l'Antropocene. Il suo inizio si situerebbe all'inizio della rivoluzione industriale, verso la fine del XVIII secolo, per sottolineare l'impronta dell'uomo sulla natura a partire da quel momento. Tuttavia, per quanto ne so, questa proposizione non è stata ancora accettata dalla comunità scientifica. La scala cronologica internazionale, per esempio, non lo prevede. D'altra parte, tutti i geologi e i paleontologi che s'interessano al Quaternario, sanno bene che le "tracce" lasciate dall'uomo cominciano a diventare importanti già dall'inizio dell'Olocene, 10 000 anni fa circa, ben prima, quindi, della rivoluzione industriale. Alcuni lavori di climatologia tenderebbero ad attribuire una "responsabilità" antropica alle tendenze climatiche attuali a partire da periodi assai remoti delle civilizzazioni umane, tra gli 8 000 e i 5 000 anni (Ruddiman 2003). Tuttavia, bisogna anche far notare che quest'ipotesi non fa l'unanimità della comunità scientifica interazionale. Riguardo la Scala Cronostratigrafica Internazionale, si veda la nota 22 del capitolo 2.

Il mondo, all'inizio del Cenozoico, assomiglia molto di più al nostro che non quello del Mesozoico e del Paleozoico. L'Oceano Atlantico è ormai aperto, e il blocco delle Americhe è separato da quello dell'Africa e dell'Eurasia. L'India si avvicina sempre di più all'Asia (la collisione sembra aver cominciato sin dal Paleogene) e l'insieme dei continenti meridionali è sul punto di disgregarsi (i contatti tra l'Antartico e l'America del Sud, da un lato, e dell'Australia, dall'altro, diventano sempre più tenui, sino a cessare completamente). Nondimeno, per lo meno all'inizio, c'è ancora qualche differenza tra il quadro geografico dell'epoca e l'attuale. Per esempio, una vasta distesa d'acqua, l'Oceano Tetide, si stende ancora tra l'Indonesia e Gibilterra. L'America del Nord è separata da quella del Sud e lo resterà per la maggior parte del Cenozoico.

E riguardo le temperature? Quale tipo di clima c'era sul nostro pianeta durante il Cenozoico? Durante la prima fase del Paleogene, all'inizio dell'era, la temperatura media era più elevata dell'attuale. Un clima tropicale (o sub-tropicale) era diffuso sulla maggior parte delle masse continentali dell'epoca (Zachos et al. 2001; Hansen and Sato 2012). Ma queste condizioni non resteranno costanti in eterno. A partire da 50 Ma, assistiamo a un abbassamento delle temperature medie e, sebbene si seguito si verificheranno altri innalzamenti, le temperature non raggiungeranno più i picchi dell'inizio del Paleogene.

I cambiamenti climatici del Cenozoico, soprattutto durante il suo ultimo periodo, il Quaternario, sono essenziali per comprendere la dinamica delle variazioni che si producono alla nostra epoca e per valutare le sue evoluzioni future.

Come facciamo a misurare le temperature delle epoche remote? Quali tecniche ci consentono di farlo? Gli strumenti non mancano. La tecnica più utilizzata si basa sulle analisi isotopiche dell'ossigeno.

Vi ricordate della definizione degl'isotopi? Ne ho già parlato all'inizio del capitolo 2, quando ho introdotto quelli del carbonio.[2] Gl'isotopi sono atomi di una specie chimica che differiscono tra di loro per il numero di neutroni, quindi per la loro massa. Grazie a tale differenza, sono impiegati in diverse applicazioni.

Per valutare le temperature del passato, si considerano i due isotopi stabili dell'ossigeno, chiamati ^{16}O e ^{18}O. Il primo, il più abbondante in natura, possiede tanti neutroni quanti protoni, otto e otto, per una massa atomica uguale a 16. Il secondo, invece, dispone di otto protoni, esattamente come l'altro, ma possiede due neutroni supplementari; dieci in tutto. Quindi, è un po' più pesante del precedente. Rispetto al primo, ^{18}O è relativamente raro. Il loro rapporto in natura è conosciuto e viene espresso in parti per mille. Il valore è indicato con il simbolo $\delta^{18}O$.

Quando un ricercatore misura il $\delta^{18}O$ contenuto in una molecola, valuta la quantità di ^{18}O rispetto a quella di ^{16}O. Il valore può essere uguale, inferiore o superiore a quello del rapporto naturale, poiché il risultato dipende dalle reazioni

---

[2] Più in particolare, gl'isotopi degli elementi chimici sono stati introdotti nella prima parte del § 2.1.

che hanno permesso la realizzazione della molecola in analisi e delle quantità di dei due isotopi presenti nei suoi precursori. I rapporti derivanti dalle reazioni chimiche biologiche sono conosciuti, grazie alle analisi e agli studi effettuati nei tessuti e nelle molecole degli esseri viventi.

Per esempio, l'analisi del rivestimento di un foraminifero[3] moderno, che vive nel fondo dell'oceano, ci dà un valore ben preciso e conosciuto, in condizioni standard. Tale risultato corrisponde alla reazione biologica che consiste a integrare nel suo rivestimento esterno atomi di ossigeno prelevati dall'acqua. Il rapporto isotopico finale dipende anche dalle quantità di ^{16}O e di ^{18}O presenti nell'ambiente liquido dell'organismo. Queste quantità possono variare con la temperatura.

Vediamo in che maniera. Innanzitutto, sottolineiamo che i due isotopi posso reagire in maniera leggermente differente durante le reazioni chimiche. Per esempio, ^{16}O essendo più leggero dell'altro, evapora più facilmente. Quindi, nel vapore acqueo, la quantità di ^{16}O sarà un po' più abbondante di quella di ^{18}O rispetto alle quantità iniziali dell'acqua di mare. Per conseguenza, quest'ultima sarà un po' più povera in ^{16}O. Ma quando piove, l'acqua della pioggia contribuisce a riequilibrare l'eccesso dell'isotopo ^{18}O nelle acque oceaniche e ristabilisce il rapporto normale.

Tuttavia, durante le epoche glaciali, o più semplicemente, quando fa più freddo del solito, una maggiore quantità di neve e ghiaccio, di provenienza metereologica, si accumula sui continenti. L'eccesso di ^{16}O, che era contenuto nel vapore acqueo, non è più reso alla massa oceanica, perché è sequestrato negli ammassi di neve continentali. Il rapporto tra ^{16}O e ^{18}O non è più equilibrato rispetto a quello dei periodi temperati: l'ambiente marino, dunque, duranti i periodi freddi, esibirà un eccesso di ^{18}O.

La differenza, benché minima, è sufficiente per alterare il rapporto dei due isotopi (in relazione al valore standard), durante la costruzione del rivestimento del foraminifero edificato durante questo periodo. Anche loro conterranno un po' più di ^{18}O rispetto al valore standard. In questo caso, il $\delta^{18}O$ è leggermente più elevato del valore di riferimento.

Invece, durante i periodi caldi, la fusione delle nevi sarà più importante e quest'acqua metereologica, ricca in ^{16}O rispetto a quella delle masse oceaniche, altererà il normale tenore degli isotopi dell'ossigeno delle acque del mare. La costituzione del rivestimento del nostro foraminifero ne sarà a sua volta influenzata e il valore di $\delta^{18}O$, ottenuto analizzandone un campione, sarà un po' più basso del valore standard.

Ecco come l'analisi delle conchiglie dei foraminiferi di epoche differenti e il confronto dei risultati ottenuti con le misure fatte su campioni attuali ci permette di valutare l'aumento o la diminuzione di temperatura attraverso le varie epoche, dal passato, sino ai nostri giorni (Prothero 2006, capitolo 3).

---

[3] Per informazioni a proposito dei foraminiferi, si veda la nota 55 del capitolo 4.

Le misure isotopiche possono anche essere fatte direttamente a partire dall'acqua dei ghiacci, utilizzando un ragionamento analogo. In questi casi, è utilizzato l'idrogeno, l'elemento più leggero dell'Universo. È proprio grazie a questo tipo di analisi che abbiamo ottenuto le curve della variazione climatica durante le ultime fasi glaciali. Il limite della metodologia corrisponde alla continuità dell'accumulazione delle nevi e dei ghiacci sui continenti, soprattutto nell'Artico e nell'Antartico.[4] Al di là, dobbiamo riprendere ad analizzare i rivestimenti dei foraminiferi o di altri organismi marini.

Dopo aver fatto questa precisazione, ritorniamo a occuparci della biodiversità e analizziamo la situazione al Cenozoico. Nei mari, i grandi rettili marini, caratteristici del Mesozoico, si sono estinti. Tra di loro, solo le tartarughe hanno saputo superare la crisi K/T.

Anche gl'invertebrati hanno accusato perdite: le ammoniti, cefalopodi tipici del Secondario, non sono più, come anche altri gruppi di molluschi, tra cui le rudiste.[5] I gasteropodi, invece, sono in piena espansione. Pesci ossei e squali, nonostante le perdite (il primo gruppo potrebbe aver perso sino al 84% delle specie conosciute) continuano la loro evoluzione e la loro diversificazione nei mari e negli oceani del globo.

Riguardo ai coralli, i rappresentanti dei gruppi attuali (che avevano già fatto la loro prima apparizione nella prima parte del Mesozoico) cominciano, insieme ad altri organismi marini, la costruzione dei biotopi[6] moderni.

È proprio durante il Cenozoico che cominciano a essere edificate le barriere coralline più o meno simili a quelle che incontriamo ancor'oggi nelle acque calde. Le barriere moderne si sarebbe costituite durante le ultime glaciazioni (all'incirca 10 000 anni fa). I fossili, tuttavia, ci raccontano una storia di barriere coralline ancora più antiche. Quella dei pesci di Monte Bolca (località italiana, nei pressi di Verona), di età prossima ai 50 Ma, è considerata come la più antica che, per struttura e tipo di composizione tassonomica, rappresenta una fauna di barriera corallina di tipo moderno (Bellwood 1996).

Gli ambienti di barriera corallina sono estremamente importanti per la biodiversità: si pensa che conservino il 25% delle specie marine attuali. In questo biotipo possiamo osservare un'altra associazione stretta tra organismi differenti:

---

[4] La banchisa artica avrebbe cominciato a formarsi 13 milioni di anni fa. Ma la configurazione attuale non sarebbe stata acquisita che verso i 3 Ma (anche se durante le differenze fasi glaciali e interglaciali la sua estensione totale si è modificata). Invece l'Antartico avrebbe cominciato a coprirsi di ghiacci perenni verso i 15 Ma. La calotta attuale avrebbe circa 6 Ma.

[5] Le rudiste fanno parte del gruppo delle conchiglie bivalvi (come l'ostrica e la vongola), ma molte di loro hanno una morfologia particolare. La conchiglia che il mollusco utilizza per fissarsi al substrato (generalmente la valva sinistra) diventa massiccia e può presentare forme diverse a seconda della famiglia di appartenenza. L'altra, invece, è abitualmente meno sviluppata e serve come opercolo. Alcune rudiste sono diventate dei veri agenti costruttori di barriere nei mari mesozoici, proprio come i coralli.

[6] In biologia, il termine "biotopo" indica un ambiente di vita definito dalle sue caratteristiche fisiche (come la temperatura o l'umidità) e chimiche particolari.

i polipi dei coralli e le alghe unicellulari zooxantelle.[7] È proprio grazie a quest'associazione che i coralli hanno potuti edificare le barriere. Le zooxantelle, in effetti, vivono all'interno dei tessuti dei polipi. Assorbono la CO_2 prodotta dagli animali e ricevono anche i loro scarti, da cui ottengono i composti azotati necessari al loro sviluppo. In cambio, forniscono ai loro ospiti diversi nutrimenti.

E sui continenti? Abbiamo visto che, all'inizio di quest'era, il clima era ben più caldo dell'attuale. Vaste foreste tropicali si stendevano sino alle alte latitudini. Tuttavia, la flora, se si considera la morfologia fogliare, assomigliava molto all'attuale, a parte il fatto che si potevano incontrare essenze tipiche dei climi meridionali ad alte latitudini.[8]

Per gl'insetti, come per altre classi d'invertebrati terrestri, il Secondario si era concluso senza troppe perdite. I loro legami con le piante si erano rinforzati ben prima della fine del Mesozoico. Gl'insetti seguitano la loro evoluzione e continuarono a tessere relazioni sempre più strette con gli altri organismi, soprattutto i vegetali.

Tra i vertebrati, sauri e batraci sembrano uscire dalla crisi K/T meglio degli uccelli e dei mammiferi. Tuttavia, i primi, nonostante abbiano perso il loro gruppo mesozoico più importante, si riprendono in fretta.

In ogni caso, i dinosauri hanno lasciato un vuoto. Anche i coccodrilli hanno subito delle perdite. Benché contino ancora numerose specie lungo tutto il Cenozoico, non raggiungeranno più le vette di diversità che avevano al Secondario. Si specializzeranno nella nicchia di predatore acquatico, dalle abitudini anfibie, che occupano ancor oggi.[9]

Il Cenozoico è spesso indicato come l'era dei mammiferi, perché questo gruppo di vertebrati è considerato sostituire i dinosauri. Apparsi approssimativamente allo stesso tempo dei grandi rettili, sarebbero rimasti all'ombra dei dinosauri, aspettando il loro momento di gloria. In realtà, abbiamo visto nel capitolo precedente che i mammiferi si erano già differenziati durante tutto il Secondario, tanto

---

[7] Le zooxantelle sono dei microorganismi capaci di fotosintesi (assorbono la luce blu dello spettro elettromagnetico). La maggior parte di loro vive in associazione simbiotica con animali marini: soprattutto coralli, ma anche le tridacne, altri molluschi e varie specie di meduse. I coralli che edificano le barriere coralline (chiamati "coralli ermatipici"), soprattutto le madrepore, sono associati alle zooxantelle. Quest'unione è talmente stretta che queste ultime, in alcune specie di coralli, sono già presenti nell'uovo, subito dopo la fecondazione (Selosse 2017, capitoli 5 e 10).

[8] Le determinazioni fatte tempo fa, sulla flora dell'inizio del Cenozoico, devono essere considerate con prudenza, perché si basano principalmente sulla morfologia delle foglie, un carattere che viene ormai considerato insufficiente per un'identificazione corretta. Per dettagli ulteriori sulla flora del periodo si veda Taylor et al. (2009). Relativamente alla flora francese, il lettore interessato può consultare con profitto il volume classico di Louis E. Piton (1940) che, tuttavia, deve essere esaminato con uno sguardo critico perché le identificazioni delle essenze vegetali soffrono del problema indicato sopra.

[9] In realtà, le cose non sono così semplici. Coccodrilli dalle abitudini terrestri sono conosciuti in America del Sud (la diversità di questi rettili continua a essere importante, almeno in questo continente). Sono membri del gruppo dei sebecidi, i cui primi rappresentanti datano dell'era Secondaria. Forme terrestri (o considerate come tali) sono anche segnalate nel Paleogene d'Europa e Nordamerica (il genere *Pristichampsus*) e persino in Australia.

negli stili di vita che nella morfologia. Solamente nelle dimensioni i mammiferi non potevano rivaleggiare con i dinosauri.

Come tutti i gruppi principali del Mesozoico, i mammiferi subirono un certo numero di perdite. Solamente quattro gruppi riusciranno a passare il limite K/T[10]:

- i marsupiali (questo gruppo è decimato dalla crisi, ma vedremo che faranno prova di un'enorme vitalità, durante il Cenozoico);
- i placentati;
- i monotremi (l'ornitorinco et le echidne appartengono a questo gruppo, più alcune specie fossili limitate all'Australia e al Sudamerica);
- i multitubercolati, un gruppo che si estinguerà verso la fine dell'Eocene tra 40 e 30 Ma.[11]

Nonostante le perdite subite, i mammiferi continuano la loro evoluzione durante l'intera durata dell'era: durante il Cenozoico appaiono tutti gli ordini moderni (O'Leary et al. 2013) e, per la prima volta nella loro storia, questi animali cominciano a raggiungere dimensioni importanti, superiori a quelle di un tasso.

La loro storia si conosce sempre meglio grazie ai nuovi scavi e agli studi di laboratorio che sono condotti, tutti i giorni, da migliaia di ricercatori di tutto il mondo. Nessun altro gruppo di vertebrati può contare su una "armata" così imponente di paleontologi. I risultati di tali studi riempiono le riviste internazionali e un buon numero dei libri.[12]

Si dice spesso che prima che i mammiferi raggiungessero grandi taglie, nelle prime fasi del Cenozoico, fossero "sottomessi" a uccelli con dimensioni da veri giganti. *Gastornis* in Europe (Buffetaut 1997) e *Diatryma* (spesso considerato un sinonimo del precedente) in America del Nord sarebbero stati i grandi predatori dell'epoca, al culmine della catena alimentare. Dobbiamo considerarla come l'ultimo colpo di coda dei dinosauri? Non dimentichiamoci che gli uccelli sono i legittimi sopravvissuti dei dinosauri, i soli veri eredi dei grandi rettili.

In realtà (come spesso avviene in questi casi), le cose sono più complicate. Per prima cosa, gli uccelli giganti non sono una prerogativa del mondo preistorico; esistono anche oggi. Lo struzzo africano, con una massa che può superare

---

[10] In realtà, alcuni resti provenienti dal Sudamerica lasciano pensare che altri gruppi di mammiferi mesozoici siano stati capaci di superare il limite K/T. Questi animali scompariranno tutti durante il Terziario (Wilf et al., 2013).

[11] I multitubercolati formano un ordine di mammiferi che appare durante il Secondario, nel Giurassico medio. Erano molto diversificati e abbondanti durante il Cretaceo, sia in America del Nord che in Asia. Grazie all'anatomia dei membri più conosciuti del gruppo, gli specialisti attribuiscono loro le abitudini alimentari dei roditori. E sarebbe proprio la competizione con questi ultimi che avrebbe spinto i multitubercolati all'estinzione, durante il Paleogene. Tuttavia, con più di 120 milioni di anni d'esistenza, rappresentano il gruppo di mammiferi con la più lunga durata di vita, tanto tra le forme attuali che tra le fossili (Kemp 2005; Yuan et al. 2013).

[12] Ecco qualche lettura scientifica riguardante i mammiferi del Cenozoico. Alcune opere trattano un paese o un gruppo particolare, altre un'epoca precisa. Le cito in ordine cronologico di pubblicazione: Savage and Long (1986), Guérin and Patou-Mathis (1996), Rössner and Heissing, (1999), Turner and Antón, (2000, 2004), Agusti and Antón (2002), Janis et al. (2005, 2008), Wang et al. (2008, 2013) Werdelin and Sanders (2010).

i 100 chili (per un individuo maschio) e un'altezza di 2,5 metri, è il più grande uccello moderno. Le sue dimensioni superano le medie umane: lo struzzo è decisamente un uccello imponente! Naturalmente, è del tutto incapace di volare.

Altri uccelli di dimensioni simili sono gli emù e casuari, dell'Australia e delle Nuova Guinea, e i nandù, che troviamo in America del Sud. Benché nessuno di loro possa essere considerato come un feroce predatore (sono frugivori-vegetariani, anche se non disdegnano, ogni tanto, insetti o piccoli vertebrati), nessuno oserebbe negare che hanno grandi dimensioni. Quindi, esistono uccelli giganti che sono nostri contemporanei e non sono necessariamente formidabili predatori. D'altra parte chi può affermare di conoscere esattamente il regime alimentare dei grandi uccelli terrestri estinti?

Ma procediamo con ordine. Consideriamo per prima cosa la presenza e la distribuzione di questi animali durante il Cenozoico. Sino a un'epoca relativamente recente (all'incirca 1 000 anni fa), viveva, a Madagascar, un uccello terrestre gigantesco, la cui massa superava non solo quella dello struzzo, ma anche quella di *Gastornis*. Non per niente è stato chiamato "uccello elefante" (*Aepyornis maximus*).[13] In Nuova Zelanda vivevano varie specie di moa (Wilson 2004), uccelli terrestri di taglia variabile, da media a grande (anche molto grande), che riempivano la nicchia ecologica dei grandi erbivori (come si vede, gli uccelli giganti non sono tutti carnivori!). Una specie, il moa gigante (*Dinornis giganteus*), nonostante fosse più leggero dell'*Aepyornis*,[14] lo superava in altezza, ed era anche più alto di tutti i ratiti moderni[15]: si valuta che potesse raggiungere i tre metri e mezzo! I moa sono scomparsi in epoca relativamente recente, proprio come l'uccello elefante.

Cosa conosciamo della storia evolutiva di questi due gruppi di uccelli giganti che sono quasi arrivati all'epoca moderna? Le informazioni a loro soggetto non abbondano. Tuttavia, in questi ultimi anni, un sito miocenico della Nuova Zelanda (di età presunta compresa tra i 19 e i 16 Ma), ha fornito frammenti ossei e resti di gusci d'uovo che possono essere attribuiti a dei moa (Tennyson et al. 2010). La storia evolutiva di questi uccelli può cominciare a essere ritracciata, per lo meno, a partire dal Miocene inferiore/medio.

Ma i moa e l'uccello elefante non sono le sole forme terrestre di grande taglia conosciute durante il Cenozoico. Australia a Sudamerica ci forniscono altri esempi.

L'Australia non sono stati rinvenuti soltanto i resti fossili degli antenati dei ratiti che vivono attualmente questo paese. L'isola ci ha anche gratificato di un'al-

---

[13] Ho già evocato quest'animale nel § 3.2, quando ho parlato delle più grandi cellule conosciute. Una di queste è appunto l'uovo di questo uccello!

[14] Il moa gigante (*D. giganteus*) pesava ~270 chilogrammi. Il peso dell'uccello elefante, invece, è valutato a 400 chili!

[15] Con il termine "ratiti", gli ornitologi indicano i grandi uccelli terrestri (citati nel testo), più qualche altra specie di taglia minore. Anche loro hanno perso la capacità di volare e condividono un antenato con gli struzzi.

Fig. 6.1   A sinistra, ricostruzione di *Dromornis stirtoni* (2,5 metri circa di altezza); a destra, ricostruzione di *Phorusrhacos longissimus* (1,80 metri circa di altezza)

tra sorpresa: è stata la culla di un gruppo speciale di uccelli che, per dimensioni e massa, potevano competere tanto con i moa che con l'*Aepyornis*. Li chiamano i dromornitidi, ma sono più conosciuti con l'appellativo di "uccelli tonanti"[16] (Fig. 6.1). Sono tipici del continente australiano (non si conoscono altrove) e risalgono almeno all'Oligocene superiore (qualcosa come 26 Ma). Ma se gli emù e i casuari sono ancora presenti tra noi, i dromornitidi più recenti risalgono al Pleistocene, e avrebbero addirittura incontrato i primi colonizzatori umani dell'Australia.[17]

In America del Sud, troviamo i forusracidi (Alvarenga and Hofling 2003), uccelli di dimensioni variabili (non erano tutti dei giganti), alti da 50 centimetri sino a più di due metri. Sono tipici del continente americano, benché siano segnalati anche in Europa, all'inizio del Cenozoico (Mourer-Chauviré 1999).

Titanis walleri è una della specie più recenti. Visse in Florida intorno ai 3 Ma (ma ci sono indizi che fanno pensare che l'uccello potrebbe essere sparito solo 15 000 anni fa!). *Titanis* fa parte di quegli animali che sono emigrati verso l'America del Nord, provenienti dal continente meridionale, dopo la formazione dell'ismo di Panama. Le sue dimensioni erano più che rispettabili, visto che poteva raggiungere l'altezza di 2,5 metri di altezza, la taglia di uno struzzo![18] In

---

[16] Un "uccello tonante" del Miocene superiore dei territori del Nord, *Dromornis stirtoni*, è tra gli uccelli più pesanti che conosciamo: la sua massa è valutata a 400 chili circa!

[17] A proposito degli antenati dei ratiti australiani attuali, vi veda Boles (1997b, 2001). Riguardo agli "uccelli tonanti", consultate Rich (1979) e Nguyen et al. (2010).

[18] Si veda, sul sito Wikipedia, all'indirizzo consacrato a quest'uccello.

America del Sud, invece, la specie più anziana (*Paleopsilopterus itaboraiensis*, del Paleocene del sud-est del Brasile) aveva delle dimensioni relativamente modesti. Le specie più grandi abitarono questo continente tra 20 e 10 Ma circa (Fig. 6.1). A causa del loro becco adunco e dei loro artigli, nessuno dubita del regime carnivoro dei forusracidi.

Da questo quadro, risulta che gli uccelli giganti non sono una caratteristica propria dell'inizio del Cenozoico. Al contrario, in alcune aree geografiche, furono presenti durante una gran parte dell'era. Altrove, sono mal conosciuti, ma col tempo, potrebbero venir fuori nuovi elementi a proposito dell'evoluzione degli struzzi moderni e dell'uccello elefante, grazie agli scavi intrapresi sul continente africano o in Asia (Senut and Pickford 1995; Mourer-Chauviré et al. 1996; Bibi et al. 2006).

D'altra parte, non tutti erano carnivori. Per esempio, i moa erano vegetariani e il dibattito riguardo il regime alimentare di *Gastornis* (= *Diatryma*) e dei dromornitidi sembra essere ancora aperto[19] (erano tutti realmente carnivori? Erano onnivori o addirittura erbivori?). Le forme dotate di un becco massiccio, potevano nutrirsi di cadaveri ed essere capaci di rompere le ossa con le loro mascelle? Proprio come i ratiti attuali, gli uccelli giganti cenozoici facevano parte integrante delle faune della loro epoca, senza essere necessariamente i predatori dominanti (anche se questo potrebbe essere stato vero per i forusracidi, almeno per le specie più imponenti).

E durante il Secondario? Esistevano già uccelli terrestri giganti? Le vestigia dei volatili mesozoici sono generalmente rare e incomplete. Tuttavia, recentemente, un articolo scientifico ha segnalato la presenza, grazie ai resti di una mandibola, di un preteso uccello di grandi dimensioni (superiori a quelle dello struzzo), proveniente dai sedimenti del Cretaceo superiore del Kazakhstan. L'animale è stato chiamato *Samrukia nessovi*. Il nome generico deriva da quello della leggendaria Fenice locale.

Tuttavia, non tutti gli specialisti sono rimasti convinti dell'identità di *Samrukia*. Quest'animale avrebbe potuto essere un grande pterosauro. Le caratteristiche utilizzate per descriverlo, in effetti, si possono applicare anche ai rettili volanti che, in quel periodo, raggiungevano taglie gigantesche.

---

[19] Il lettore che desidera approfondire il discorso sull'alimentazione di *Diatryma* e *Gastornis* può leggere i seguenti articoli: Witmer and Rose (1991), Bourdon and Cracraft (2011), Andors (1992). I primi due sono fervidi partigiani di un regime alimentare carnivoro (o, semplicemente, si nutrivano di cadaveri) per questi uccelli. L'ultimo, invece, sostiene una tesi differente. Tuttavia, recentemente, un articolo di Delphine Angst, in collaborazione con un'equipe franco-belga (Angst et al. 2014), basandosi sulla geochimica isotopica e l'anatomia funzionale, porta nuove prove a proposito del regime alimentare vegetariano di *Gastornis*. È questa l'ultima parola sull'argomento? Vedremo bene se tali risultati saranno confermati o se un nuovo studio porterà altre novità! Riguardo l'alimentazione dei dromornitidi, suggerisco la consultazione del sito dell'*Australian Museum*. Infine, consiglio la lettura di dell'articolo di S. Wroe (1999).

Quindi nessun uccello gigante al Mesozoico? Invece, sembra proprio ce ne fosse almeno uno! In effetti, alcuni resti sembrano provare l'esistenza di un grande uccello durante il Cretaceo superiore. Questi resti ci vengono dalla Francia. Si trattava di una specie terrestre come lo struzzo o no? Alcuni indizi lo proverebbero.[20] Tuttavia, i resti sono incompleti. Nonostante non ci sia niente che si oppone all'identità aviaria di questa specie, ci servono nuovi fossili per poter stabilire un ritratto valido di quest'animale e per poter determinare le sue relazioni tassonomiche. In effetti, non sappiamo ancora se *Gargantuavis philoinos* (tale è il nome del colosso francese) era in qualche modo apparentato ai ratiti moderni o alle altre forme giganti del Cenozoico. Probabilmente, non aveva nessun rapporto con gli uccelli terziari e quaternari; altro non era che una specie appartenente a un gruppo mesozoico, estintasi senza lasciare discendenti. Tuttavia, abbiamo bisogno di prove ulteriori per confermarlo.

Prima di terminare il paragrafo, desidero fare un'ultima considerazione. In questa sezione si è parlato molto di animali. Ma cosa sappiamo dei microorganismi del Cenozoico (vi ricordo che i batteri e gli altri esseri unicellulari costituiscono una parte consistente della biodiversità)? Spesso discreti, le loro tracce fossili non sono sempre facili da mettere in evidenza. Nonostante questo, le loro vestigia sono conosciute persino in giacimenti diventati celebri a causa dei vertebrati esumati. È il caso del sito eocenico medio (~47 Ma) di Messel, in Germania. Qui, i resti batterici sono vari e abbondanti.[21]

Queste creature sono spesso trascurate, a causa delle loro dimensioni ridotte. Ma in certi casi, i loro fossili possono essere molto vistosi. È il caso delle costruzioni stromatolitiche rinvenute nelle cave calcaree con sedimenti risalenti all'Oligo-Miocene dell'Allier (Francia); alcune, a forma di cavolo, possono superare il metro di diametro!

Naturalmente, i migliori indici per valutare la loro presenza sono indiretti. Gli animali, soprattutto i mammiferi, ospitano una ricca comunità di microorganismi nel loro corpo, soprattutto nell'apparato digestivo. Pensiamo ai ruminanti, che possiedono, nel loro stomaco, una ricca flora di microorganismi simbiotici indispensabili alla digestione della cellulosa contenuta nei loro alimenti vegetali.[22] Senza la presenza dei microbi, questi animali non potrebbero sostenersi con un tal regime alimentare.

Il nostro corpo ospita una grande quantità di queste creature. Ciascuno di noi possiede più di 1 000 specie diverse di microorganismi (batteri, archei, protozoi),

---

[20] *Samrukia* è stato descritto in Naish et al. (2012). Uno dei primi lavori a mettere in dubbio la sua identità di uccello si deve a Eric Buffetaut (2011). Infine, i resti del gigante mesozoico francese sono descritti in Buffetaut and Le Loeuff, (2010).

[21] Leggere la sezione consacrata ai batteri, redatta da K. Liebig, nell'opera di W. Von Koenigswald and G. Storch (1998).

[22] I ruminanti hanno lo stomaco diviso in quattro compartimenti: il rumine, il reticolo, l'omaso e l'abomaso. Il primo è anche il più voluminoso ed è la sede principale della degradazione degli elementi vegetali per fermentazione, grazie ai microorganismi ospitati (Beaumont and Cassier 1994).

il cui numero di cellule (valutato, come ordine di grandezza, a qualche miliardo) può variare secondo la regione geografica abitata, l'età dell'individuo a altri fattori ancora. Questa comunità contribuisce a proteggerci contro certi agenti patogeni esterni e ci aiuta a estrarre le sostanze nutritive dal cibo (Lozupone et al. 2012; Selosse 2017, capitoli 7 e 8).[23]

Adesso, se estrapoliamo questo risultato alle comunità dei mammiferi del Terziario, possiamo renderci conto che la diversità dei microorganismi dell'epoca non doveva essere inferiore a quella conosciuta ai nostri giorni.

6.2   La straordinaria fauna di mammiferi dell'Australia

Il Cenozoico è spesso indicato come l'era dei mammiferi. Desidero, quindi, consacrare il presente paragrafo al gruppo. Tuttavia, non voglio raccontarvi la storia generale di questi animali durante il Terziario e il Quaternario. Il mio desiderio è quello di limitarmi ai mammiferi fossili australiani.

Perché scegliere l'Australia? Perché, attualmente, possiede una fauna di mammiferi unici al mondo.[24] Con la Nuova Guinea (e la Tasmania) è il solo luogo dove si possano incontrare le tre linee evolutive mammaliane che perdurano ancora ai nostri giorni: i marsupiali, i placentati e i monotremi. Sono evolute l'una accanto all'altra molto prima che l'uomo decidesse d'introdurre animali domestici o selvaggi per i propri scopi.

L'Australia è una terra isolata. Si tratta della seconda più grande isola del globo (dopo l'Antartico).[25] Si è completamente separata dagli altri continenti meridionali, in particolare con l'Antartico e il Sudamerica, tra i 45 e i 35 Ma.

Quando queste masse erano ancora in comunicazione tra di loro, gli animali terrestri potevano circolare liberamente da un paese all'altro. Ma quando l'Australia ha perso i contatti, molte creature furono incapaci di superare la barriera d'acqua tra questa terra, diventata ormai un'isola, dal continente più vicino, all'epoca, l'Antartico. Quest'ultimo ha derivato sempre più verso il sud e le nuove condizioni climatiche che si sono istaurate hanno contribuito a rendere difficili le condizioni di vita degli animali. La biodiversità specifica dell'Antartico continentale si è ridotta fortemente. Quella australiana, invece, si è evoluta indipendentemente, in condizioni climatiche molto più clementi.

---

[23] Si veda anche il sito Wikipedia consacrato ai microorganismi dell'organismo umano, alla voce "Microbiota umano".

[24] Per una panoramica dei mammiferi australiani, nativi e introdotti, più alcune specie estinte in tempi storici, raccomando Menkhorst and Knight (2002).

[25] Questo, naturalmente, se non prendiamo in conto le masse continentali. In questo caso, i blocchi che uniscono, da un lato, l'Eurasia e l'Africa e, dall'altro, le due Americhe, sono ben più grandi tanto dell'Australia che dell'Antartico.

Attualmente, le terre più vicine all'Australia sono quelle del Sud-Est asiatico.[26] Tuttavia, nonostante i due continenti siano effettivamente vicini l'uno all'altro, dal punto di vista geografico, gli scambi faunistici, risultano relativamente limitati. Le terre australiane sono separate dall'Asia dalla "linea di Wallace", una barriera geografica che passa tra le isola della Sonda (per esempio, Bali, Sumatra, Borneo e Mindanao), a Nord-Ovest, e le terre oceaniche, a Sud-Est. Gli ostacoli principali che rendono difficile gli scambi delle faune terrestri sono le fosse oceaniche (Asia a Australia appartengono a piattaforme differenti) della regione e le correnti marine. Questa barriera funziona da quando l'Australia si è posta nella posizione geografica che occupa attualmente.

Le terre australiane sono dunque rimaste isolate durante la maggior parte del Cenozoico e i loro mammiferi hanno potuto evolversi separati dal resto del mondo. La comunità autoctona moderna è composta dai discendenti dei colonizzatori che arrivarono in Australia prima che si staccasse dagli altri continenti, più gl'immigrati che sono stati capaci, di tanto in tanto, di superare le barriere acquatiche che la separavano dalle altre terre.

La fauna autoctona dei placentari si è formata da ondate successive, partendo da "avventurieri" fortunati che hanno saputo conquistare l'isola, provenienti, verosimilmente, dal Sudamerica e dall'Antartico, in primo momento, e dall'Asia, in seguito.

I monotremi moderni, l'ornitorinco e le specie di echidne, sono i discendenti di specie che abitavano l'Australia dal Cenozoico. La loro storia sull'isola, presenta, ahimè, ancora molte ombre. Ciò potrebbe anche essere dovuto al fatto che questi animali non sono mai stati abbondanti, sia in termini di specie che d'individui. Tuttavia, qualche fossile prova che le famiglie moderne erano già presenti sull'isola, l'una, quella dell'ornitorinco, da almeno 28 Ma, l'altra, quella delle echidne, in epoca più recente (dal Pliocene, a partire da 5 Ma circa, o anche prima; Long et al. 2003; Flannery et al. 2022).[27]

La storia evolutiva dei marsupiali australiani, invece, è documentata in modo migliore. I rappresentanti attuali potrebbero derivare tutti da non più di due popolazioni, immigrate dall'Antartico prima della sua completa separazione, che si sono poi evolute sul posto (Nilsson et al. 2004, 2010).[28] Tale situazione offre ai paleontologi un'occasione unica per studiare l'evoluzione biologica e la filogenia del gruppo nella sua integralità. In un luogo isolato, in effetti, senza flussi migra-

---

[26] La Nuova Guinea fa parte del continente australiano. Durante i periodi glaciali, quando il livello del mare si abbassava, le terre settentrionali dell'Australia e quelle meridionali della Nuova Guinea potevano essere messe in contatto da un ponte di terra che permetteva gli scambi faunistici. Per tutte queste ragioni e per il fatto che la Nuova Guinea si situa sullo stesso lato dell'Australia rispetto alla linea di Wallace (si veda il testo), la prima è considerata come una regione particolare del continente australiano, con faune molto simili a quelle australiane.

[27] È necessario precisare che monotremi ancora più antichi, di età cretacea, hanno abitato l'Australia. Tuttavia, il loro grado di parentela con le forme attuali è ancora mal conosciuto.

[28] Per ipotesi alternative, si veda anche Beck (2012).

tori provenienti dalle altre terre, le relazioni tra antenati e discendenti possono essere più facili da riconoscere e/o ricostruire.[29]

Sino a qualche anno fa, le nostre conoscenze a proposito dei marsupiali australiani erano limitate ai periodi più recenti. È solamente negli ultimi decenni che sono state scoperte nella regione nord-occidentale dell'isola, il Queensland, faune favolose, permettendo di riempire in parte tale lacuna. Ormai, per lo meno in questo territorio, la biodiversità specifica comincia a essere realmente apprezzata, tra la fine dell'Oligocene a quella del Pleistocene. E non solo quella dei mammiferi (Archer et al. 1994).

Malgrado tutto ciò, la prima parte del Cenozoico resta ancora poco conosciuta. Soltanto un pugno di località, di età compresa tra la fine del Cretaceo superiore (> 66 Ma) e la fine del Paleocene (~55 Ma), hanno fornito qualche elemento di fauna. Cronologicamente, siamo ancora in un periodo anteriore a quello della separazione completa dell'Australia dalle altre terre continentali (in particolare dall'Antartico). Gli animali avevano dunque ancora l'opportunità di passare da un paese all'altro rendendo difficile stabilire la loro culla d'origine.

Qualche osso rinvenuto nella località paleocenica di Murgon (sempre nel Queensland) potrebbe corrispondere a quello del marsupiale di base, a partire dal quale tutte le forme australiane sono derivate.[30] Oppure, lo stesso animale potrebbe anche essere il rappresentante di un gruppo di opossum americani e mostrarci che le forme australiane derivano da uno di questi. Dunque, per il momento, dobbiamo confessare di non essere ancora in grado di classificare correttamente questi fossili cenozoici nella base dell'albero filogenetico dei marsupiali.

Tuttavia, il sito di Murgon presenta un'importanza cruciale sotto un altro aspetto. Ci permette anche di documentare il primo popolamento di mammiferi placentati in Australia.[31] Alcuni resti, infatti, testimonierebbero la loro esistenza: insieme a uno dei più antichi pipistrelli conosciuti, altre ossa proverebbero la presenza di creature uniche estintesi in seguito (Long et al. 2003).

C'erano mammiferi placentati non volanti ma endemici, nella storia remota dell'Australia? Ecco un fatto che, se confermato, si opporrebbe alle discussioni sterili sulla presunta superiorità dei placentati nei riguardi dei marsupiali. Una superiorità che si fonderebbe su due ragioni: 1) i placentati attuali sono più numerosi e diversificati di marsupiali; 2) durante gli scambi faunistici tra l'America

---

[29] L'Australia non è il solo continente a essere rimasto isolato durante il Cenozoico. Anche il Sudamerica si è trovato in una condizione identica, durante una grande parte del Terziario, sino alla formazione dell'ismo di Panama, verso i 3 Ma. Questo lembo di terra ha ristabilito il contatto con il continente del Nord. Lo studio della fauna e il confronto con quella degli altri paesi costituisce un altro caso interessante per tutte le discipline scientifiche legate alla paleontologia e all'evoluzione.

[30] La comunità animale fossile della località di Murgon è conosciuta sotto il nome di "fauna locale di Tingamarra". Per maggiori dettagli sull'argomento e sui marsupiali citati si vedano Godthelp et al. (1999) e Beck (2012).

[31] La fauna di Tingamarra non è solamente cruciale per le nostre conoscenze sui mammiferi. Dalla località di Murgon provengono anche i resti del più antico passeriforme (Passeriformes) conosciuto. Questa scoperta ci ha permesso di fare nuova luce sull'origine del gruppo (Boles 1997a).

del Nord e quella del Sud, le specie marsupiali che spariscono sono proporzionalmente più numerose di quelle dei placentati.

Questi ragionamenti, tuttavia, nascondono la realtà. I due gruppi sono ugualmente evoluti, ciascuno avendo saputo portare risposte efficaci e originali alle sfide esistenziali. In effetti, nell'Australia moderna, varie famiglie di marsupiali e di placentati coabitano senza problema: è piuttosto l'ingerenza umana che mette in pericolo la fauna autoctona, più ancora dei mammiferi placentati importati.

Ma passiamo adesso a scoprire i marsupiali che hanno popolato l'Australia nel passato e cerchiamo di scoprire le loro relazioni con le specie moderne. Attualmente, la fauna marsupiale comprende molti animali unici come i canguri (genere *Macropus*), il koala (*Phascolarctos cinereus*), il vombato (*Vombatus ursinus*), conosciuti dal grande pubblico (e tutti raggruppati insieme ad altre specie vegetariane nell'ordine dei diprotodonti), più altri meno celebri ma non meno eccezionali. Per esempio, i bandicoot, curiosi mammiferi dal naso a punta e dal regime alimentare onnivoro (classificati tutti in un altro ordine, ben differente da quello di canguri e koala), oppure i dasiuri, conosciuti anche sotto il nome di quoll (genre *Dasyurus*), che, con il diavolo di Tasmania (*Sarcophilus harrisi*) e il tilacino (*Thylacinus cynocephalus*), ormai estinto, formano il gruppo dei carnivori autoctoni per eccellenza (questi animali, più altre forme più piccole e insettivore, sono raggruppati in un terzo ordine, quello dei Dasyuromorpha). Infine, i mammiferi più bizzarri di tutti, le talpe marsupiali (*Notoryctes typhlos* et *N. caurinus*), talmente differenti e specializzate che si sono meritate un gruppo creato espressamente per loro. In effetti, assomigliano più alle talpe dorate africane della famiglia Chrysochloridae che a un opossum o a un canguro.

I rappresentanti estinti di tutti e quattro gli ordini sono stati trovati nelle località oligo-mioceniche d'Australia. Inoltre, queste faune includono creature che non hanno più equivalenti nelle faune marsupiali moderne. Alcune di queste, grazie alle loro caratteristiche anatomiche, possono ancora essere sistemate all'interno dei gruppi già costituiti, ma altre specie sono talmente differenti che è stato necessario creare nuovi ordini (si vedano la sezione "I curiosi yalkaparidonti", nell'appendice del capitolo, e la Fig. 6.2).

Ma procediamo con ordine nella nostra esplorazione del mondo australiano dell'epoca. In seguito, nelle nostra "escursione preistorica" mi focalizzerò sui confronti e sulle differenze più significative tra le faune marsupiali attuali e quelle fossili rinvenute nel Queensland. Queste ultime sono più conosciute come "faune di Riversleigh", dal nome della località tipica delle scoperte.

Molte delle forme moderne sono adattate alla vita negli ambienti aperti, se non chiaramente desertici, visto che si tratta delle condizioni più comuni in Australia, ai giorni nostri. Tuttavia, sono presenti anche delle foreste, con il loro insieme di specie tipiche (koala, o alcune specie di quoll e di wallaby). Questi ambienti si

Fig. 6.2 A sinistra, *Yalkaparidon coheni* (Miocene inferiore); solo il cranio dell'animale è attualmente conosciuto. A destra, la talpa fossile marsupiale, *Naraboryctes philcreaseri* (anch'essa, Miocene inferiore), dal peso di 200 grammi circa. I due animali non sono in scala

trovano soprattutto nella parte settentrionale dell'isola e sulla costa occidentale, dove ricevono l'umidità proveniente dai monsoni stagionali.

Ma durante l'Oligo-Miocene, il clima era ben differente: l'Australia era ricoperta da foreste tropicali, almeno lungo tutta la regione nord-occidentale. Le comunità di animali dell'epoca si trovavano, apparentemente, al loro agio in quest'ambiente, diventato, ormai, molto più raro.

Nonostante il koala attuale si un abitante caratteristico delle foreste aperte e secche, costituite principalmente da eucalipti, le forme fossili amavano, sembrerebbe, le jungle dell'epoca. Si ne conoscono varie specie durante l'Oligo-Miocene, che, naturalmente, non erano tutte contemporanee. Nel corso del tempo, il loro numero è diminuito, probabilmente a causa dell'aridificazione del continente, finché non ne è restata una sola. A dispetto del fatto che il loro numero specifico fosse più importante nel passato che attualmente, i koala costituiscono fossili relativamente rari nelle faune di Riversleigh.

E che dire della talpa marsupiale fossile (*Naraboryctes philcreaseri*)? Le due specie moderne vivono in pieno deserto "nuotando" letteralmente nella sabbia, alla ricerca di prede (principalmente artropodi). La specie miocenica (Fig. 6.2), invece, è stata trovata nella foresta tropicale (Archer et al. 2010). Dobbiamo dunque pensare che le sue abitudini di vita e la sua morfologia fossero differenti? Non necessariamente. Al di là di qualche differenza anatomica, questi marsupiali condividevano sufficienti caratteristiche per riunirli tutti nello stesso ordine e anche per attribuirgli lo stesso stile di vita. La specie fossile "nuotava" nel sottosuolo costituito dai detriti organici dalla foresta. La densità del materiale del suolo forestale non doveva essere troppo differente da quella della sabbia. Detto in altro modo, la talpa fossile, che viveva in un terreno poco compatto, sarebbe stata "pre-adattata" alle condizioni attuali. Così, quando la regione centrale del continente diventò un gran deserto, questi animali poterono adattarsi facilmente. Appresero a spostarsi nella sabbia come i loro antenati, ormai estinti, l'avevano fatto nei sedimenti mobili del suolo della foresta.

Fig. 6.3 Ricostruzione del canguro propleopino *Ekaltadeta ima*, del Miocene del Queensland. Considerato onnivoro, quest'animale pesava circa 15 chilogrammi

I canguri sono tra gli animali più caratteristici dell'Australia. La specie più conosciuta (e la più tipica) è il canguro rosso (*Osphranter rufus*), un erbivoro perfettamente adattato all'ambiente arido nel quale vive. Gli animali della sua famiglia possono essere considerati come gli equivalenti australiani delle gazzelle e dei bovini del Mondo Antico, con una dieta erbivora, frugivora o comprendente persino i funghi. Il gruppo include specie che frequentano gli spazi aperti, altre che preferiscono gli ambienti più chiusi, se non addirittura le foreste. Certi canguri (le specie appartenenti al genere *Petrogale*) si sono anche adattati a vivere negli ambienti rocciosi, come gli stambecchi e i camosci delle nostre montagne.

Durante l'Oligo-Miocene, l'ambiente australiano era più boschivo dell'attuale. L'alimentazione dei canguri dell'epoca era più varia. Alcune specie possedevano una dentatura specializzata, con un premolare a forma di raspa, più o meno sviluppato, a ogni lato delle loro mascelle. I paleontologi pensano che il regime alimentare di questi animali dovesse essere chiaramente onnivoro, se non addirittura carnivoro, poiché i loro denti erano perfettamente sagomati per tagliare alimenti carnei. Tuttavia, al momento, questa resta un'ipotesi, benché sia giustificata dalle dimensioni e dalla forma del loro premolare.

I possessori di tale dente sono riuniti in una sotto-famiglia particolare, nel gruppo dei canguri, i Propleopinae (Fig. 6.3), apparentati al ratto canguro muschiato (*Hypsiprimnodon moschatus*). I suoi rappresentanti hanno popolato l'Australia a partire dall'Oligocene superiore (~28 Ma) sino alla fine del Pleistocene, verso i 10 000 anni, per poi estinguersi. All'inizio avevano una forma modesta ma, col tempo sono diventati sempre più grandi. La specie più recente, *Propleopus oscillans*, poteva pesare sino a 70 chilogrammi, il peso di un canguro grigio moderno (*Macropus giganteus*).[32] Essendo considerato carnivoro, quali prede poteva cacciare?

---

[32] Nonostante il nome scientifico "*M. giganteus*", il canguro grigio non è il più grande. Il canguro rosso ha una massa più importate: i grandi maschi possono superare gli 80 chili!

Fig. 6.4 Ricostruzione di un individuo femminile del canguro fossile pleistocenico *Procoptodon goliah* mentre si nutre delle foglie di un albero. Quest'animale misurava più di due metri di altezza

Un'altra sotto-famiglia di canguri particolari si specializza per concepire brucatori di foglie assai particolari. Durante l'aridificazione del continente, le regioni boschive si rarefanno sempre di più, incrementando la competizione per le risorse. Per poter raggiungere le foglie più alte, al di fuori della portata dei competitori, alcuni canguri svilupparono braccia robuste, armate di artigli potenti e ricurvi. Tali modificazioni anatomiche permettevano loro di afferrare i rami e di abbassarli sino alla bocca, ottenendo più facilmente le foglie e i germogli. Allo stesso tempo divennero sempre più grandi. Una delle specie più recenti, *Procoptodon goliah*, aveva una taglia impressionante; in piedi, superava i due metri e, grazie agli arti anteriori, poteva raggiungere i rami tra i due metri e mezzo e i tre metri di altezza rispetto al suolo (Fig. 6.4).

Nelle foreste, i koala non erano i soli frequentatori degli alberi. Una schiera di opossum, più o meno apparentati con le specie moderne (i "possum" degli australiani) e altri appartenenti a gruppi esclusivamente fossili, avevano stabilito la loro dimora tra le fronde, chi per cercare dei frutti, chi per approvvigionarsi degli alimenti più vari.

Anche i bandicoot erano abbondanti in quest'ambiente forestale. Varie specie sono state riconosciute nei sedimenti oligo-miocenici del Queensland. Le forme dalle dimensioni minori erano, verosimilmente, insettivore, le più grandi carnivore. Alcuni ricercatori pensano addirittura cha alcune specie possano aver temuto il ruolo ecologico dei roditori, che a quell'epoca erano ancora assenti dall'isola. Questa grande varietà di abitudini alimentari spiega probabilmente la loro abbondanza in termini di esemplari e di specie.

E cosa dire dell'ordine dei marsupiali carnivori? Resti dei rappresentanti dei dasiuromorfi sono stati rinvenuti, naturalmente, nei sedimenti di Riversleigh, benché poco abbondanti, meno frequenti che ai nostri giorni (ma il loro ruolo poteva essere stato tenuto, almeno in parte, dai bandicoot). Tuttavia, molte forme antiche sono difficilmente rapportabili alle famiglie moderne. Solo al Pliocene, verso i 5 Ma, appaiono resti che possono essere identificati come appartenenti alle tribù moderne.

Ma c'è un'eccezione; la famiglia dei tilacini. Rappresentanti di questo gruppo sono stati rinvenuti nei livelli oligo-miocenici del Queensland e sono state descritte varie specie, appartenenti a generi differenti, nelle faune di Riversleigh. Generalmente più piccoli della specie recente (che si è estinta durante il XIX secolo; Paddle 2002), i tilacini fossili c'indicano che la famiglia era tipica degli ambienti forestali, per lo meno nei tempi passati.

Le foreste oligo-mioceniche non ospitavano soltanto animali ecologicamente simili agli attuali, riconducibili alle famiglie moderne di marsupiali. Alcune specie non hanno più alcun equivalente moderno. Si erano adattate talmente bene agli ambienti terziari che la loro rarefazione ne ha provocato la diminuzione sino all'estinzione, alla fine del Pleistocene, all'incirca 10 000 anni fa.

Per esempio, tra i più tipici erbivori preistorici, c'erano dei marsupiali con le fattezze di un vombato, ma che non erano strettamente imparentati con il simpatico animale. Appartenevano a famiglie diverse. E la differenza la più significativa non era nella tassonomia, ma riguardava le dimensioni di questi animali. Questi erbivori avevano generalmente dimensioni comprese tra quelle di una pecora a quelle di una mucca. La specie più recente, *Diprotodon optatum*, che visse durante il Pleistocene, aveva la taglia di un rinoceronte (Fig. 6.5)!

Insieme a questi gagliardi, ecco i palorchestidi, che erano ancora più bizzarri. Questi animali avevano gli arti anteriori più lunghi dei posteriori e tutti erano dotati di artigli possenti. Ma l'aspetto più insolito era senza dubbio la corta proboscide che avevano sul muso.[33] Insomma, questi animali assomigliavano a una specie di "tapiro marsupiale" (Fig. 6.6). Dovevano aggirarsi nelle foreste, ricercando i loro alimenti vegetali sul suolo. Gli artigli potenti dovevano permettere loro di dissotterrare bulbi e radici. Oppure permettevano di attaccare altre parti della struttura vegetale.

Tutti questi pacifici erbivori prosperarono finché le condizioni climatiche dell'Australia permisero una vegetazione relativamente lussureggiante. Ma

---

[33] La proboscide deriva dall'associazione ipertrofica tra il labbro superiore e le gemme nasali. Essendo formata di carne e di altri tessuti molli, non si fossilizza. Tuttavia, i paleontologi sono in grado di dedurne la presenza dalla posizione retrocessa delle aperture nasali sul cranio, come nel caso degli elefanti e dei tapiri.

Fig. 6.5 *Diprotodon optatum*, il più grande marsupiale conosciuto; visse in Australia durante il Pleistocene

Fig. 6.6 Ricostruzione di *Palorchestes anulus* (Miocene, Queensland; Australia). L'animale aveva le dimensioni di un vitello, ma era più pesante

quando l'aridità si estese troppo, cominciò il loro declino. Il Pleistocene mise termine alla loro esistenza.

Quando gli erbivori abbondano negli ambienti naturali, richiamano invariabilmente i carnivori. L'Australia era popolata da una vasta schiera di predatori feroci appartenenti a gruppi differenti (serpenti, coccodrilli, tilacini e, forse, gli uccelli tonanti – ma prima bisogna provare che erano veramente dei carnivori). Ma i più temibili erano, senza dubbio, i "leoni marsupiali" (Fig. 6.7).

Queste creature si dividono in due famiglie, oggi completamente estinte. La specie più recente, *Thylacoleo carnifex*, visse durante il Pleistocene e aveva le di-

Fig. 6.7 Ricostruzione di *Thylacoleo crassidentatus* del Pliocene inferiore (~5 Ma) del Queensland (Australia). Quest'animale aveva le dimensioni di un leopardo

mensioni di un piccolo leone. Altre forme, più anziane, avevano una taglia variabile tra quella di una lince e quella di un leopardo. Il carattere più insolito di questi animali è che discendevano da un gruppo di erbivori. Infatti, dal punto di vista filogenetico, non hanno niente a che vedere con i tilacini e i quoll, ma sono piuttosto apparentati con i rappresentanti vegetariani dei marsupiali australiani, i koala, i canguri, i possum e i diprotodonti terziari/quaternari, tanto che sono assegnati al loro stesso ordine.

I loro antenati avevano già perso i canini inferiori che, in tutti i mammiferi carnivori, formano le zanne della mandibola. I leoni marsupiali, allora, hanno trasformato gl'incisivi inferiori, in forma di baionetta, ereditate dai loro precursori. Quest'incisivi opponendosi ai denti anteriori della mascella superiore, giocavano lo stesso ruolo dei canini.

Ma le loro "armi" più temibili erano delle vere e proprio lame poste ai quattro angoli della bocca. Sono state ottenute dall'allungamento di quattro premolari, due superiori e due inferiori. Tali denti funzionavano come le lame delle forbici ed erano perfette per tagliare la carne.

Dotati di costituzione robusta, questi animali aggredivano, probabilmente, gli erbivori più grandi e i più massicci della loro epoca, come i canguri e i diprotodonti. Terrorizzarono le loro vittime dall'Oligocene superiore sino al Pleistocene. Infine, sparirono, probabilmente in seguito all'estinzione delle loro prede preferite.

I marsupiali cenozoici, proprio come le forme moderne, avevano occupato tutte (o quasi) le nicchie ecologiche terrestri occupate dai mammiferi. Tuttavia ce n'è una che gli sempre sfuggita: quella occupata dai pipistrelli. Ma se i marsupiali non ci riescono, ecco che arrivano i placentati ad occuparla. Ben presto, sotto la volta delle foreste australiane, cominciano a svolazzare i pipistrelli. Alcune famiglie moderne (compresa una, attualmente monotipica – cioè composta da una sola specie, *Mystacina tuberculata* – e limitata alla Nuova Zelanda) erano già presenti durante l'Oligo-Miocene. Altre, invece, fecero la loro apparizione soltanto in epoca più recente.

I pipistrelli possono volare e non solo ostacolati dalle barriere costituite dai bracci di mare, come è provato dalla presenza di questi animali su varie isole oceaniche (per esempio, le isole Seychelles, le Fiji, eccetera). Ma, i primi chirotteri hanno colonizzata l'Australia, verosimilmente, prima della sua completa separazione dagli atri continenti meridionali. Infatti, ritroviamo una delle più antiche specie conosciute di pipistrello nel sito di Murgon. Dunque, i chirotteri si era già stabiliti in Australia e ci erano arrivati prima dei 40 Ma, anche se non sappiamo quante ondate differenti di questi animali hanno investito l'isola. Ma è proprio grazie alla loro presenza che si sono potute stabilire le prime datazioni relative dei sedimenti oligo-miocenici australiani, confrontando le faune con quelle di altri continenti dove abitavano forme apparentate.

A partire dall'Oligocene superiore, durante vari milioni di anni, i chirotteri furono apparentemente i soli placentati a dividere l'habitat, in Australia, con i pochi monotremi e con i marsupiali (questi invece erano abbondanti e ben diversificati). Fu soltanto al Pliocene (dopo i 5 Ma) che, sull'isola, arrivarono i primi roditori (Long et al. 2003), provenienti dall'Asia. Il gruppo ebbe un enorme successo tanto che, attualmente, è il più numeroso e il più diffuso su tutta l'Australia.

Dopo i roditori, e solamente durante il Pleistocene, arrivarono gli uomini e il dingo (*Canis lupus dingo*), che sembra essere un parente prossimo del cane domestico. Non è ancora chiaro se questa specie sia stata portata dall'uomo o se, invece, sia stata capace di raggiungere l'Australia con i propri mezzi. Tutti gli altri placentati terrestri (conigli, maiali, e persino dromedari), attualmente presenti in Australia, sono d'importazione antropica recente.

Questa breve escursione alla scoperta dei mammiferi australiani del passato ci ha mostrato la ricchezza delle faune dell'epoca. Bisogna aggiungere che i mammiferi di Riversleigh non erano affatto soli, ma dividevano l'ambiente con molte altre creature: insetti, pesci, anfibi, rettile e, naturalmente, uccelli (Archer et al. 1994). Molti di questi organismi sono più o meno apparentati con la loro controparte moderna, ma certe specie derivano da gruppi completamente diversi, oggigiorno spariti per sempre. È il caso delle tartarughe corazzate, le meiolanide, veri e propri "carri armati" rettiliani, e i dromornitidi, gli uccelli giganti evocati nel paragrafo precedente.

Sfortunatamente, la maggior parte di questi magnifici animali cenozoici non esiste più. Perché sono scomparsi? Hanno fatto parte delle vittime dell'estinzione avvenuta alla fine del Pleistocene, che ha colpito anche la megafauna (fauna composta di grandi mammiferi) in altre parti del mondo (Martin and Klein 1984). Più o meno alla stessa epoca, spariscono i mammut lanosi (*Mammuthus primigenius*), i mastodonti (*Mammut americanum*), i rinoceronti lanosi (*Coelodonta antiquitatis*), i cervi giganti (*Megaloceros giganteus*) delle latitudini nordiche, i bradipi giganti (generi *Megatherium* e *Glossotherium*) e i gliptodonti (genere *Glyptodon*) del Sudamerica, insieme ad altre specie meno conosciute dal grande pubblico.

Riguardo alle cause, le opinioni divergono tra quelli che considerano che l'uomo moderno (che aveva fatto il suo ingresso in scena varie decine di migliaia di anni prima) sia stato il responsabile principale dell'ecatombe e quelli che, invece, pensano che le estinzioni siano da imputarsi ai cambiamenti climatici che si sono verificate alla fine dell'ultima glaciazione.

Come sempre, in questi casi, le cause hanno dovuto essere molteplici e complesse. Senz'altro, i cambiamenti climatici e ambientali hanno avuto il loro peso, ma, probabilmente, hanno potuto aggiungersi anche altri avvenimenti per rendere più pesante il bilancio delle estinzioni.

6.3 Super-società

Come in tutti i libri che trattano la storia degli esseri viventi, le ultime pagine sono dedicate al nostro gruppo di appartenenza, quello dei primati. Tuttavia, se termino con l'uomo è soltanto per introdurre un nuovo concetto che si sarebbe manifestato solo in epoca recente. Esistono già diversi volumi che parlano dei primati e della storia della nostra genealogia.[34] In questa sede, voglio solo sottolineare alcuni punti principali e, possibilmente, alcune novità che non sono state ancora sufficientemente pubblicizzate nei lavori di divulgazione.

Il gruppo dei primati riunisce dei mammiferi caratterizzati, tra le altre cose, dal pollice opponibile, la visione stereoscopica[35] e gli artigli trasformati in unghie. I resti più antichi del gruppo rimontano all'inizio dell'Eocene e sono stati rinvenuti in Eurasia, in America del Nord e in Africa.

I primati attuali comprendono i lemuri e le specie apparentate, i tarsi e le scimmie. I tarsi sono riuniti con le scimmie nel gruppo degli aplorrini (Haplorrhini)[36]

---

[34] Tra i diversi libri consacrati ai primati fossili e moderni consiglio i due volumi seguenti: Fleagle (2013) e Werdelin and Sanders (2010). La storia dell'uomo può essere ritracciata nell'opera consacrata all'argomento ed edita sotto la direzione di Yves Coppens e Pascal Pic (2001), più i numerosi articoli e volumi delle riviste di divulgazione francesi dedicati agli ominidi (indicati in ordine cronologico di pubblicazione): Opera collettiva 2006b, 2006c, 2007, 2012.

[35] La visione stereoscopica permette la percezione dei rilievi e quindi la valutazione delle distanze esatte dagli oggetti (proprietà essenziale per animali arboricoli, come i primati). La posizione degli occhi, diretti verso l'avanti (e non verso i lati) è una disposizione anatomica elaborata nei vertebrati per realizzarla.

[36] Tra i caratteri che distinguono i due gruppi ce n'è uno che bisogna segnalare: la conformazione del naso. I lemuri hanno un muso con un naso umido tipo quelli dei cani o dei gatti (è la condizione degli strepsirrini). Invece, tarsi e scimmie (aplorrini), possiedono un autentico naso "umano", ben separato dal labbro superiore (Fleagle 2013).

Fig. 6.8 *Archicebus achilles*, il più antico primate conosciuto (55 Ma, Eocene inferiore, Cina)

(opposto a quello degli strepsirrini [Strepsirrhini], che comprende le specie restanti), perché hanno in comune un certo numero di caratteri dentali, craniali e anche relativi alla riproduzione. Scimmie e tarsi avrebbero avuto un antenato in comune che si era già differenziato dai lemuri.

Qualche anno fa, la rivista Nature ha proclamato la scoperta del più antico scheletro di aplorrino conosciuto (Ni et al. 2013), *Archicebus achilles*. Si tratta di un minuscolo animale (la sua massa è stimata a 20–30 grammi solamente) proveniente da sedimenti cinesi di età compresa tra i 56 e i 54 Ma. La sua dentizione ci rivela un regime alimentare insettivoro e l'anatomia post-craniale suggerisce capacità arboricole. Dalle dimensioni delle orbite, gli autori dell'articolo giudicano che doveva avere delle abitudini diurne (Fig. 6.8).

Se il più antico aplorrino (scimmie + tarsi) ha vissuto in Asia, da dove vengono le prime vere scimmie? Gli specialisti si dividono tra i sostenitori del continente asiatico e quelli dell'Africa. Bisogna però riconoscere che i fossili degli antichi primati sono relativamente rari e sono limitati, in genere, a resti dentari. Invece, i migliori caratteri per identificare le scimmie si trovano sul cranio. Gli antropoidi (i primati detti "superiori": le scimmie, in senso largo) hanno, dietro l'orbita, una parete ossea completa. Negli altri primati, tale parete non c'è o non è completa (è il caso dei tarsi). Per diagnosticare correttamente un antropoide, ci vuole dunque un cranio, più o meno completo, e in buone condizioni.

Alcune indiscutibili scimmie (antropoidi) fossili hanno abitato le foreste che coprivano una parte dell'attuale regione di Fayum, in Egitto, durante l'ultima parte dell'Eocene superiore (~37 Ma; Seiffert et al. 2010). Tuttavia, vista la diversità degli animali, è probabile che siano stati preceduti da specie ancora più anziane, che hanno vissuto in Africa o in Asia, oppure nei due continenti allo stesso tempo. La caccia al cranio completo di una scimmia eocenica è ancora aperta!

Sempre in Africa, sono state rinvenute varie ossa di primati, di età oligo-miocenica. Sarebbe durante quest'epoca che le scimmie a coda (i cercopitecoidi) si sarebbero differenziati da quelle che ne sono sprovvisti (i gorilla, gli scimpanzé, gli oranghi, i gibboni, gli uomini e, naturalmente, tutte le specie fossili apparentate). Queste ultime sono riunite nel gruppo degli ominoidei.[37] Alcune di queste specie furono in grado di lasciare l'Africa per andare a colonizzare l'Eurasia, durante il Miocene medio, verso i 16 Ma.

Ma restiamo in Africa e interessiamoci dei primati del Miocene superiore (dopo i 10 Ma). Durante questo periodo, una o più popolazioni di scimmie ominoidei divennero capaci di spostarsi eretti sugli arti posteriori[38]: è nata la locomozione bipede dei primati africani, e anche la linea evolutiva che giunge sino a noi.[39] Durante le epoche seguenti, assistiamo a una diversificazione di ominoidei bipedi, nonostante conservassero la capacità di arrampicarsi sugli alberi. I più celebri tra questi esseri sono gli australopitechi. Ne conosciamo varie specie, conosciute nell'Africa dell'Est e in quella del Sud, e anche nel Ciad, tra 4,2 e 1,4 Ma. Utilizzavano habitat e risorse differenti. In tal modo, più di una specie poteva vivere nello stesso ambiente.

La storia della nostra della nostra evoluzione non è basata su una successione lineare di forme che a partire da un dato antenato, arriva sino a noi tramite varie tappe intermediarie. È costituita da una serie di episodi in cui varie specie di ominidi erano contemporanee, alcune dividendosi l'ambiente.

All'interno di una specie bipede africana (una popolazione d'australopitechi? Una forma ancora sconosciuta?), dopo i 3 milioni di anni, si differenziano omi-

---

[37] Le scimmie tipiche del Sudamerica appartengono a un altro gruppo di origine apparentemente africana, ma che si è separato del ramo del Vecchio Mondo prima della dicotomia descritta qui sopra. Queste scimmie avrebbero raggiunto l'America del Sud durante l'Oligocene inferiore.

[38] En realtà, il più antico primate bipede non è africano. Si chiama oreopiteco (*Oreopithecus bamboli*) e viveva, 8 milioni di anni fa, in Toscana (Italia). Non si tratta di un antenato dell'uomo ma, semplicemente, di un primate ominoideo che aveva acquisito la statura eretta in tutt'altro contesto. La sua locomozione non era probabilmente esclusivamente bipede, i suoi arti anteriori erano perfettamente adattati alla sospensione ai rami degli alberi. Da quello che sappiamo, l'oreopiteco non ha lasciato nessun discendente. Tuttavia, questo caso mostra che la bipedia, non solo si è sviluppata più di una volta nel gruppo dei primati ma, probabilmente, costituisce una tendenza che riguarda l'intero gruppo ominoideo. Detto questo, un lavoro recente (Fuss et al. 2017) avanza l'ipotesi che l'area geografica dove ha avuto luogo la divisione tra la linea umana e quelle delle grandi scimmie non debba essere limitata solamente all'Africa, ma debba anche prendere in considerazione l'Europa.

[39] Lo ripeto: se insito nella nostra linea evolutiva non è per dargli un'importanza esagerate nei riguardi degli altri organismi, ma solamente perché mi permette d'introdurre un ultimo concetto evolutivo che, penso, potrà avere il suo peso per la storia futura degli esseri viventi.

nidi con la parte craniale della testa più voluminosa di quelle facciale (la scatola cranica acquisisce dimensioni superiori a quelle del viso): il genere *Homo* fa il suo ingresso in scena. Tra i 2,4 e i 2 Ma, l'Africa dell'Est è abitata da almeno due specie di uomini, *H. habilis* et *H. rudolfensis*, chiaramente riconoscibili a partire dai loro resti ossei (MacLatch et al. 2010).

Intorno ai 2 Ma, l'Africa sembra diventare troppo piccola per l'uomo, che la lascia per conquistare il mondo.[40] Il nostro pianeta è dunque "invaso", a poco a poco, da questi nuovi conquistatori, gli appartenenti al genere *Homo*. Certe specie si succedono, altre sono contemporanee, in luoghi o regioni differenti. Per esempio, 35 000 anni fa circa, l'Europa era abitata dall'uomo di Cro-Magnon (l'uomo moderno, o *Homo sapiens*, la specie alla quale apparteniamo) e dall'uomo di Neanderthal (*Homo neanderthalensis*).[41] Anche se i resti ossei dei due uomini non si sono mai stati trovati allo stesso tempo nella stessa località, vari indici ci mostrano che si sarebbero incontrati, almeno nel Vicino Oriente.

Altrove, la piccola isola di Flores, era abitata da una popolazione umana completamente differente, che ha ricevuto il nome scientifico di *Homo floresiensis*. La sua caratteristica principale erano le dimensioni. Infatti questa popolazione era costituita da individui di taglia minuscola: un metro circa di altezza! L'uomo di Flores, soprannominato lo "Hobbit" a causa delle dimensioni, ha vissuto tra i 95 000 e i 60 000 anni fa. È sconosciuto al di fuori del suo ambiente insulare.

Durante una certa epoca, dunque, ecco che almeno tre specie umane differenti[42] hanno abitato il nostro pianeta. Adesso tutto il globo è colonizzato da una sola specie, la nostra. Come siamo arrivati a tale situazione? E tutte le altre specie di *Homo*? Che fine hanno fatto?

Le più antiche popolazioni dell'uomo anatomicamente moderno sono state rinvenute in Africa, a partire da ~300 000 anni. Avrebbero cominciato a uscire dal continente tra 120 000 e 90 000 anni, diretti verso il Levante. Sono segnalati in Europa a partire da 35 000 anni fa (almeno). All'epoca, il continente era ancora abitato da qualche uomo di Neanderthal.

---

[40] L'uomo (o un altro primate capace di fabbricare degli strumenti – un australopiteco?) potrebbe aver lasciato l'Africa un po' prima di 2 Ma. Nel sito cinese di Longguppo, alcuni reperti di una presunta industria litica sarebbero stati esumati da sedimenti considerati di età superiore ai 2 milioni di anni (si veda Opera collettiva 2006b, pagine 56–61). Questi reperti sono stati correttamente datati? Sono veramente di origine antropica? Chi li avrebbe fabbricati? Si veda anche Scardi et al. (2019).

[41] In questo testo, l'"uomo di Neanderthal" sarà scritto con l'acca, come classicamente. Ma l'aggettivo "neandertaliano" sarà scritto senza.

[42] In realtà, le cose potrebbero essere ancora più complesse. Infatti, analisi di DNA prelevato da resti di uomini preistorici avrebbero rilevato un altro gruppo umano in Eurasia. Tale studio è stato effettuato su vestigia ossee rinvenute a Denisova (parte meridionale della Siberia), nelle montagne dell'Altai. I primi risultati indicano che questa popolazione era geneticamente differente tanto dall'uomo di Neanderthal che da quello di Cro-Magnon. Si tratterebbe di un'altra "specie" umana, tra quelle che popolavano il continente tra i 50 000 e i 30 000 anni (Opera collettiva 2012, p. 20–25). Ma le analisi genetiche non bastano per descrivere una specie, in assenza di descrizioni anatomiche valide. Soprattutto quando non conosciamo ancora la variabilità genetica dei neandertaliani (né quella del presunto uomo di Denisova).

Secondo alcuni specialisti, per comprendere le modalità di formazione della nostra specie, bisogna guardare da più lontano e considerare tutte le popolazioni umane a partire dalla loro prima uscita dall'Africa, all'incirca 2 milioni di anni fa. Tutte queste, benché considerate specie differenti, avrebbero mantenuto un certo grado di interfecondità tra di loro. Una popolazione appena uscita dall'Africa avrebbe potuto constatare che l'isolamento riproduttivo nei riguardi di un altro gruppo umano (considerato una specie differente e, quindi, in principio, isolato riproduttivamente) incontrato sul suo cammino non fosse perfetto, soprattutto nelle aree geografiche prossime alla località di speciazione. In questo caso, alcuni individui della prima popolazione avrebbero potuto avere dei figli con quelli della seconda.

Dunque, l'uomo "anatomicamente" moderno si sarebbe evoluto in Africa, all'incirca 300 000 anni. Invece, l'uomo "geneticamente" moderno si sarebbe prodotto attraverso "lasciti ereditari" tra diverse popolazioni fuori da questo continente, attraverso una fecondità limitata, ma ancora possibile, tra i questi diversi gruppi.

Questa ipotesi potrebbe spiegare la persistenza di alcuni caratteri ereditari all'interno di popolazioni di specie diverse, e anche l'apparizione di certi tratti anatomici comuni in aree geografiche differenti (Opera collettiva 2006b, p. 62–67; Stewart and Stringer 2012). Inoltre, analisi genetiche del genoma neandertaliano e il confronto con quello delle popolazioni moderne avrebbe rivelato che l'uomo di Neanderthal può avere in comune tra l'1 e il 4% del suo DNA nucleare specifico con individui moderni europei o asiatici (addirittura alcune popolazioni americane sarebbero implicate, ma nessuna africana; l'ibridazione si sarebbe effettuata fuori dal Continente Nero; Opera collettiva 2012).

Allora l'uomo moderno avrebbe "assimilato" le altre popolazioni presenti sul globo, in particolare quelle dell'uomo di Neanderthal, facendole sparire a poco a poco? In realtà, i dati genetici non ci dicono questo. Per prima cosa, gli studi comparativi completi sono stati effettuati su un campione di popolazione preistorica troppo ridotto per trarne delle asserzioni categoriche.

Per quel che riguarda l'uomo di Neanderthal e quello di Cro-Magnon, un po' d'ibridazione non solo era possibile, ma si sarebbe realmente verificata. Ma i risultati genetici sarebbero piuttosto in accordo con un'ibridazione effettuata nelle regioni del Levante, al momento dell'uscita delle popolazioni moderne dall'Africa e non in seguito, durante la loro permanenza in Europa. Questi risultati, considerati singolarmente, non ci permettono di tirare conclusioni a proposito della sparizione della prima specie.

Gli uomini di Neanderthal avrebbero potuto essere sterminati dai nuovi arrivati (gli uomini moderni) o avrebbero potuto soccombere ai cambiamenti climatici che hanno seguito l'ultima glaciazione, o anche per una causa differente. È probabile che siano stati i subbugli climatici e ambientali ad aver ragione delle ultime popolazioni neandertaliane, piuttosto che la competizione con gli uomini di Cro-Magnon.

Il fenomeno è complesso è la risposta, senza dubbio, non è semplice. Come in altri eventi simili (le crisi biologiche), è probabile che le cause siano state multiple e che si siano addirittura addizionate per provocare uno stress letale per gli uomini di Neanderthal (e anche per le altre popolazioni umane differenti dalla nostra).

In ogni caso, da almeno 10 000 anni circa, la sola specie umana presente sul pianeta è la nostra: *H. sapiens*. Ne abbiamo fatta di strada dalla nostra entrata in scena!

A partire dai nostri primi passi sulla Terra, abbiamo lasciato innumerevoli tracce, che sono diventate sempre più importanti soprattutto dopo l'istituzione dell'agricoltura, quando il marchio dell'uomo sull'ambiente è diventato preponderante nei sedimenti e negli habitat.[43]

Nelle sue interazioni intra-specifiche, l'uomo è stato favorito grazie a una carta vincente, il linguaggio articolato (che deriva sia dalle sue capacità anatomiche che da quelle intellettuali) che gli ha permesso di costituire società complesse con una miriade d'interazioni differenti tra gl'individui. Queste relazioni sono andate ben oltre a quanto detto sino a ora.

Le società umane hanno cominciato a entrare in contatto tra di loro assai presto nella storia dell'uomo e hanno dovuto apprendere a interagire in maniera sempre più stratta. Il processo è stato graduale, ma, ormai, con il fenomeno della globalizzazione, si è creata una super-società umana le cui unità non sarebbero più gl'individui isolati, ma le società stesse. Una nuova struttura si è formata, addizionando le unità di ordine inferiore: D + D + ... + D = E, dove "D-D-...-D" sono le diverse società umane e "E" la super-società.

Questo fenomeno è limitato agli umani? Forse no. Un piccolo imenottero, la formica argentina (*Linepithema humile*), sarebbe riuscita a compiere una simile impresa. Questo insetto originario del Sudamerica (è stato descritto per la prima volta nei dintorni di Buenos Aires) è stato introdotto ormai in tutto il globo, grazie al commercio internazionale: dapprima in America del Nord, poi in Europa, in Africa, in Australia e, finalmente, in Asia.

---

[43] L'impatto dell'uomo sull'ambiente è cresciuto in maniera enorme, soprattutto durante le ultime decine di anni, tanto nell'alterazione degli habitat naturali esistenti che in quello della creazione di nuovi biotopi. Come esempio della seconda affermazione, basta considerare l'accumulazione dei rifiuti di plastica (chiamati PMD) negli oceani. Tali rifiuti formano isolotti che, da un lato, possono avere effetti nefasti sulla flora o sulla fauna aquatiche, dall'altro, ospitano una nuova comunità di organismi. Questa comprende vari ceppi di batteri autotrofi e eterotrofi, protozoi e anche possibili agenti patogeni. I primi studi sulle PMD, hanno mostrato che, nonostante l'aumento della plastica evacuata annualmente negli oceani, la massa totale dei rifiuti sembra restare più o meno costante. Ciò significa che sarebbero attivi agenti capaci di accelerare la degradazione naturale della plastica. Tale ipotesi è sostenuta dalla presenza, sugl'isolotti d'immondizia, di alcuni ceppi di batteri capaci di degradare gl'idrocarburi (Zettler et al. 2013). In ogni caso, sono necessarie nuove analisi per comprendere la reale portata di questa scoperta. Tuttavia, non posso impedirmi di sottolineare come i rappresentanti del dominio dei batteri siano capaci di prosperare in tutte le situazioni, che siano naturali o create dall'uomo (vi ricordate di quanto è stato detto al § 2.3?).

Se nel suo paese d'origine, questa formica conduce una vita senza storie, nei territori conquistati rivela ben altro carattere. Diventa capace di monopolizzare le risorse locali non solo a detrimento delle altre specie d'imenotteri ma anche degli altri artropodi.[44]

La chiave del suo successo sarebbe biologica e comportamentale. Nei nidi delle formiche argentine possono coabitare varie regine. Non solo, ma queste non si riproducono in volo, come la maggior parte delle altre specie, ma sotto terra, al riparo dei predatori che potrebbero ridurne il numero.

Tuttavia, il cambiamento che si è operato fuori dalla sua area d'origine è ancora più spettacolare. Studi effettuati in America del Nord hanno mostrato che le differenti colonie di formiche argentine non si combattono tra di loro, ma coabitano come se facessero parte di una struttura ancora più grande; la super-colonia.

All'inizio, si è pensato che la ragione di questo comportamento fosse genetica. Si è creduto che le formiche in ogni paese d'importazione appartenessero a un numero ristretto di ceppi genetici – solamente due per l'Europa – e che, dunque, tutti gl'individui apparentati tra di loro manifestassero comportamenti pacifisti nonostante vivessero in colonie differenti.

In realtà, tutto ciò non è vero: la variazione genetica nel continente colonizzato non è affatto inferiore a quella che hanno nel loro paese d'origine. Ma allora come si spiega tale cambiamento? La formazione di relazioni non bellicose e la pacifica coabitazione di diverse colonie potrebbe essere il risultato di una forte selezione al riconoscimento dei segnali chimici più frequenti che possono essere incontrati nei territori conquistati (aggiunto al fatto che nello stesso nido coabitano più regine; Giraud et al. 2004).

Come si vede, non è esattamente quello che succede all'uomo. La super-società umana possiede una struttura differente da quella delle super-colonie della formica argentina e i tipi di segnali che utilizzati sono ben distinti (il linguaggio articolato, in un caso, segnali chimici e tattili nell'altro).

Sono dunque due fenomeni ben differenti o semplicemente due aspetti dello stesso fenomeno? È troppo presto per affermarlo. Per rispondere alla domanda sono necessari altri studi più precisi, soprattutto per definire meglio le caratteristiche della super-società umana e del sistema di colonie aperte delle formiche.

Nonostante ciò, queste super-colonie sono ben reali. Permettono alla formica argentina di essere competitivamente superiore rispetto alle specie autoctone e ad altri predatori (come i ragni).

---

[44] A proposito di questo argomento, non posso impedirmi di citare un'opera letteraria di un autore che apprezzo molto: Italo Calvino (Calvino 2010). Questo racconto mi è stato segnalato dal professore Bruno Corbara dell'*Université Blaise Pascal* di Clermont-Ferrand, che ho scoperto essere un fervido ammiratore dello scrittore italiano. Se la lettura del testo non aggiunge nulla al discorso scientifico, ha almeno il merito di essere di gradevole lettura (come tutte le sue opere) e di mostrarci la maniera in cui questo piccolo insetto è stato considerato durante la sua colonizzazione dell'Italia del Nord.

Ma la storia non finisce qui. Un'altra formica (*Lasius neglectus*) a cominciato l'invasione dell'Europa, venendo dalle steppe asiatiche. Anche lei è capace di costruire società giganti, con più regine, e di eliminare i competitori. Il sistema delle super-colonie potrebbe dunque rivelarsi una caratteristica non limitata alla formica argentina e potrebbe diventare (se non l'ha già fatto) la chiave del successo di certi insetti sociali contro i loro competitori.

Ma non andiamo troppo in fretta. Le super-colonie d'insetti sono state scoperte solo da poco e potrebbero rivelarsi un fenomeno evolutivo relativamente recente. Tuttavia, funzionano efficacemente. Il fenomeno delle super-società potrebbe produrre cambiamenti importanti all'interno delle comunità e vegetali e avere un impatto non trascurabile per la biodiversità. In questo caso, avremo l'opportunità di sorvegliare l'evoluzione del processo con i nostri occhi. Come per molti altri fenomeni naturali, è un caso da seguire ...

6.4 Riassunto del sesto capitolo

Il Cenozoico è l'ultima era, la più recente. Copre il tempo tra la fine del Mesozoico (~66 Ma) e i nostri giorni. È anche quella che conosciamo meglio, tanto dal punto di vista paleontologico che da quelli climatologico. A tal proposito, i dati raccolti durante il corso dei periodi glaciali quaternari sono cruciali per comprendere l'evoluzione del clima e delle temperature moderne. Tali dati si basano sulle analisi isotopiche a partire da campioni di ghiaccio proveniente dalle calotte polari o da conchiglie di foraminiferi viventi al tempo del periodo in studio.

Il Cenozoico è anche chiamato "l'era dei mammiferi" perché questi animali prendono il posto dei dinosauri ormai estinti. Durante l'era, i mammiferi evolvono, tra l'altro, aumentando le loro dimensioni e acquisendo taglie ben più grandi di quelle che avevano durante il Secondario. Ma non sono soli. Anche gli uccelli, discendenti diretti dei dinosauri, sono capaci di "produrre" specie terrestri di grandi dimensioni. Forme aviarie giganti sono conosciute durante tutto il Cenozoico e sembra che avrebbero potuto anche essere presenti al tempo dei dinosauri, nella seconda parte del Cretaceo.

Riguardo l'evoluzione dei mammiferi, vengono presentati due esempi. Il primo ci porta alla scoperta degli abitanti dell'Australia, dove uno dei due più importanti gruppi che hanno sopravvissuto alla crisi K/T, quello dei marsupiali, a saputo occupare quasi tutte le nicchie ecologiche terrestri utilizzate dai mammiferi. Solamente quella dei pipistrelli è mancata loro. I chirotteri hanno conquistato l'isola almeno dal Paleogene (~40 Ma). A partire dalla stessa epoca, anche i marsupiali cominciano a essere conosciuti. Oggigiorno, abbiamo trovato i rappresentanti dei quattro ordini attuali, più specie particolari che si sono estinte senza discendenza.

Il secondo esempio riguarda i primati. Questi animali arboricoli si sono differenziati a partire dal Paleogene, il primo periodo del Cenozoico. Le prime scimmie conosciute da resti relativamente completi sono state rinvenute in sedimenti egiziani della fine dell'Eocene (~37 Ma). Dal momento che sono già diversificate, gli specialisti pensano che siano esistite specie ancora più antiche (ma in quale regione vivevano?). L'Africa è anche il continente in cui si sarebbero separate le scimmie a coda da quelle che non l'hanno (il gruppo delle scimmie antropomorfe più la nostra specie) e dove sono stati rinvenuti i resti più antiche dell'uomo moderno (*Homo sapiens*), datati a 300 000 anni circa.

Quando l'uomo moderno è uscito dal Continente Nero, il mondo era abitato da altri esseri umani. Tra questi l'uomo di Neanderthal, che i nostri antenati hanno senz'altro incontrato, in Europa e/o nel Vicino Oriente. Tuttavia, nonostante questa diversità specifica, la nostra è, attualmente, l'unica specie umana presente sul pianeta. E questo da almeno 10 000 anni.

L'uomo ha costruito società complesse, grazie alla sua forma particolare di comunicazione, il linguaggio articolato. Tra le società si sono costituite delle relazioni talmente strette che, oggigiorno, si può parlare di una super-società, le cui unità di base sono costituite dalle società stesse.

C'è un altro animale che sembra essere capace di una tale impresa. Si tratta di un piccolo insetto, la formica argentina, i cui i membri delle diverse colonie, al di fuori della loro area di ripartizione originale, sono divenuti capaci di riconoscersi mutualmente come facenti parte della stessa entità intraspecifica. Tali abitudini sembrano conferirgli vari vantaggi rispetto agli artropodi competitori per lo sfruttamento delle risorse ambientali.

La formazione delle super-società potrebbe costituire un nuovo fenomeno evolutivo con implicazioni importanti per le specie sociali in grado di attuarlo. Questo evento sembra essere assai recente (avrebbe all'incirca due secoli, se consideriamo la formica argentina). Tuttavia, prima di speculare ulteriormente, bisogno raccogliere altri dati in questo dominio.

6.5   Appendice: per qualche informazione in più …

6.5.1   I marsupiali attuali

I marsupiali attuali si dividono in due grandi gruppi: uno, quello degli Australidelphia, che include tutte le forme australiane (più una specie particolare, *Dromiciops gliroides*, o monito del monte, che vive in Argentina e in Cile), l'altro, quello degli Ameridelphia, che comprende gli opossum e i cenolestidi d'America. I due gruppi presentano differenze a livello scheletrico (soprattutto a quello dell'articolazione delle ossa della caviglia) che ne permettono la differenziazione a partire dai resti fossili (Szalay 1994). Entrambi hanno avuto un antenato comune, ma questo non è ancora conosciuto.

6.5.2   I curiosi Yalkapariodonti

L'enigmatico *Yalkaparidon coheni*, con la specie *Y. jonesi*, è l'unico rappresentante dell'ordine degli Yalkaparidontia, gruppo tassonomico limitato al Miocene inferiore e medio (tra 23 e 11 Ma) dell'Australia. Questi animali sono caratterizzati dalla morfologia inabituale dei loro denti (Archer et al. 1988). I tratti più caratteristici della loro dentizione consistono in una coppia centrale d'incisivi inferiori (i soli presenti), potenti e a forma di baionette, associati a molari e premolari piccoli e a forma di lune crescenti. Questa disposizione non ha equivalenti tra gli altri marsupiali. Forse questi animali si nutrivano d'invertebrati dal corpo molle (lombrichi o bruchi)? Forse perforavano le uova con i loro incisivi? Siccome non abbiamo ancora riconosciuto nessun elemento del loro scheletro post-craniale, la ricostruzione dello stile di vita dell'animale resta speculativa. Comunque, sono stati rinvenuti crani completi di tutte e due le specie.

6.5.3   L'uomo di Neanderthal

È conosciuto tra 300 000 e 28 000 anni fa in Europa, nel Vicino Oriente e in Asia occidentale (ma altre popolazioni asiatiche, situate nelle regioni orientali, potrebbero rivelare le loro affinità con questa specie). Dal punto di vista anatomico, si caratterizza per un cranio grande e allungato (la sua capacità celebrale supera la nostra: 1 750 cm^3 contro solamente 1 500 cm^3!), il possesso di un toro sopraorbitale (rinforzi ossei sulle orbite) e la presenza di un bozzo occipitale (una protuberanza nella parte posteriore del cranio). Era più robusto e tozzo dell'uomo moderno, con il torace cilindrico. Sappiamo che era un cacciatore provetto (era in grado di cacciare selvaggina di ogni tipo: dal coniglio al mammut), un esperto produttore d'industria litica (una località dell'Allier, Châtelperron, è stata usata per battezzare la sua produzione più recente) e che seppelliva i morti (pratica attestata in varie località). Era perfettamente adattato al suo ambiente, da cui sapeva trarre il maggior profitto: la sua esistenza è durata più di 250 000 anni, quasi quanto la nostra! Per una bibliografia alla portata di tutti, si vedano le opere indicate in ordine cronologico: Opera collettiva (2006d, 2011, 2012).

Conclusioni

Siamo arrivati alla fine della nostra storia. Durante il racconto, che ha riassunto più di 3,5 miliardi di anni di Vita sulla Terra, ho cercato di presentarvi, nel modo più chiaro e possibile, la storia evolutiva degli esseri viventi, dalla loro prima apparizione sino ai nostri giorni. Secondo me, è la maniera più appassionante per comprendere, da un lato, come si sviluppata la biodiversità attuale, dall'altro, per apprezzarla correttamente.

Naturalmente, vista la quantità delle informazioni accumulate nel dominio della paleontologia e dell'evoluzione (soprattutto negli ultimi anni), non ho potuto che presentarvi solo un piccolo schizzo di questa storia. Il mio principale desiderio, tuttavia, era quello di suscitare curiosità per l'argomento e di fornire alcune indicazioni bibliografiche per mettere il lettore in grado di continuare le sue ricerche in questo dominio, secondo la sua volontà.

Per terminare, quali conclusioni si possono tirare a partire da questa storia e dai dati raccolti sino a questo momento?

Innanzitutto, s'impone una riflessione sui metodi d'investigazione delle scienze della Vita (il dominio al quale appartiene la ricerca della biodiversità del presente e del passato). Constatiamo che molti dei risultati della ricerca sono difficili da interpretare e che necessitano sempre molte di verificazioni prima di essere considerati corretti. Infatti, ogni risposta nasconde spesso nuove domande che, a loro volta, permettono di aprire nuovi orizzonti. Questi ultimi sembrano, in certi casi, gettare un'ombra su certezze che ci apparivano definitivamente acquisite in un primo tempo.

Tutto ciò può sembrare sconcertante per i profani, ma si tratta della "routine" della scienza. Quest'ultima, non ci fornisce rimedi miracolosi, ma agisce secondo una metodologia precisa che, a dispetto dei risultati apparentemente deludenti, ha già fatto le sue prove. Ogni ipotesi e ogni risultato devono essere passati alla lente, verificati nuovamente da altre analisi, fino a che non trovino il loro posto nella coerenza delle teorie formulate. Benché all'inizio un buon numero d'interpretazioni possano apparire labili e mutevoli, dopo verifiche e altri risultati, possono acquisire quella solidità che mancava loro in precedenza. Oppure, possono essere rimpiazzate per spiegazioni più pertinenti.

Le scienze della Vita sono sottoposte a un gran numero di variabili. Sono estremamente complesse. È normale procedere per tentativi ed errori. Ma se pensiamo a quello che sapevamo soltanto qualche decina di anni fa e lo confrontiamo alle conoscenze attuali, ci accorgiamo che abbiamo fatto dei progressi enormi. Nonostante le certezze scardinate e le domande che ancora attendono una risposta, i risultati sono tangibili. E tutto questo è stato reso possibile dallo sforzo di migliaia di ricercatori che lavorano alacremente e che utilizzano il metodo rigoroso proprio della ricerca scientifica.

Come tutte le altre discipline scientifiche, le scienze della Vita avanzano per cicli che ci compongano di due fasi di eguale importanza: all'inizio, l'accumulo di dati bruti (che si tratti di misure riguardanti una popolazione attuale, o lo scavo e la descrizione di resti fossili di una località fossilifera), quindi, la sintesi dei risultati prodotti. Questa tappa può portare all'integrazione dei dati all'interno di una teoria nota, oppure alla modifica di quest'ultima, sin anche all'elaborazione completa di nuove ipotesi. Il progresso delle tecniche recenti ci permette di mettere insieme una quantità importante di dati (come lo prova il numero enorme di pubblicazioni scientifiche ogni anno!). Alcune, a poco a poco, trovano il loro posto nelle teorie esistenti. Altre dovranno aspettare di più; ma alla fine, tutti i dati saranno "sistemati" in un complesso d'idee coerenti.

Come è stato mostrato nei capitoli precedenti, gli studi interdisciplinari (cioè, l'impiego di discipline differenti per raggiunge l'obiettivo) sono diventati fondamentali per il progresso della scienza. Decifrare l'esatto svolgimento degli eventi del passato non fa eccezione. Sempre più frequentemente, per compiere il loro lavoro quotidiano, i paleontologi e i geologi richiedono l'aiuto di specialisti di altri domini scientifici, e necessitano anche conoscenze in discipline differenti dalla loro. Queste comprendono domini che spaziano alla statistica alla fisica, passando per la chimica e la medicina.

In effetti, ormai non si tratta più di saper riconoscere i resti degli organismi estinti e di descriverli. Bisogna saper decifrare il loro mezzi di vita e le loro interazioni. Certe tracce fossili richiedono metodologie particolari per essere messe in evidenza (soprattutto quelle che riguardano i microbi o gruppi di organismi particolari) e i metodi tecnologici per analizzarli necessitano l'intervento di veri e propri esperti in questi dispositivi.

La comprensione dell'habitat nel quale i nostri organismi hanno vissuto, richiede la spiegazione di dati relativi all'ambiente sedimentario in cui le vestigia che sono state preservate. Bisogna anche saper riconoscere e ricostruire le trasformazioni chimiche alle quali sono stati sottoposti e, in generale, è necessario un trattamento statistico dei dati per interpretare correttamente i risultati. Tali passaggi sono necessari per poter risponde, in certi casi solo parzialmente, a tutte le domande fondamentali riguardanti il processo evolutivo.

D'altra parte, è proprio il confronto tra idee derivanti da discipline differenti che, non soltanto le rendono possibili, ma spesso accelerano la sintesi dei dati accumulati.

Per terminare, voglio sottolineare un'ultima cosa. Se analizziamo con spirito critico i dettagli della storia raccontata nei capitoli precedenti, ci accorgiamo che non c'è nessuna logica razionale nell'evoluzione degli esseri viventi.

Certo, gli organismi anatomicamente più complessi appaiono dopo i più semplici. Ma se guardiamo da vicino chi sono i veri "dominatori" del pianeta negli ecosistemi attuali, scopriamo che, a parte qualche animale messo sul podio dal nostro antropocentrismo egocentrico ("noi", innanzitutto) gli esseri onnipresenti e i più abbondanti sono incontestabilmente i rappresentanti dei gruppi più antichi, soprattutto i batteri. E questo è vero dall'inizio della Vita sulla Terra!

Queste creature non si sono estinte quando altre, più complesse, sono entrate in scena. Al contrario, hanno continuato a evolversi a ad adattarsi, insieme ai nuovi arrivati[1].

Se immaginiamo di poter riavvolgere la pellicola che illustra la storia della Vita sino a un momento particolare e di lasciar, poi, il film dell'evoluzione riprendere il suo corso, gli organismi che possiamo incontrare a partire da quel momento potrebbero essere assai differenti da quelli che abbiamo visto nel corso di queste pagine (Gould 2000). L'evoluzione degli esseri viventi ci racconta una storia unica e, nei suoi dettagli, non si ripete!

A partire dalle conoscenze che abbiamo, non possiamo prevedere l'evoluzione della biodiversità, soprattutto su lunghi periodi. Nonostante tutto questo, lo studio e la descrizione del passato possono aiutarci a comprendere le "grandi tendenze" evolutive, soprattutto se consideriamo ristretti intervalli temporali. Inoltre, ci permettono di avanzare nella comprensione della natura e del posto che noi occupiamo al suo interno, in modo da farci vivere meglio tra noi e con gli altri organismi che popolano il pianeta.

---

[1] A questo proposito, è utile ricordare che i batteri moderni non sono assolutamente esseri primitivi. Come tutte le altre specie di piante di piante e animali viventi, sono il prodotto di più di 3 miliardi d'evoluzione. E quando noi non ci saremo più, loro, invece, saranno ancora là.

Appendice

Carta Stratigrafica Internazionale

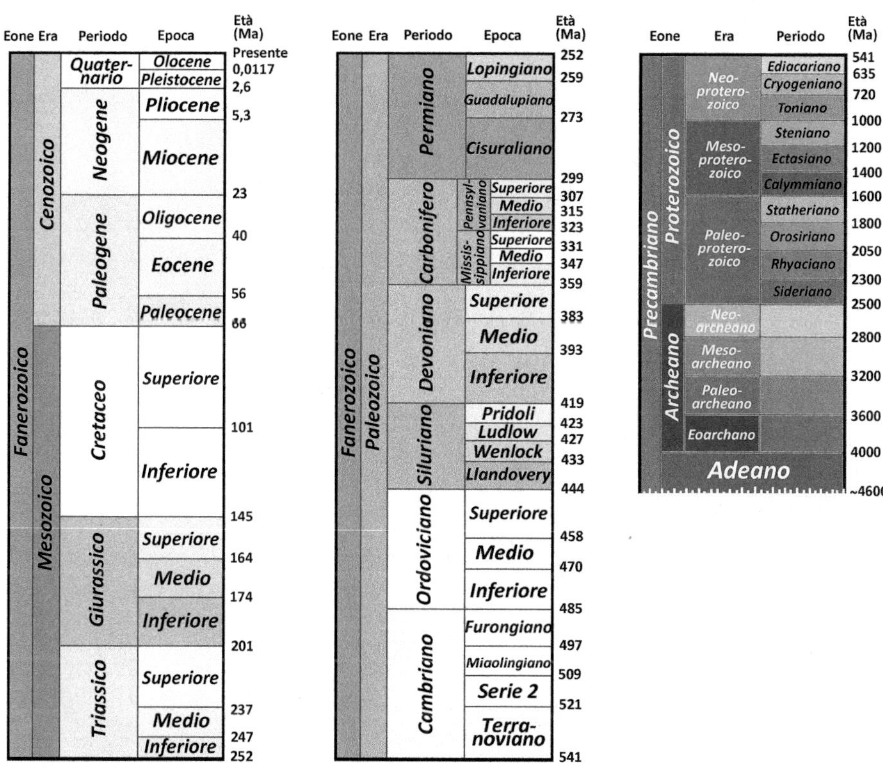

Fig. A2.1 Le ere geologiche del pianeta Terra (dati ottenuti dal sito dell'*International Commission of Stratigraphy*)

Bibliografia

Le opere precedute da un asterisco possono essere lette anche da un pubblico non professionista.

Ageno M (1986) *Le radici della biologia*. Feltrinelli, Milano.

Ageno M (1989) La crescita batterica III. La legge di crescita del singolo batterio. *Atti Accademia dei Lincei – Rendiconti scienze fisiche e naturali* 83, 335–341.

Ageno M (1991) *Dal non vivente al vivente*. Theoria, Roma-Napoli.

Ageno M (1992a) *La "macchina" batterica*. Lombardo editore, Roma.

Ageno M (1992b) *Punti cardinali*. Sperling and Kupfer, Milano.

Ageno M, Battistini A, Liberati E and Valli AMF (1990) Verifiche sperimentali della teoria della crescita batterica I. *Atti Accademia dei Lincei – Rendiconti scienze fisiche e naturali* 1, 55–62.

*Agusti J and Antón M (2002) *Mammoths, Sabertooths, and Hominids*. Columbia University Press, New York.

*Allain R (2012) *Histoires de dinosaures*. Perrin, Parigi.

Allwood AC, Walter MR, Kamber BS, Marshall CP and Burch IW (2006) Stromatolite reef from the Early Archaean era of Australia. *Nature* 441, 714–718.

Allwood AC, Walter MR, Burch IW and Kamber BS (2007) 3.43 billion-year-old stromatolite reef from the Pilbara Craton of Western Australia: Ecosystem-scale insights to early life on Earth. *Precambrian Research* 158, 198–227.

Alvarenga MF and Höfling E (2003) Systematic revision of the Phorusrhacidae (Aves: Ralliformes). *Papéis Avulsos de Zoologia* 43, 55–91.

*Amiot R (2005) *I dinosauri. Dominatori di un'era* (traduzione di M. Ruggeri e G. Ruggeri), Mondadori, Milano (con CD-ROM).

Angst D, Lécuyer C, Amiot R, Buffetaut É, Fourel E, Martineau E, Legendre S, Abourachid A and Herrel A (2014) Isotopic and anatomical evidence of and herbivorous diet in the Early Tertiary bird *Gastornis*. Implications for the structure of Paleocene terrestrial ecosystems. *Naturwissenschaften* 101, 313–322.

Andors A (1992): Reappraisal of the Eocene groundbird *Diatryma* (Aves: Anserimorphae) in *Papers in avian paleontology honoring Pierce Brodkorb*, Natural History Museum of Los Angeles County Science Series 36, 109–125.

Apesteguía S and Zaher H (2006) A Cretaceous terrestrial snake with robust hindlimbs and a sacrum. *Nature*, 440, 1037–1040.

Archer M, Beck RMD, Gott M, Hand SJ, Godthelp H and Black K (2010) Australia's first fossil marsupial mole (Notoryctemorphia) resolves controversies about their evolution and palaeoenvironmental origins. *Proceedings of the Royal Society* 278, 1498–1506.

Archer M, Hand SJ and Godthelp H (1988) A new order of Tertiary zalambdodont marsupials. *Science* 239, 1528–1531.

*Archer M, Hand SJ and Godthelp H (1994) Riversleigh: The Story of Animals in Ancient Rainforest of Inland Australia. *Reed Natural History*, Sydney.

*Archibald J (2014) *One Plus One Equals One – Symbiosis and the evolution of complex life*. Oxford University Press.

Ashkenazy Y, Gildor H, Losch M, Macdonald FA, Schrag DP and Tziperman E (2013) Dynamics of a Snowball Earth Ocean. *Nature* 495, 90–93.

Awramik SM (2006) Respect for stromatolites. *Nature* 441, 700–701.

Balter M (2013) Authenticity of China's fabulous fossils gets new scrutiny. *Science* 340, 1153–1154.

*Bapteste E (2013) *Les gènes voyageurs – L'odyssée de l'évolution* Belin, Parigi.

*Barbault R (2006) *Un éléphant dans un jeu de quilles – L'homme dans la biodiversité* Seuil, Points Sciences, Parigi.

*Bakker RT (1988) *The Dinosaur heresies*. Penguin, Londra.

Baron MG, Norman DB and Barrett PM (2017) A new hypothesis of dinosaur relationships and early dinosaur evolution. *Nature* 543, 501–506.

Baum D.A. and Baum B. (2014) An Inside-Out origin for the eukaryotic cell. *BMC Biology* 12, 1–22.

Beaumont A and Cassier P (1994) *Biologie animale – les Cordés, anatomie comparée des Vertébrés*. 6ª ed., Dunod, Parigi.

Beck RMD (2012) An 'ameridelphian' marsupial from the early Eocene of Australia supports a complex model of Southern Hemisphere marsupial biogeography. *Naturwissenschaften* 99, 715–729.

Beerling D (2008) *The Emerald Planet – How Plants, Changed Earth's History*. Oxford University Press.

Bellwood DR (1996) The Eocene fishes of Monte Bolca: the earliest coral reef assemblage. *Coral Reef* 15, 11–19.

Bengtson S and Budd G (2004) Comment on "Small bilaterian Fossil from 40 to 55 Million Years before the Cambrian". *Science* 306, 1291.

Bengtson S and Rasmussen B (2009) New and Ancient Trace Makers. *Science* 323, 346–347.

Benton MJ (2005) *Paleontologia dei vertebrati*, Lucisano, Milano.

Bertrand-Sarfati J, Freytet P and Plaziat J-C (1966) Les calcaires concrétionnés da la limite Oligocène-Miocène des environs de Saint-Pourçain-sur-Sioule (Limagne d'Allier): rôle des algues dans leur édification; analogue avec les stromatolites et rapports avec la sédimentation *Bulletin de la Société géologique de France* 8, 652–662.

Bibi F., Shabel AB, Kraatz BP and Stidham TA (2006) New fossil ratite (Aves: Palaeognathae) eggshell discoveries from the Late Miocene Baynunah formation of the United Arab Emirates, Arabian Peninsula. *Palaeontologica Electronica* 9(1), 1–13.

*Blieck A (2012) Des pseudo-dents: pourquoi les conodontes ne sont pas des vertébrés. *Fossiles* 11, 52–57.

Boles WE (1997a) Fossil Songbirds (Passeriformes) from the Early Eocene of Australia. *Emu* 97(1), 43–50.

Boles WE (1997b) Hindlimb proportions and locomotion of *Emuarius gidju* (Patterson and Rich, 1987) (Aves, Casuariidae). *Memoirs of the Queensland Museum* 41(2), 235–240.

Boles WE (2001) A new Emu (Dromaiinae) from the Late Oligocene Etadunna Formation. *Emu* 101(4), 317–321.

*Bonino E and Kier C (2010) *The Back to the Past Museum Guide to Trilobite*. Casa Editrice Marna S.C., Bergamo.

Bourdon E and Cracraft J (2011) *Gastornis* is a terror bird: New insights into the evolution of the Cariamae (Aves, Neornithes) *Society of Vertebrate Paleontology 71st Annual Meeting Program and Abstract*, 75.

Brasier MD, Green OR, Jephcoat AP, Kleppe AK, Van Kranendonk MJ, Lindsay JF, Steele A and Grassineau NV (2002) Questioning the evidence of Earth's oldest fossils. *Nature* 416, 76–81.

*Briggs DEG, Ervin DH and Collier FJ (1994) *The fossils of the Burgess Shale*. Smithsonian Institution Press, Washington.

Brocks JJ, Logan GA, Buick R and Summons RE (1999) Archean Molecular Fossils and the Early Rise of Eukaryotes. *Science* 285, 1033–1036.

Buffetaut É (1982) Radiation évolutive, paléoécologie et biogéographie des Crocodiliens Mésosuchiens. *Mémoires de la Société géologique de France* 142, 1–88.

Buffetaut É (1983) L'évolution des Crocodiles. In: Taquet P (ed) *Les animaux disparus*. Belin, Parigi, 102–110.

*Buffetaut É (1995) *Dinosaures de France*. Editions du B.R.G.M., Parigi.

Buffetaut É (1997) L'oiseau géant *Gastornis*: interprétations, reconstruction et vulgarisation des fossiles inhabituels dans la France du XIXᵉ siècle. *Bulletin de la Société géologique de France* 168(6), 805–812.

Buffetaut É (2011) *Samrukia nessovi*, from the Late Cretaceous of Kazakhstan: a large pterosaur, not a giant bird. *Annales de Paléontologie* 97, 135–138.

*Buffetaut É (ed) (2005) *Le monde des dinosaures*. Dossier pour la Science, Parigi.

Buffetaut É and Le Loeuff J (2010) *Gargantuavis philoinos*: giant bird or giant pterosaur? *Annales de Paléontologie* 96, 135–141.

Butterfield NJ (2000) *Bangiomorpha pubescens* n. gen., n. sp.: implications for the evolution of sex multicellularity, and the Mesoproterozoic/Neoproterozoic radiation of eucaryotes. *Paleobiology* 26(3) 387–404.

Callaway JM and Nicholls EL (1997) *Ancient Marine Reptiles*. Academic Press, Londra.

Calvin M (1969) *Chemical Evolution*. Clarendon Press, Oxford.

*Calvino I (2010) *La nuvola di smog – La formica argentina*. Oscar Mondadori, Milano.

Candeiro CRA and Martinelli AG (2006) A review of paleogeographical and chrono-stratigraphical distribution of mesoeucrocodylian species from the upper Cretaceous beds from the Bauru (Brazil) and Neuquén (Argentina) groups, southern South America. *Journal of South America Earth Sciences* 22, 116–129.

Canfield DE and Teske A (1996) Late Proterozoic rise in atmospheric oxygen concentration inferred from phylogenetic and sulphur-isotope studies. *Nature* 382, 127–132.

Canfield DE, Poulton SW and Narbonne GM (2007) Late-Neoproterozoic deep-ocean oxygenation and the rise of the animal life. *Science* 315, 92–95.

Cano RJ and Borucki MK (1995) Revival and identification of Bacteria spores in 25- to 40-million-year-old Dominican amber. *Science* 268, 1060–1064.

Castanier S, Perthuisot J-P, Maurin A, Gèze V and Camoin G (1994) Colonies bac-tériennes organisées actuelles. Quelques réflexions sur l'évolution des procaryotes. *Géobios* 27(6), 645–657.

*Cézilly F, Giraldeau L-A and Théraulaz G (2006) *Les sociétés animales: lions, fourmis et ouistitis*. Editions Le Pommier/Cité des sciences et de l'industrie, Parigi.

Chang M-M (ed) (2003) *The Jehol Biota – The emergence of feathered dinosaurs, beaked birds, and flowering plants*, Shanghai Scientifical and Technical Publishers.

Chen J-Y, Bottjer DJ, Oliveri P, Dornbos SQ, Gao F, Ruffins S, Chi H, Li C-W and Davison EH (2004) Small bilaterian Fossil from 40 to 55 Million Years before the Cambrian. *Science* 305, 218–222.

Chen J-Y, Schopf JW, Bottjer DJ, Zhang C-Y, Kudryavtsev AB, Tripathi AB, Wang X-Q, Yang Y-H, Gao X and Yang Y (2007) Raman spectra of a Lower Cambrian ctenophore embryo from southwestern Shaanxi, China. *Proceedings of the National Academy of Sciences U.S.A.* 104(15), 6289–6292.

*Coppens Y and Pic P (eds) (2001) *Aux origines de l'humanité – De l'apparition de la vie à l'homme moderne*. Fayard, Parigi.

*Crasquin S, Steyer J-S and Baruch J-O (1989) La plus grande extinction du vivant, *La Recherche*, 142, 48–55.

Crawford DH (2011) *Viruses – A very short introduction*. Oxford University Press.

*Cuny J and Bénéteau A (2013) *Requins – De la préhistoire à nos jours*. Belin, Parigi.

*Czerkas SJ and Czerkas SA (1993): *Dinosauri* (traduzione G. Teruzzi), De Agostini, Novara.

Darwin C (2009) *L'origine delle specie* (traduzione di G. Pancaldi), BUR Biblioteca Universitaria Rizzoli, Milano.

David B and Mooi R (1999) Comprendre les échinodermes: la contribution du modèle extraxial-axial, *Bulletin de la Société géologique de France* 170(1), 91–101.

Decrouez D, Debenay J-P and Pawlowski J (1996) *Les Foraminifères actuelles*. Masson, Parigi.

Degli Esposti M, Chouaia B, Comandatore F, Crotti E, Sassera D, Lievens PM-J, Daffonchio D and Bandi C (2014) Evolution of Mitochondria reconstructed from the energy metabolism of living Bacteria. *Plos ONE* 9(5), 1–22.

de Reviers B (2018) Les associations dans l'évolution du vivant. In: Palka L (ed) *Microbiodiversité. Un nouveau regard*. Matériologique, Parigi, 51–103.

Desbruyères D, Segonzac M and Bright M (eds) (2006) *Handbook of deep-sea hydrothermal vent fauna*. Oberösterreichisches Landesmuseum Biologiezentrum, Linz.

*Dixon D (2006) *The Illustrated Encyclopedia of Dinosaurs*. Southwater, Leicester.

Ellis R (2003) *Sea Dragons: Predators of the Prehistoric Oceans*. University Press of Kansas, Lawrence.

El Albani A, Bengtson S, Canfield DE, Bekker A, Macchiarelli R, Mazurier A, Hammarlund EU, Boulvais P, Dupuy J-J, Fontaine C, Fürsich FT, Gauthier-Lafaye F, Janvier P, Javaux E, Ossa Ossa F, Pierson-Wickmann AC, Riboulleau A, Sardini P, Vachard D, Whitehouse M and Meunier A (2010) Large colonial organisms with coordinated growth in oxygenated environments 2.1 Gyr ago. *Nature* 466, 100–104.

Erwin DH and Valentine JW (2013) *The Cambrian explosion – The construction of animal biodiversity*. Roberts and Company, Greenwood Village (Colorado).

Evans SE (2001) The Early Triassic 'Lizard' *Colubrifer campi*: a reassessment. *Palaeontology* 44(5), 1033–1041.

Evans SE and Borsuk-Białynicka M (2009) The Early Triassic stem-frog *Czatkobatrachus* from Poland. *Acta Palaeontologica Polonica* 65, 79–105.

Evans SE, Jones MH and Krause DW (2006) A giant frog with South American affinities from the Late Cretaceous of Madagascar. *Proceedings of the National Academy of Science U.S.A.* 105(8), 2951–2956.

Evans SE, Prasad GVA and Manhas BK (2002) Fossil lizards the Jurassic Kota Formation of India. *Journal of Vertebrate Paleontology* 22(2), 299–312.

*Everhart MJ (2005) *Oceans of Kansas – A Natural History of the Western Interior Sea*. Indiana University Press, Bloomington e Indianapolis.

Fedo C.M. and Whitehouse M.J. (2002) Metasomatic origin of quartz-pyroxene rock, Akilia, Greenland, and implications for Earth's earliest life. *Science* 296, 1448–1452.

Fedonkin M.A. (2003) The origin of the Metazoa in the light of the Proterozoic fossil record. *Paleontological Research* 7(1), 9–41.

Flannery TF, Rich TH, Vickers-Rich P, Ziegler T, Veatch EG and Helgen KM (2022) A review of monotreme (Monotremata) evolution. *Alcheringa* 46(1), 3–20.

Fleagle JG (2013) *Primate adaptation and evolution*. 3ª ed, Academic Press, Londra.

Forterre P (1996) *À la Recherche de LUCA*. In: meeting Fondation de Treilles.

Forterre P (2006) The origin of viruses and their possible roles in major evolution transitions. *Virus Research* 117, 5–16.

*Forterre P (2007) *Microbes de l'enfer*. Belin pour la Science, Parigi.

Forterre P (2010) Defining Life: The Virus Viewpoint. *Origin of Life and Evolution of the Biosphere* 40(2), 151–160.

Forterre P (2011) Manipulation of cellular syntheses and the nature of the viruses: the virocell concept. *Comptes Rendus Chimie* 14(4), 392–399.

Forterre P and Gaïa M (2018) La place des virus dans le monde vivant: le concept de virocell. In: Palka L (ed) *Microbiodiversité. Un nouveau regard*. Matériologique, Parigi, 23–49.

Forterre P, Gribaldo S and Brochier C (2005) Luca: à la recherché du plus proche ancêtre commun universel. *Médicine Sciences* 21(10), 860–865.

Fortey R (2000) *Trilobite! Eyewitness to evolution*. Harper Collins, Londra.

Freytet P (2000) Distribution and palaeoecology of non marine algae and stromatolites: II, the limagne of Allier Oligo-Miocene lake (central France), *Annales de Paléontologie (Vertébrés et Invertébrés)*, 86, 1, p. 3–57.

Freytet P and Verrecchia EP (1998): Freshwater organisms that build stromatolites: a synopsis of biocrystallization by prokaryotic and eukaryotic algae, *Sedimentology*, 45, 3, p. 535–563.

*Fry I (2000): *The emergency of Life on Earth – a historical and scientific overview*, Rutgers University Press, New Brunswick (New Jersey).

Fuss J, Spassov N, Begun DR and Bömme M (2017): Potential hominin affinities of *Graecopithecus* from the Late Miocene of Europe, *Plos ONE*, 12, 5, p. 1–23.

*Gayet M, Abi Saad P and Gaudant O (2012) *Les fossiles du Liban*. 2ª ed, Désiris.

Garrouste R, Clément G, Nel P, Engel MS, Grandcolas P, D'Haese C, Lagebro L, Denayer J, Gueriau P, Lafaite P., Olive S., Prestianni C. and Nel A (2012) A complete insect from the Late Devonian period. *Nature* 488, 82–85.

Geis I (1983) The DNA helix and how is it read. In: Dickerson RE (ed) *Scientific American* 249, 97–112.

Génermont J (2018) *Une histoire de la sexualité. Plus d'un milliard d'années d'évolution*. Matériologique, Parigi, 23–49.

Gibson TH, Shih PM, Cumming VM, Fischer WW, Crockford PW, Hodgskiss MS, Wörndle S, Creaser RA, Rainbird RH, Skulski TM and Halverson GP (2018) Precise age of *Bangiomorpha pubescens* dates the origin of eukaryotic photosynthesis. *Geology* 46, 135–138.

*Giraud T, Passera L and Keller L (2004) L'expansion coloniale de la fourmi d'Argentine. *La Recherche* 372, 52–54.

Glut DF (1997) *Dinosaurs – the Encyclopedia*. McFarland and Company, Jefferson (USA) e tutti i suoi supplementi (1–5, tra il 2000 e il 2008).

Godefroit P, Cau A, Yu HD, Escuillié F, Wenhao W and Dyke G (2013) A Jurassic avialan dinosaur from China resolves the early phylogenetic history of birds. *Nature* 498, 359–362.

Godthelp H, Wroe S and Archer M (1999) A new marsupial from the early Eocene Tingamarra Local Fauna of Murgon, southeastern Queensland: a prototypical Australian marsupial? *Journal of Mammalian evolution* 6(3), 289–313.

Gomez B, Daviero-Gomez V, Coiffard D, Martín-Closas C and Dilcher DL (2016) *Montsechia*, an ancient aquatic angiosperm. *Proceedings of the National Academy of Sciences U.S.A.* 112(35), 10985–10988.

*Gould SJ (1990) *La vita meravigliosa*. Feltrinelli (traduzione L. Sosio), Milano.

*Gould SJ, Andrews P, Benton M, Janis C, Sepkoski JJ and Stringer C (1993): *The book of life*, Ebury Hutchinson, Londra.

Graur D and Pupko T (2001) The Permian Bacterium that isn't. *Molecular Biology and Evolution* 18(6), 1146–1146.

*Gribaldo S, Maurel M-C and Vannier J (2007) *L'évolution – Les débuts de la vie*. Le Pommier, Parigi.

Grimaldi D and Engel M (2005) *Evolution of the insects*. Cambridge University Press, Cambridge.

Guérin C and Patou-Mathis M (eds) (1996) *Les grands mammifères plio-pléistocènes d'Europe*. Masson, Parigi.

Hagadorn JW, Xiao S, Donoghue PCJ, Bengstron S, Gostling NJ, Pawlowska M, Raff EC, Raff RA, Turner FR, Chongyu Y, Zhou C, Yuan X, McFeely MB, Stampanoni M and Nealson KH (2006) Cellular and Subcellular Structure of Neoproterozoic Animal Embryos. *Science* 314, 291–294.

Han TM and Runnegar B (1992) Megascopic eukaryotic algae from the 2.1-billion-year-old negaunee iro-formation, Michigan. *Science* 257, 232–235.

Hansen JE and Sato M (2012) Paleoclimate Implications for Human-Made Climate Change. In: Berger A, Mesinger F and Sijacki D (eds) *Climate Changes*, Springer, 21–47.

Hazen RM and Roedder E (2001) How old are bacteria from the Permian age. *Nature* 411, 155–156.

Hebsgaard MB, Philips M and Willerslev E (2005) Geologically ancient DNA: fact or artefact? *Trends in Microbiology* 13(5), 212–220.

Hess H, Ausiche WI, Brett CE and Simms MJ (2003) *Fossil Crinoids*. Cambridge University Press, Cambridge.

Hoffman P (1967) Algal stromatolites: Use in stratigraphic correlation and paleocurrent determination. *Science* 157, 1043–1045.

Hoffman PF, Kaufman AJ, Halverson GP and Schrag DP (1998) A Neoproterozoic snowball Earth. *Science* 281, 1342–1346.

Holland HD (1997) Evidence for Life on Earth More Than 3850 Million Years Ago. *Science* 275, 38–39.

Holland HD (2006) The oxygenation of the atmosphere and oceans. *Philosophical Transactions of the Royal Society of London* 361, 903–915.

Hölldobler BK and Wilson EO (1997): *Formiche – Storia di un'esplorazione scientifica*. Adelphi (traduzione D. Grasso), Milano.

Horodyski RJ and Knauth LP (1994) Life on land in Precambrian. *Science* 263, 494–498.

Hou X-G, Aldridge RJ, Bergström J, Siveter DJ, Siveter DJ and Feng X-H (2008) *The Cambrian fossils of Chengjiang, China – the flowering of early animal life*. Blackwell Publishing, Oxford.

Hu Y, Meng J, Wang Y and Li C (2005) Large Mesozoic mammals fed on young dinosaurs. *Nature* 433, 149–152.

Huang DY, Engel MS, Cai CY, Wu H and Nel A (2012) Diverse transitional giant fleas from the Mesozoic era of China. *Nature* 483, 201–204.

Huang DY, Nel A, Cai CY, Lin Q and Engel MS (2013) Amphibious flies and paedomorphism in the Jurassic period. *Nature* 495, 94–97.

Hugueney M and Escuillié F (1995) K-strategy and adaptative specialization in *Stenofiber* from Montaigu-le-Blin (dept. Allier, France; Lower Miocene, MN 2a, ±23 Ma): first evidence of fossil life-history strategies in castorid rodents. *Palaeogeography, Palaeoclimatology, Palaeecology* 113, 217–225.

Hugueney M and Escuillié F (1996) Fossil evidence for the origin of behavioral strategies in early Miocene Castroridae, and their role in the evolution of the family. *Paleobiology* 22(4), 507–513.

Huntley JW, Xiao S and Kowalewski M (2006) 1.3 billion years of acritarch history: an empirical morphospace approach. *Precambrian Research* 144, 52–68.

Hutchinson MN, Skinner A and Lee MSY (2012) *Tikiguania* and the antiquity of squamate reptiles (lizards and snakes). *Biology Letters* 8(4), 665–669.

Jablonka E and Lamb MJ (2006) *Evolution in four dimensions – Genetic, Epigenetic, Behavioral, and Symbolic Variation in the History of Life*. The MIT Press, Cambridge (Massachusetts).

Janis CM, Scott KM and Jacobs LL (eds) (2005) *Evolution of Tertiary Mammals of North America – Volume 1: Terrestrial Carnivores, Ungulates, and Ungulatelike Mammals*, 2ª ed, Cambridge University Press.

Janis CM, Gunnell GF and Uhen MD (eds) (2018) *Evolution of Tertiary Mammals of North America – Volume 2: Small Mammals, Xenarthrans, and Marine Mammals*, 2ª ed, Cambridge University Press.

Janvier P (1996) *Early Vertebrates*. Clarendon Press, 33, Oxford.

Javaux EJ, Knoll HA and Walter MR (2001) Morphological and ecological complexity in early eukaryotic ecosystems. *Nature* 412, 66–69.

Javaux EJ, Marshall CP and Bekker A (2010) Organic-walled microfossils in 3.2-billion-year-old shallow-marine siliciclastic deposits. *Nature* 463, 934–939.

Ji Q, Currie PJ, Norell MA and Ji S-A (1998) Two feathered dinosaurs from northeastern China *Nature* 393, 753–761.

Ji Q, Luo Z-X, Yuan C-X and Tabrum AR (2006) A Swimming mammaliaform from the Middle Jurassic and ecomorphological diversity of early mammals. *Science* 311, 1123–1127.

Kemp TS (2005) *The Origin and Evolution of Mammals*. Oxford University Press.

Klavins SD, Kellogg DW, Krings M, Taylor EL and Taylor TN (2005) Coprolites in Middle Triassic cycad pollen cone: evidence for insect pollination in early cycads? *Evolutionary Ecology Research* 7, 479–488.

*Knoll HA (2004): *Life in a Young Planet – The first Three Billion years of Evolution on the Earth*, Princeton University Press.

Knoll HA, Javaux EJ, Hewitt D and Cohen P (2006) Eukaryotic organism in Proterozoic oceans. *Philosophical Transactions of the Royal Society of London* 361, 1023–1038.

Knauth LP (2013) Not all at sea. *Nature* 493, 29.

Koonin EV (2003) Comparative genomics, minimal gene-sets and the Last Universal Common Ancestor. *Nature Reviews Microbiology* 1, 127–136.

Krings M, Kellogg DW, Kerp H and Taylor TN (2003) Tricomes of the seed fern *Blanzyopteris praedentata*: implications for plant-insect interactions in the Late Carboniferous, *Botanical Journal of the Linnean Society* 141, 133–149.

*Langueney A (1987) *Le sexe et l'innovation*. Seuil, Parigi.

*Lane N (2010) *Life Ascending – The Ten Great Inventions of Evolution*. Profile Books, Londra.

*Lane N. (2015) *The Vital Question – Why is life the way it is?* Profile Books, Londra.

*Lebrun P (1995) *Trilobites*. Minéraux and Fossiles, hors-série 2.

*Lebrun P (2008a) *Ammonites du Crétacé*. Minéraux and Fossiles, Hors-série 16.

*Lebrun P (2008b) *Ammonites du Jurassique*. Minéraux and Fossiles, Hors-série 24.

*Lebrun P (2011) Les crinoïdes du Mississippien (Carbonifère) de Crawfordsville, Indiana, Etats-Unis. *Fossiles* 7, 21–41.

Lecointre G (ed) (2009) *Guide critique de l'évolution*. Belin, Parigi.

Lefebvre B (2003) Functional morphology of Stylophoran Echinoderms. *Palaeontology* 46(3), 511–555.

Lefebvre B (2022) *La diversification des échinodermes au Paléozoïque inférieur: l'apport des gisements à préservation exceptionnelle*. Dédale Éditions, Lione.

Lefebvre B, Sumrall CD, Shroat-Lewis RA, Reich M, Webster GD, Hunter AW, Nardin E, Rozhnov SV, Guensburg TE, Touzeau A, Noailles F and Sprinkle J (2013) Palaeobiogeography of Ordovician Echinoderms. *Geological Society of London* 38, 173–198.

Levin IA (1994) Paleocology and Ecology of Xenophyophores. *Palaios* 9(1), 32–41.

Levinton JS (2008) The Cambrian explosion: how do we use the evidence? *BioScience* 58(9), 855–864.

Levi-Setti R (1995) *Trilobites*. 2ª ed, The University of Chicago Press.

Li C-W, Chen J-Y and Hua T-E (1998) Precambrian Sponges with Cellular Structures. *Science* 279, 879–882.

Li C, Wu X-C, Rieppel O, Wang L-T and Zhao L-J (2008) An ancestral turtle from the Late Triassic of southwestern China. *Nature* 456, 497–501.

Li Q, Gao K-Q, Vinther J, Shawkey MD, Clarke JA, D'Alba L, Meng Q, Briggs DEG and Prum RO (2010) Plumage color patterns of an extinct dinosaur. *Nature* 127, 1369–1372.

Lindsay MR, Webb RI, Strous M, Jetten MSM, Butler MK, Forde RJ and Fuerst JA (2001) Cell compartmentalisation in planctomycetes: novel types of structural organisation for the bacterial cell. *Archives of Microbiology* 175, 413–429.

Lockley M (1994) *Sulle tracce dei dinosari*. Bollati Boringhieri (traduzione di S. Frediani), Torino.

LoMedico Marriott K (2024) *Evolution of the Ammonoids*. CRC Press, Boca Raton (Florida, USA).

*Long JA (2011) *The rise of Fishes*. 2ª ed., Johns Hopkins University Press, Baltimore and Londra.

*Long JA (2025) *Secret History of Sharks – The Rise of the Ocean's Most Fearsome Predators*. Quercus Publishing, Londra.

*Long JA, Archer M, Flannery T and Hand SJ (2003) *Prehistoric Mammals of Australia and New Guinea – One hundred million years of Evolution*. Johns Hopkins University Press, Baltimore and Londra.

Longrich NR, Bhullar B-AS and Gauthier JA (2012) A transitional snake from the Late Cretaceous period of North America. *Nature* 488, 205–208.

Loron CC, François C, Rainbird RH, Turner EC, Borensztajn S and Javaux EJ (1991) Early fungi from the Proterozoic era in Arctic Canada. *Nature* 570, 232–235.

Lovley DR, Phillips EJP, Borby YA and Landa ER (1991) Microbial reduction of uranium. *Nature* 350, 413–416.

Lozupone CA, Stombaugh JI, Gordon JI, Jansson JK and Knight R (2012) Diversity, stability and resilience of the human gut microbiota. *Nature* 489, 220–230.

MacLatchy LM, Desilva J, Sanders WJ and Wood B (2010) Hominini. In: Werdelin L and Sanders WJ (eds) *Cenozoic Mammals of Africa*. University of California Press, Berkeley, 471–540.

MacNaughton RB, Cole JM, Darlympe RW, Braddy SJ, Briggs DEG and Lukie TD (2002) First steps on land: Arthropod trackways in Cambrian-Ordovician eolian sandstone, southeastern Ontario, Canada. *Geology* 30(5), 391–394.

Marinho TS and Carvalho IS (2009) An armadillo-like sphagesaurid crocodyliform from the Late Cretaceous of Brazil. *Journal of South America Earth Sciences* 27, 36–41.

Margulis L (1999) *Symbiotic planet – A new look at evolution*. Basic Books, New York.

Marshall CR (2006) Explaining the Cambrian "Explosion" of Animals. *Annual Review of Earth and Planets Sciences* 34, 355–384.

Martin PS and Klein RG (1984) Quaternary Extinctions – A prehistoric revolution, *The University of Arizona Press*. Tucson, 892.

Martin T (2006) Early Mammalian Evolutionary Experiments. *Science* 311, 1109–1110.

*Maisey JG (2000) *Discovering fossil fishes*. Westview Press, New York.

Maughan H, Birky CW jr, Nicholson LW, Rosenzweig WD and Vreeland RH (2002) The paradox of the "Ancient" Bacterium which contains "Modern" protein-coding genes. *Molecular Biology and Evolution* 19(9), 1637–1639.

*Maurel M-C (2003) *La naissance de la Vie – De l'évolution prébiotique à l'évolution biologique*. 3ª ed., Dunod, Parigi.

*Maynard Smith J and Szathmáry E (2001) *Le origini della vita. Dalle molecole organiche alla nascita del linguaggio*. Traduzione di G.P. Panini e A. Panini, Einaudi, Torino.

*McGhee GR jr (2018) *Carboniferous Giants and Mass Extinction*. Columbia University Press, New York.

*McMenamin MAS (1998) *The garden of Ediacara – discovering the first complex life*. Columbia University Press, New York.

*Meinesz A (2008) *Comment la vie a commencé – Les trois genèses du vivant*. Belin, Parigi.

Meng J, Hu Y, Wang Y, Wang X and Li C (2006) A Mesozoic gliding mammal from northeastern China. *Nature* 444, 889–893.

*Menkhorst P and Knight F (2010) *Field guide to the Mammals of Australia*. 3ª ed., Oxford University Press.

Meyer DL, Davis RA and Holland SM (2009) *A Sea without Fish – Life in the Ordovician Sea of Cincinnati Region*. Indiana University Press, Bloomington, Indianapolis.

*Mieli E, Valli AMF and Maccone C (2025) *Le Galassia Vivente – Vincitori e vinti nella Via Lattea*. Springer Nature, Cham, Svizzera.

Miller S (1953) A production of amino acids under possible primitive Earth conditions. *Science* 117, 528–529.

Milner AR (1994) Late Triassic and Jurassic amphibian fossil record. In: Fraser NC and Suews H-D (eds) *In the shadow of Dinosaurs*, Cambridge University Presss, 5–22.

Mirantsev GV (2012) Les crinoïdes du Carbonifères supérieur des carrières de Myachkovo (Moscou, Russie). *Fossiles* 10, 44–47.

Mojzsis SJ, Arrhenius G, McKeegan KD, Harrison TM, Nutman AP and Friend CRL (1997) Evidence for life on Earth before 3800 million years ago. *Nature* 384, 55–59.

Mordan P and Wade C (2008) Heterobranchia II – The Pulmonata. In: Ponder WF and Lindebrg DR (eds) *Phylogeny and Evolution of the Molluscan*. University of California Press, Berkeley, 409–426.

Mourer-Chauviré C (1999) Les relations entre les avifaunes du Tertiaire inférieur d'Europe et d'Amérique du Sud, *Bulletin de la Société géologique de France* 170(1), 85–90.

Mourer-Chauviré C, Senut B, Pickford M and Mein P (1996) Le plus ancien représentant du genre *Struthio* (Aves, Struthionidae), *Struthio coppensi* n. sp., du Miocène inférieur de Namibie. *Comptes rendus de l'Académie des sciences* 322(4), 325–332.

Muir MD, Grant RB, Bliss GM, Dives WL and Hall DO (1977) A discussion of biogenicity criteria in a geological context with examples from a very old greenstone belt, a Late Precambrian deformed zone, and tectonized Phanoerozoic rocks. In: Ponnamperuma C (ed) *Chemical Evolution of the Early Precambrian*, Academic Press, New York, 105–170.

Naish D, Dyke G, Cau A, Escuillié F and Godefroit P (2012) A gigantic bird from the Upper Cretaceous of Central Asia, *Biology Letters* 8(1), 1–4.

Nel A, Roques P, Nel P, Prokin AA, Bourgoin T, Prokop J, Szwedo J, Azar D, Desutter-Grandcolas L, Wappler T, Garrouste R, Coty D, Huang D, Engel MS and Kirejtshuk AG (2013) The earliest known holometabolous insects *Nature* 503, 257–261.

Nel P, Azar D, Prokop J, Roques P, Hodebert G and Nel A (2012) From Carboniferous to recent: wing venation enlightens evolution of thysanopteran lineage. *Journal of Systematic Palaeontology* 10(2), 385–399.

Nguyen JMT, Boles WE and Hand SJ (2010) New material of *Barawetornis tedfordi*, a Dromornithid bird from the Oligo-Miocene of Australia, and its phylogenetic implications. *Records of the Australian Museum* 62, 45–60.

Ni X, Gebo DL, Dagosto M, Meng J, Tafforeau P, Flynn JJ and Beard KC (2013) The oldest known primate skeleton and early haplorhine evolution. *Nature* 498, 60–64.

Nilsson MA, Arnason U, Spencer PB and Janke A (2004) Marsupial relationships and a timeline for marsupial radiation in South Gondwana *Gene* 340, 189–196.

Nilsson MA, Churakov G, Sommer M, Van Tran N, Zemann A, Brosius J and Schmitz J (2010) Tracking Marsupial evolution using archaic genomic retroposon insertions. *PloS Biology* 8(7), 1–7.

Ninio J (1996) Gene conversion as a focusing mechanism for correlated mutations: a hypothesis. *Molecular and General Genetics* 251, 503–508.

Nisbet E (2000) The realms of Archaean life. *Nature* 405, 625–626.

*Norman D (2000) *Illustrated Encyclopedia of Dinosaurs* Salamander Book, Londra.

Nutman AP, Bennett VC, Friend CRL, Van Kranendonk MJ and Chivas AR (2016) Rapid emergence of life shown by discovery of 3,700-million-year-old microbial structures. *Nature* 573, 535–538.

O'Leary MA, Bloch JI, Flynn JJ, Gaudin TJ, Giallombardo A, Giannini NP, Goldberg SL, Kraatz BP, Luo Z-X, Meng J, Ni X, Novacek MJ, Perini FA, Randall ZS, Rougier GW, Sargis EJ, Silcox MT, Simmons NB, Spaulding M, Velazco PM, Weksler M, Wible JR and Cirranello AL (2013) The Placental Mammal Ancestor and the Post-K/Pg radiation of Placentals. *Science* 339, 662–667.

*Opera collettiva (1992) *Dinosaures et Mammifères du Désert du Gobi*, Muséum National d'Histoire Naturelle, Parigi 311.

*Opera collettiva (2006a) De la vie sur Mars. *Sciences et Vie* 1060, 48 (Gennaio).

*Opera collettiva (2006b) *La nouvelle histoire de l'homme*. Sciences et Avenir 710 (Aprile).

*Opera collettiva (2006c) *La nouvelle histoire des hommes disparus*. Sciences and Vie, H.S. 235 (Giugno).

*Opera collettiva (2006d) *Neandertal enquête sur une disparition* Dossiers de La Recherche 24 (Agosto-Ottobre).

*Opera collettiva (2007) *Sur les traces de nos ancêtres* Dossier pour la Science 57 (Ottobre-Dicembre).

*Opera collettiva (2008) *Où est née la Vie ?* Dossier pour la Science 60 (Luglio-Settembre).

*Opera collettiva (2011): *Néandertal réhabilité*, Dossier d'Archéologie, 345 (Maggio-Giugno).

*Opera collettiva (2012) *L'homme de Néandertal*. Dossier pour la Science 76 (Luglio-Settembre).

*Opera collettiva (2013a) *Evolution – Les quatre premiers milliards d'années: de la cellule primitive à l'apparition des mammifères*. Geo savoir, H.S. 5 (Febbraio-Marzo).

*Opera collettiva (2013b) *Les origines de la vie*. Les dossiers de La Recherche 2 (Febbraio-Marzo).

*Opera collettiva (2013c) *La vie extraordinaire des abeilles*. Sciences et Avenir 175 (Luglio-Agosto).

*Opera collettiva (2014) *Les ailes de l'évolution*. Espèces, H.S. 1.

*Opera collettiva (2018) *D'où venons-nous ? La nouvelle histoire de nos origines*. Sciences and Vie, H.S. 285 (Dicembre).

*Paddle R (2002) *The Last Tasmanian Tiger – The History and Extinction of the Thylacine*. Cambridge University Press.

Parker AR (1998) Colour in Burgess Shale animals and the effect of light on evolution in the Cambrian. *Proceedings of the Royal Society Biological Sciences* 265, 967–972.

Paul GS (2022) *The Princeton Field Guide to Mesozoic Sea Reptiles*. Princeton University Press.

Pennisi E (2013) The Man who bottled Evolution. *Science* 342, 790–793.

Penny D and Poole P (1999) The nature of the last universal common ancestor, *Current Opinion in Genetics and Development*. 9(6), 672–677.

*Philippe M, Besson D and Berthet D (eds) (2004) *Fossiles de Cerin*, Un, Deux ... Quatre, Clermont-Ferrand.

Piton LÉ (1940) Paléontologie du gisement éocène de Menat (Puy-de-Dôme) (Flore et Faune). *Mémoires de la Société d'Histoire naturelle d'Auvergne*, Clermont-Ferrand 1, 1–303.

Poinar GO jr and Boucot AJ (2006) Evidence of intestinal parasites of dinosaurs. *Parasitology* 11, 245–249.

Poinar GO jr and Boucot R (2007) Evidence of mycoparasitism and hypermycoparasitism in Early Cretaceous Amber. *Mycological Research*. 111, 503–506.

Poinar GO jr and Poinar R (2008) *What Bugged the Dinosaur? Insects, Diseases, and Death in the Cretaceous*. Princeton University Press.

Ponder WF, Colgan D, Healy JM, Nützel A, Simone LRL and Strong EE (2008) Cæno-gastropoda. In: Ponder WF and Lindebrg DR (eds) *Phylogeny and Evolution of the Molluscan*. University of California Press, Berkeley, 331–383.

Porter SM (2004) The fossil record of early eukaryotic diversification. *Paleontological Society Paper* 10, 35–50.

Porter SM (2006) The Proterozoic Fossil Record of Heterotrophic Eukaryotes. In: Xiao S and Kaufman AJ (eds) *Neoproterozoic Geobiology and Paleobiology*. Springer, Berlino, 1–21.

Powers DW, Vreeland RH and Rosenzweig WD (2001) How old are bacteria from the Permian age? – Reply. *Nature* 411, 155–156.

Powner MW, Gerland B and Sutherland JD (2009) Synthesis of activated pyrimidine ribonucleotides in prebiotically plausible conditions, *Nature* 459, 239–242.

Prothero DR (2006) *After the Dinosaurs: The age of Mammals*. Indiana University Press, Bloomington (Indiana).

Purves WK, SadaVa D, Orians GH and Heller HC (2003) *The Science of the Biology*. Sinauer Associates and WH Freeman, 7ª ed.

Rage J-C and Escuillié F (2003) The Cenomanian: stage of hindlimbed snakes. *Carnets de Géologie/Notebooks on Geology*, 1–11

Rage J-C and Rocek Z (1989) Redescription of *Triadobatrachus massinoti* (Piveteau, 1936) an Anuran Amphibian from the Early Triassic. *Palaeontographica* 206(1-3), 1–16.

Ramírez SR, Gravendeel B, Singer RB, Marshall CR and Pierce NE (2007) Dating the origin of the Orchidaceae from a fossil orchid with its pollinator. *Nature* 448, 1042–1045.

Rasmussen B (2000) Filamentous microfossils in a 3,235 million-year-old volcanogenic massive sulphide deposit. *Nature* 405, 676–679.

*Raup DM (1994) *L'estinzione. Cattivi geni o cattiva sorte?* (traduzione di L. Montixi Comoglio) Einaudi, Torino.

Retallack GJ (2013) Ediacaran life on land. *Nature* 493, 89–92.

Ritson D and Sutherland JD (2012) Prebiotic synthesis of simple sugars by photoredox systems chemistry, *Nature Chemistry* 4, 489–899.

Rogers JJW (1996) A History of Continents in the past Three Billion Years. *The Journal Geology* 104, 91–107.

*Roguenant A, Raynal-Roques A and Sell Y (2005) *Un amour d'Orchidée: le mariage de la fleur et de l'insecte*. Belin, Parigi.

Rosing MT and Frei R (2004) U-rich Archaean sea-floor sediments from Greenland – indications of > 3700 Ma oxygenic photosynthesis. *Earth and Planetary Science Letters* 217, 237–244.

Rössner GE and Heissing K (eds) (1999) *The Miocene Land Mammals of Europe*. Pfeil-Verlag, Monaco.

Ruddiman WF (2003) The Anthropogenic Greenhouse Era began thousands of years ago. *Climatic Change* 61, 261–293.

Rulleau L (2006) *Biostratigraphie et paléoécologie du Lias supérieur et du Dogger de la région lyonnaise* Dédale Éditions Lione.

*Sansjofre P and Hir G (2003) Le paradoxe de la Terre boule de neige. *Pour la Science* 486, 26–35.

*Savage RGJ and Long MR (1986) *Mammals evolution – An illustrated guide*. British Museum of Natural History, Londra.

Scardia G, Parenti F, Miggins DP, Gerdes A, Araujo AGM and Neves WA (2019) Chronologic constraints on hominin dispersal outside Africa since 2.48 Ma from the Zarqa Valley, Jordan. *Quaternary Science Reviews* 219, 1–19.

Schmidt AR, Ragazzi E, Coppellotti O and Roghi G (2006) A microworld in Triassic amber. *Nature* 444, 835.

Schneider JW and Werneburg R (1998) *Arthropleura* und Diplopoda (Arthropoda) aus dem Unter-Rotliegend (Unter-Perm, Assel) des Thüringer Waldes (Südwest-Saale-Senke). *Veröffentlichungen Naturhistorischen Muesum Scheleusingen* 13, 43–53.

Schopf JW, Kudryavtsev AB, Czaja AD and Tripathi AB (2007) Evidence of Archean life: Stromatolites and microfossils. *Precambrian Research* 158, 141–155.

Schopf JM and Parcker BM (1987) Early Archean (3.3 billion to 3.5 billion-year old) microfossil from Warrawoona Group, Australia. *Science* 237, 70–73.

Seiffert ER, Simons EL, Fleagle JG and Godinot M (2010) Paleogene Antrhopoids. In: Werdelin L and Sanders WJ (eds) *Cenozoic Mammals of Africa* University of California Press, Berkeley, 369–391.

Seilacher A (1984) Late Precambrian Metazoa: preservational or real extinctions? in Holland DH and Trendall AF (eds) *Patterns of Change in Earth Evolution*, Springer-Verlag, Berlino, 159–168.

*Selosse MA (2017) *Jamais seul – Ces microbes qui construisent les plantes, les animaux et les civilisations*. Actes Sud, Arles.

Senut B and Pickford M (1995) Fossil eggs and Cenozoic continental biostratigraphy of Namibia. *Palaeontologia Africana* 32, 33–37.

Sereno PC (1999) The Evolution of Dinosaurs. *Science* 284, 2137–2147.

Sereno PC and Larsson H (2009) Cretaceous Crocodyliforms from the Sahara. *ZooKeys* 28, 1–143.

Shen Y, Buick R and Canfield DE (2001) Isotopic evidence for microbial sulphate reduction in the early Archaean era. *Nature* 410, 77–81.

Sigogneau-Russell D (1991) *Les mammifères au temps des dinosaures*. Masson, Parigi.

Sojo V, Herschy B, Whincher A, Camprubí E and Lane N (2016) The Origin of Life in Alkaline Hydrothermal Vents. *Astrobiology* 16, 181–200.

Song H, Wignall PB, Tong J and Yin H (2013) Two pulses of extinction during the Permian-Triassic crisis. *Nature Geoscience* 6, 52–56.

Sour-Tovar F, Hagadorn JW and Huitrón-Rubio T (2007) Ediacaran and Cambrian index fossils from Sonora, Mexico. *Palaeontology* 50(1), 169–175.

Stanier RY, Doudorof M and Adelberg EA (1963): *The Microbial World*. 2ª ed, Prentice-Hall.

Stewart JR and Stringer CB (2012) Human Evolution Out of Africa: The Role of refugia and Climate Change. *Science* 335, 1317–1321.

*Steyer S (2009) *La terre avant les dinosaures*, Belin, Parigi.

Strother PK, Battiston L, Brasier MD and Wellman CH (2011) Earth's earliest non-marine eukaryotes, *Nature* 473, 505–509.

Stworzewicz E, Szulc J and Pokryszko BM (2009) Late Paleozoic continental gastropods from Poland: systematic, evolutionary and paleoecological approach. *Journal of Paleontology* 83, 938–945.

Sun G, Dilcher DL, Zheng S and Zhou Z (1998) In Search of the First Flower: A Jurassic Angiosperm, *Archaefructus*, from Northeast China *Science* 282, 1692–1695.

Szalay FS (1994) *Evolutionary History of the Marsupials and an Analysis of Osteological Characters*. Cambridge University Press.

Taylor TN, Taylor EL and Krings M (2009) *Paleobotany: The Biology and Evolution of Fossil Plants*. 2ª ed, Academic Press, Amsterdam.

Taylor TN, Hass H and Kerp H (1999) The oldest fossil ascomycetes. *Nature* 399, 648.

Taylor TN, Hass H, Remy W and Kerp H (1995) The oldest fossil lichen. *Nature* 378, 244.

Tennyson AJD, Worthy TH, Jones C.M, Scofield RP and Hand SJ (2010) Moa's ark: Miocene fossils reveal the great antiquity of Moa (Aves: Dinornithiformes) in Zealandia. *Records of the Western Australian Museum* 62(1), 105–114.

Terry I (2002) Thrips: the primeval pollinators? In: Marullo R and Mound LA (eds) *Proceedings of the 7th International Symposium on Thysanoptera*, Australian National Insect Collection, Camberra, 157–162.

Tice MM and Lowe DR (2004) Photosynthetic microbial mats in the 3,416 Myr-old-ocean. *Nature* 431, 549–552.

*Turner A and Antón M (2000) *The big cats and their fossil relatives*. Columbia University Press, New York.

*Turner A and Antón M (2004) *Evolving Eden – An illustrated guide to the evolution of the African large-mammal fauna*. Columbia University Press, New York.

Ubaghs G (1967) General characters of Echinodermata. In: Moore R.C. (ed) *Treatise of on Invertebrate Paleontology, Echinodermata 1*. Geological Society of America and University of Kansas Press, 3–60.

Ueno Y, Yamada K, Yoshida N, Maruyama S and Isozaki Y (2006) Evidence from fluid inclusions for microbial methanogenesis in the Early Archaean era. *Nature* 440, 516–519.

Unwin DM (2005) *The Pterosaurs – From Deep Time*. Pi Press, New York.

Valentine JW, Jablonski D and Erwin DH (1999) Fossils, molecules and embryos: new perspectives on the Cambrian explosion. *Development* 128, 851–859.

Van Roy P and Briggs DEG (2011) A giant Ordovician anomalocaridid. *Nature* 473, 510–513.

Van Zuilen MA, Lepland A and Arrhenius G (2002) Reassessing the evidence for the earliest traces of life. *Nature* 418, 627–630.

Vicker-Rich PV (1979) The Dromornithidae, an extinct family of large ground birds endemic to Australia. *Bureau of Natural Resources, Geology and Geophysics* 184, 1–196.

*Von Koenigswald W. Storch G. (eds) (1998): *Messel: la mémoire de la nature* (traduction de J.-L. Schlegel), Seuil, Parigi.

Voigt O, Collins AG, Pearse BV, Pearse JS, Ender A, Hadrys H and Schierwater B (2004) Placozoa – no longer a phylum of one, *Current Biology* 14(22), 944–945.

Vreeland RH, Rosenzweig WD and Powers DW (2000) Isolation of a 250 million-year-old halotolerant bacterium from a primary salt crystal. *Nature* 407, 897–900.

Vreeland RH, and Rosenzweig WD (2002) The question of uniqueness of ancient bacteria. *Journal of Industrial Microbiology and Biotechnology* 28, 32–41.

Wacey D, Kilburn MR, Saunders M, Cliff J and Brasier MD (2011) Microfossils of sulphur-metabolizing cells in 3.4-billion-year-old rocks of Western Australia. *Nature Geoscience* 4, 698–702.

Wang X, Flynn LJ and Fortelius M (eds) (2013) *Fossil Mammals of Asia – Neogene Biostratigraphy and Chronology*. Columbia University Press, New York.

*Wang X, Tedford RH and Antón M (2008) *Dogs: their fossil relatives and evolutionary history*. Columbia University Press, New York.

Wang Y and Evans SE (2011) A gravid lizard from the Cretaceous of China and the early history of squamate viviparity. *Naturwissenschaften* 98, 739–743.

Wattinne A, Vennin E and De Wever P (2003) Evolution d'un environnement carbonaté lacustre à stromatolithes, par l'approche paléo-écologique (carrière de Montaigu-le Blin, bassin des Limagnes, Allier, France). *Bulletin de la Société géologique de France* 174(3), 243–260.

Watson JD, Hopkins NH, Roberts JW, Argetsinger Steitz J and Weiner AM (1987) *Molecular Biology of the Gene*. 4ª ed, 2 vol., The Benjamin/Cummings Publishing Company, San Francisco.

Weaver LN, Varricchio DJ, Sargis EJ, Chen M, Chen WJ and Wilson Mantilla GP (2021) Early mammalian social behaviour revealed by multituberculates from a dinosaur nesting site. *Nature Ecology and Evolution* 5, 32–37.

Weishampel DB, Dodson P and Osmólska H (2007) *The Dinosauria*, 2ª ed, University of California Press, Berkeley.

*Wellnhofer P (1991) *The illustrated Encyclopedia of Pterosaurs*. Salamander Book, Londra.

Werdelin L and Sanders WJ (eds) (2010) *Cenozoic Mammals of Africa*. University of California Press, Berkeley.

Williams TA, Foster PG, Cox CJ and Embley TM (2013) An archaeal origin of eukaryotes supports only two primary domains of life. *Nature* 504, 231–236.

Wilf P, Cúneo NR, Escapa IH, Pol D and Woodburne MO (2013) Splendid and seldom isolated: the paleobiogeography of Patagonia. *Annual Review of Earth and Planets Sciences* 41, 561–603.

Wilson EO (1979) *Sociobiologia – La nuova sintesi*. Zanichelli, Bologna.

*Wilson EO (2009) *La Diversità della vita*. BUR Biblioteca Universitaria Rizzoli, Milano.

*Wilson K-J (2004) *Flight of the Huia – Ecology and conservation of New Zealand's Frogs, Reptiles, Birds and Mammals*. Canterbury University Press.

Witmer L and Rose KD (1991) Biomechanics of the jaw apparatus of the gigantic Eocene bird *Diatryma*; implications for diet and mode of life. *Paleobiology* 17(2), 95–120.

Witton MP (2013) *Pterosaurs: Natural History, Evolution, Anatomy.* Princeton University Press.

Woese CR and Fox GE (1977) Phylogenetic structure of the prokaryotic domain: the primary kingdoms. *Proceedings of the National Academy of Sciences U.S.A.* 74(11), 5088–5090.

Woese CR, Kandler O and Wheelis ML (1990) Towards a natural system of organisms: Proposal for the domains Archaea, Bacteria, and Eucarya. *Proceedings of the National Academy of Sciences U.S.A.* 87(12), 4576–4579.

*Wohlleben P (2016) *La vita segreta degli alberi.* (traduzione di P. Barberis e S. Nerini), Macro Edizioni, Diegaro di Cesena (Forlì-Cesena).

*Wroe S (1999) The bird from hell? *Nature Australia* 26, 58–64.

Xiao S (2013) Muddying the waters. *Nature* 493, 28–29.

Xiao S, Zhang Y and Knoll AH (1998) Three-dimensional preservation of algae and animal embryos in a Neoproterozoic phosphorite. *Nature* 391, 553–558.

Xu X, Norell MA, Kuang X, Wang X, Zhao Q and Jia C (2004) Basal tyrannosaurus from China and evidence for protofeathers in tyrannosauroids. *Nature* 431, 680–684.

Xu X, Zheng X and You H (2010) Exceptional dinosaur fossils show ontogenetic development of early feathers. *Nature* 463, 1338–1341.

Yuan C-X, Ji Q, Meng Q-J, Tabrum AR and Luo Z-X (2013) Earliest evolution of Multituberculate Mammals revealed by a new Jurassic fossil. *Science* 341, 779–783.

Yuan X, Xiao S and Taylor TN (2005) Lichen-like symbiosis 600 million years ago. *Science* 308, 1017–1020.

Zachos J, Pagani M, Sloan L, Thomas E and Billups K (2001) Trends, Rhythms, and Aberrations in Global Climate 65 Ma to Present. *Science* 292, 686–693.

Zamora S, Lefebvre B, Álvaro JJ, Clausen S, Elicki O, Fatka O, Jell P, Kouchinsky A, Lin J-P, Nardin E, Parsley R, Rozhnov SV, Sprinkle J, Sumrall CD, Vizcaïno D and Smith AB (2013) Cambrian echinoderm diversity and palaeobiogeography. *Geological Society of London* 38, 157–171.

Zettler ER, Mincer TJ and Amaral-Zettler LA (2013) Life in the "Plastisphere": Microbial Communities on Plastic Marine Debris. *Environmental Science and Technology* 47(13), 7137–7146.